高等职业教育"十三五"规划教材
高职高专课程改革项目研究成果

自动控制原理与系统
（第 3 版）

主　编　叶明超　黄　海
副主编　邢　扬
主　审　包丽琴

北京理工大学出版社
BEIJING INSTITUTE OF TECHNOLOGY PRESS

内 容 简 介

本书介绍了经典控制理论的基本概念、基本理论和控制系统的基本分析方法及实际应用。主要内容有：自动控制的基本概念、拉普拉斯变换及其应用、自动控制系统的数学模型、控制系统的时域分析法、控制系统的频域分析法、自动控制系统的校正、直流调速系统、PWM 直流脉宽调速系统、位置随动系统、异步交流电动机变频调速系统等。各章均配有内容提要、小结和大量习题。

本书中给出了大量的应用实例，并针对实例中的问题由浅入深地给出了解决方法。全书力求突出物理概念、定性分析，回避烦琐的数学推导，叙述深入浅出，通俗易懂。

本书可作为高职高专电气自动化技术、机电一体化技术以及电子信息工程技术等电类相关专业学生的教学用书，也可作为从事自动化工作的工程技术人员的参考用书。

版权专有　侵权必究

图书在版编目（CIP）数据

自动控制原理与系统 / 叶明超，黄海主编. —3 版. —北京：北京理工大学出版社，2019.8
(2019.9 重印)

ISBN 978-7-5682-7494-4

Ⅰ．①自… Ⅱ．①叶… ②黄… Ⅲ．①自动控制理论-高等学校-教材 ②自动控制系统-高等学校-教材 Ⅳ．①TP13 ②TP273

中国版本图书馆 CIP 数据核字（2019）第 186205 号

出版发行 / 北京理工大学出版社有限责任公司	
社　　址 / 北京市海淀区中关村南大街 5 号	
邮　　编 / 100081	
电　　话 /（010）68914775（总编室）	
（010）82562903（教材售后服务热线）	
（010）68948351（其他图书服务热线）	
网　　址 / http://www.bitpress.com.cn	
经　　销 / 全国各地新华书店	
印　　刷 / 北京国马印刷厂	
开　　本 / 787 毫米×1092 毫米　1/16	
印　　张 / 15.5	责任编辑 / 王艳丽
字　　数 / 365 千字	文案编辑 / 王艳丽
版　　次 / 2019 年 8 月第 3 版　2019 年 9 月第 2 次印刷	责任校对 / 周瑞红
定　　价 / 40.00 元	责任印制 / 施胜娟

图书出现印装质量问题，请拨打售后服务热线，本社负责调换

前　言

随着科学技术的发展，自动控制技术的应用领域日益广阔。自动控制技术的广泛应用，不但使生产设备及生产过程实现了自动化，大大提高了生产效率和产品质量，改善了劳动条件，而且在人类征服自然、改善居住条件、提高生活水平等方面也发挥了非常重要的作用。

"自动控制原理与系统"是自动化类专业一门重要的专业基础课。高职高专院校及成人院校人才培养的模式与教学体系与本科院校是有很大不同的，学生基础也不一样。高职高专教育培养的是生产一线的应用型人才，落脚点是技术应用，不求理论的系统和完整，只求必需、够用。所以，在编写此书时，我们力求做到理论联系实际，注重方法论的叙述，强调基本概念、基础理论和基本分析方法，回避烦琐的数学推导，叙述深入浅出，方便自学，以期学生对自动控制原理的应用和对实际控制系统的分析、调试有一个完整的概念。因此，我们在根据高职高专教育模式和教学体系特点的基础上，结合学生实际情况编写了本书。

本书主要介绍了经典控制理论的基本概念、基本理论及基本分析方法，并以较大篇幅通过对几个典型控制系统实例的分析引导学生深入思考，掌握分析系统的方法。全书共 10 章，具有以下特点。

（1）本书针对高职高专教育特点，突出理论联系实际，强调学生正确应用公式和结论能力的培养，减少了非重点公式和结论理论推导过程。

（2）本书讲述理论从应用角度入手，重点内容讲清来龙去脉，辅助内容触类旁通，概念准确，条理清楚，叙述通俗易懂。

（3）本书在例题选择上力求典型、简明、有说服力，并尽量结合实际。

（4）参与本书编写的同志，全部是长期讲授高职高专"自动控制原理"课的教师，他们熟悉教学大纲，经验丰富，力图通过对此书的学习使学生掌握基本控制理论，熟悉分析控制系统的基本方法，会用典型控制理论分析一些实际控制系统。

本书的前两版，运用经典控制理论的线性理论部分知识，以自动调速系统为主线，着重叙述了自动控制系统的工作原理、自动调节过程，并以系统分析作为理论的应用举例，使学生理解所学理论用于何处和怎样具体应用，收到了很好的效果，因此本书修订时，仍将保持这一特色。

本书由江苏联合职业技术学院无锡交通分院的叶明超（负责第 1~5 章）、邢扬（负责第 6、9 章）、黄海（负责第 7、8、10 章）共同讨论编写，包丽琴负责主审，叶明超负责全书的统稿和定稿。

在本书的编写过程中，编者学习并参考了兄弟院校的优秀教材。在此，向所有为本书的编写和出版给予帮助的同志致以衷心的感谢。

限于编者水平有限，加上时间仓促，本书的谬误与不足之处在所难免。编者期望广大师生和读者不吝指教，提出批评建议，我们由衷欢迎与感谢。

编　者

目 录

第 1 章 自动控制的基本概念 ... 1
1.1 自动控制理论概述 ... 1
1.2 简要历史 ... 2
1.3 自动控制系统的组成 ... 3
1.3.1 人工控制与自动控制 ... 3
1.3.2 自动控制的基本概念与组成 ... 3
1.3.3 系统术语 ... 4
1.3.4 自动控制系统的方框图表示 ... 4
1.4 自动控制系统的分类 ... 5
1.4.1 开环控制系统和闭环控制系统 ... 5
1.4.2 定值、随动和程序控制系统 ... 7
1.4.3 线性和非线性控制系统 ... 7
1.4.4 连续和离散控制系统 ... 8
1.4.5 单变量和多变量控制系统 ... 8
1.5 自动控制系统举例 ... 8
1.5.1 温度控制系统 ... 9
1.5.2 位置随动系统 ... 10
1.5.3 自动调速系统 ... 11
1.6 自动控制系统的基本要求 ... 12
1.7 本课程的学习任务与学习要求 ... 13
本章小结 ... 14
习题 1 ... 14

第 2 章 拉普拉斯变换及其应用 ... 16
2.1 拉氏变换的概念 ... 16
2.2 拉氏变换的运算定理 ... 20
2.3 拉氏反变换 ... 25

2.4 拉氏变换应用举例 ………………………………………………………………… 27
本章小结 ……………………………………………………………………………… 32
习题2 ………………………………………………………………………………… 33

第3章 自动控制系统的数学模型 ………………………………………………… 34

3.1 控制系统的微分方程 ……………………………………………………………… 34
　3.1.1 控制系统微分方程的建立 ………………………………………………… 35
　3.1.2 控制系统微分方程的求解 ………………………………………………… 36
3.2 传递函数 …………………………………………………………………………… 37
　3.2.1 传递函数的定义 …………………………………………………………… 37
　3.2.2 传递函数的求取 …………………………………………………………… 38
　3.2.3 传递函数的性质 …………………………………………………………… 40
3.3 控制系统的动态结构图 …………………………………………………………… 40
　3.3.1 动态结构图的组成与建立 ………………………………………………… 40
　3.3.2 动态结构图的等效变换及化简 …………………………………………… 42
　3.3.3 用公式法求传递函数 ……………………………………………………… 48
3.4 典型环节的数学模型及阶跃响应 ………………………………………………… 50
　3.4.1 典型环节的数学模型 ……………………………………………………… 50
　3.4.2 典型环节的传递函数及阶跃响应 ………………………………………… 53
3.5 控制系统的传递函数 ……………………………………………………………… 57
本章小结 ……………………………………………………………………………… 60
习题3 ………………………………………………………………………………… 61

第4章 控制系统的时域分析法 …………………………………………………… 63

4.1 典型控制过程及性能指标 ………………………………………………………… 63
　4.1.1 典型初始状态 ……………………………………………………………… 63
　4.1.2 典型输入信号 ……………………………………………………………… 64
　4.1.3 阶跃响应的性能指标 ……………………………………………………… 66
4.2 一阶系统的时域分析 ……………………………………………………………… 67
4.3 二阶系统的时域分析 ……………………………………………………………… 68
4.4 系统稳定性分析 …………………………………………………………………… 74
　4.4.1 稳定的基本概念 …………………………………………………………… 74
　4.4.2 线性系统稳定的充分必要条件 …………………………………………… 75
　4.4.3 劳斯稳定判据 ……………………………………………………………… 76
　4.4.4 两种特殊情况 ……………………………………………………………… 77
　4.4.5 劳斯稳定判据在系统分析中的应用 ……………………………………… 78
4.5 稳态性能的时域分析 ……………………………………………………………… 79
　4.5.1 稳态误差的基本概念 ……………………………………………………… 79
　4.5.2 系统类型 …………………………………………………………………… 80

4.5.3　参考输入信号作用下的稳态误差 ………………………………………… 80
　　4.5.4　扰动输入信号作用下的稳态误差 ………………………………………… 82
本章小结 ……………………………………………………………………………………… 84
习题 4 ………………………………………………………………………………………… 84

第 5 章　控制系统的频域分析法 ………………………………………………………… 87

5.1　频率特性的概念 …………………………………………………………………… 87
　　5.1.1　频率特性的基本概念 ………………………………………………………… 87
　　5.1.2　频率特性与传递函数的关系 ………………………………………………… 88
　　5.1.3　频率特性的性质 ……………………………………………………………… 89
　　5.1.4　频率特性的图形表示方法 …………………………………………………… 89
5.2　典型环节的伯德图 ………………………………………………………………… 90
　　5.2.1　比例环节 ……………………………………………………………………… 90
　　5.2.2　积分环节 ……………………………………………………………………… 91
　　5.2.3　微分环节 ……………………………………………………………………… 91
　　5.2.4　惯性环节 ……………………………………………………………………… 92
　　5.2.5　比例微分环节 ………………………………………………………………… 94
　　5.2.6　振荡环节 ……………………………………………………………………… 94
　　5.2.7　一阶不稳定环节 ……………………………………………………………… 96
　　5.2.8　最小相位系统的概念 ………………………………………………………… 97
5.3　系统开环对数频率特性曲线的绘制 ……………………………………………… 100
　　5.3.1　系统开环对数频率特性曲线绘制的一般步骤 ……………………………… 100
　　5.3.2　开环对数频率特性曲线绘制举例 …………………………………………… 101
5.4　系统稳定性的频域分析 …………………………………………………………… 106
　　5.4.1　对数频率稳定判据 …………………………………………………………… 106
　　5.4.2　稳定裕量 ……………………………………………………………………… 107
5.5　动态性能的频域分析 ……………………………………………………………… 109
　　5.5.1　三频段的概念 ………………………………………………………………… 109
　　5.5.2　典型系统 ……………………………………………………………………… 112
本章小结 …………………………………………………………………………………… 114
习题 5 ……………………………………………………………………………………… 115

第 6 章　自动控制系统的校正 …………………………………………………………… 118

6.1　常用校正装置 ……………………………………………………………………… 118
　　6.1.1　无源校正装置 ………………………………………………………………… 118
　　6.1.2　有源校正装置 ………………………………………………………………… 119
6.2　串联校正 …………………………………………………………………………… 120
　　6.2.1　串联比例校正 ………………………………………………………………… 121
　　6.2.2　串联比例微分校正 …………………………………………………………… 122

6.2.3　串联比例积分校正 …………………………………………………………… 123
6.2.4　串联比例积分微分校正 ………………………………………………………… 125
6.3　反馈校正 ………………………………………………………………………………… 127
6.4　前馈控制的概念 ………………………………………………………………………… 129
本章小结 ……………………………………………………………………………………… 130
习题6 ………………………………………………………………………………………… 131

第7章　直流调速系统 …………………………………………………………………… 132

7.1　直流调速系统概述 ……………………………………………………………………… 132
　　7.1.1　直流调速系统的基本概念 …………………………………………………… 132
　　7.1.2　直流调速的三种方式 ………………………………………………………… 133
　　7.1.3　调压调速的三种主要形式 …………………………………………………… 134
　　7.1.4　直流调速系统的性能指标 …………………………………………………… 137
7.2　单闭环直流调速系统 …………………………………………………………………… 140
　　7.2.1　闭环调速系统常用调节器 …………………………………………………… 140
　　7.2.2　单闭环直流调速系统 ………………………………………………………… 145
　　7.2.3　无静差调速系统概述及积分控制规律 ……………………………………… 151
7.3　带电流截止负反馈的闭环调速系统 …………………………………………………… 152
　　7.3.1　电流截止负反馈的引入 ……………………………………………………… 152
　　7.3.2　带电流截止负反馈的闭环调速系统静特性 ………………………………… 153
　　7.3.3　带电流截止负反馈的闭环调速系统启动过程 ……………………………… 154
7.4　闭环调速系统设计实例 ………………………………………………………………… 155
本章小结 ……………………………………………………………………………………… 159
习题7 ………………………………………………………………………………………… 160

第8章　PWM直流脉宽调速系统 ……………………………………………………… 162

8.1　直流脉宽调制电路的工作原理 ………………………………………………………… 163
　　8.1.1　不可逆、无制动力PWM变换器 …………………………………………… 163
　　8.1.2　不可逆、有制动力PWM变换器 …………………………………………… 164
　　8.1.3　可逆PWM变换器 …………………………………………………………… 165
8.2　脉宽调速系统的控制电路 ……………………………………………………………… 169
　　8.2.1　直流脉宽调制器 ……………………………………………………………… 169
　　8.2.2　逻辑延时电路 ………………………………………………………………… 170
　　8.2.3　基极驱动电路和保护电路 …………………………………………………… 170
8.3　PWM直流调速装置的系统分析 ……………………………………………………… 171
　　8.3.1　总体结构 ……………………………………………………………………… 171
　　8.3.2　PWM脉宽调制变换器的传递函数 ………………………………………… 172
　　8.3.3　系统分析 ……………………………………………………………………… 172
8.4　由PWM集成芯片组成的直流脉宽调速系统实例 …………………………………… 172

  8.4.1 SG1731 芯片简介 ·· 172
  8.4.2 由 SG1731 组成的直流调速系统 ·· 173
 本章小结 ··· 174
 习题 8 ·· 175

第 9 章　位置随动系统 ·· 176

 9.1 位置随动系统组成及其基本特征 ··· 176
  9.1.1 位置随动系统的组成 ·· 176
  9.1.2 位置随动伺服系统的分类 ·· 178
  9.1.3 随动伺服系统的控制方式 ·· 179
 9.2 位置伺服系统的部件功能及工作原理 ··· 180
  9.2.1 位置检测元件 ··· 180
  9.2.2 执行元件 ·· 183
  9.2.3 相敏整流与滤波电路 ·· 185
  9.2.4 放大电路 ·· 187
 9.3 位置随动伺服系统的控制特点与实例分析 ·· 187
  9.3.1 系统组成原理图 ·· 187
  9.3.2 系统组成框图 ·· 189
  9.3.3 系统自动调节过程 ·· 189
 9.4 位置伺服系统的控制性能分析与校正设计 ·· 189
  9.4.1 系统的稳态性能分析 ·· 190
  9.4.2 系统的动态性能分析 ·· 191
 本章小结 ··· 191
 习题 9 ·· 192

第 10 章　异步交流电动机变频调速系统 ··· 193

 10.1 交流变频调速的基本概念 ·· 193
  10.1.1 交流调速系统简介 ··· 193
  10.1.2 交流变频调速的基本控制方式 ··· 195
 10.2 标量控制的变频调速系统 ·· 198
  10.2.1 控制输出电压的方式 ·· 198
  10.2.2 U/f 比例控制方式 ··· 201
  10.2.3 转差频率控制方式 ··· 202
 10.3 矢量控制的调速系统 ·· 205
  10.3.1 基于转差频率控制的矢量控制方式 ··· 205
  10.3.2 无速度传感器的矢量控制方式 ··· 206
 10.4 脉宽调制型交流变频调速系统 ··· 207
  10.4.1 PWM 型变频器工作原理 ·· 208
  10.4.2 PWM 型变频调速系统的主电路 ··· 210

10.4.3　PWM型变频调速系统的控制电路 …………………………………… 214
本章小结 ……………………………………………………………………………… 218
习题10 ………………………………………………………………………………… 219

附录 ……………………………………………………………………………………… 220

附录一　自动控制原理虚拟实验系统的开发与应用 …………………………… 220
附录二　自动控制技术常用术语中、英文对照 ………………………………… 229

参考文献 ……………………………………………………………………………… 237

第 1 章　自动控制的基本概念

内容提要

本章概括地介绍了自动控制理论的形成和发展、自动控制系统的基本组成、自动控制系统的分类和自动控制系统的性能指标，并简单介绍了自动控制的发展历史和研究方向。

1.1　自动控制理论概述

自动控制理论是研究各种自动控制过程共同规律的技术科学。它发展的初期，是以反馈理论为基础的自动调节理论，随着科学技术的进步，现已发展成为一门独立的学科——控制论，包括工程控制论、生物控制论、经济控制论和社会控制论。其中，工程控制论是控制论中最成熟的分支，主要研究工程领域自动控制系统中的信息分析、变换、传送的一般理论与设计应用；自动控制理论是工程控制论的一个分支，它只研究自动控制系统分析和设计的一般理论。根据自动控制技术发展的不同阶段，自动控制理论相应地分为"经典控制理论"和"现代控制理论"两大部分。

经典控制理论是指 20 世纪 50 年代末期所形成的理论体系。它主要是研究单输入-单输出线性定常系统的分析和设计问题。其理论基础是描述系统输入-输出关系的传递函数，主要采用复频域分析方法。

现代控制理论是在 20 世纪 60 年代初期，为适应宇航技术发展的需要而出现的新的控制理论，适用于研究具有高性能、高精度的多输入-多输出、线性或非线性、定常或时变系统的分析和设计问题，如最优控制、最优滤波、自适应控制等。描述系统的方法是基于系统状态这一内部特征量的状态空间法，本质上是一种时域方法。

信息技术特别是大规模信息网络技术的发展对控制理论提出了新的需求，现代应用数学、大系统理论、人工智能理论和计算机技术的进步则为控制理论的发展提供了强有力的支持。因此，现代控制理论正向大系统控制理论和智能控制理论等方向深入发展。

经典控制理论和现代控制理论构成了全部的控制理论。控制理论的发展促进了自动控制技术和相关学科的发展。生产、管理、流通、军事等各个领域自动化的要求，推动现代自动控制技术在机械、冶金、石油、化工、电力、航空、航海、核反应堆、通信、交通运输、生物学及工业管理等领域应用越来越普遍。自动控制理论与技术的发展前景十分广阔。

1.2 简要历史

控制理论发展初期，众多杰出的学者做出了重大贡献。1788年英国科学家詹姆斯·瓦特（James Watt）为控制蒸汽机速度而设计的离心调节器，可以誉为自动控制领域的第一项重大成果。为了克服当时调节器的振荡现象，麦克斯韦（James Clerk Maxwell）在1868年对微分方程系统稳定性进行了分析；后来又出现了劳思（E. J. Routh）和霍尔维茨（A. Hurwitz）分别于1874年和1895年对稳定性的研究成果；1892年，李雅普诺夫对调节理论做出了重要贡献，提出了几个重要的稳定性判据；1922年，迈纳斯基（Minorsky）研制出船舶操纵自动控制器，证明了从描述系统的微分方程确定系统稳定性的方法；1932年，奈奎斯特（Nyquist）提出了一种可以根据稳态正弦输入的开环响应确定闭环系统稳定性的简便方法。1934年，海森（H. L. Hazen）提出了用于位置控制系统的伺服机构的概念。

为了设计满足性能指标要求的线性闭环控制系统，20世纪40年代发展了系统的频域分析方法，它是在奈奎斯特、伯德（Bode，1945）等早期的关于通信学科的频域研究工作的基础之上建立起来的。1942年哈里斯（Harris）提出的传递函数的概念，首次将频域分析方法应用到了控制领域，构成了控制系统领域法理论研究的基础。20世纪40年代末到50年代初，伊万思（W. R. Evans）提出并完善了线性反馈系统的根轨迹分析技术，并成为那个时代的另一个里程碑。

频域分析法和根轨迹法是经典控制理论的核心。采用这两种方法可以设计出稳定的并满足一定性能指标要求的系统。但是，通过这两种方法设计出的系统还不是最优系统。因此，从20世纪50年代开始，控制系统设计问题的研究重点转移到最优系统的设计上。苏联学者庞特里亚金（Pontryagin）于1956年提出的极大值原理、贝尔曼（Bellman）于1957年提出的动态规划和卡尔曼（Kalman）于1960年提出的状态空间分析技术，开创了控制理论研究的新篇章，他们的理论当时被称为"现代控制理论"。从那个时期以后，控制理论研究中出现了线性二次型最优调节器（Kalman，1959），最优状态观测器（Kalman，1960）以及线性二次型高斯（Linear Quadric and Gaussian，LQG）问题的研究。

1960—1980年这段时间，人们对确定系统和随机系统的最优控制、复杂系统的自适应控制和学习控制进行了充分的研究。大约从1960年起，电子计算机开始应用于控制系统的研究与设计。

从1980年到现在，现代控制理论的研究主要集中于Robust（鲁棒）控制等相关的课题，其中鲁棒控制是控制系统设计中又一个令人瞩目的研究领域。1981年，美国学者查默斯（Zames）提出了基于哈代（Hardy）空间范数最小化方法的鲁棒最优控制理论。1992年，多依尔（Doyle）等提出了最优控制的状态空间数值解法，为该领域的发展作出了重要的贡献。

目前，自动控制理论正向以控制论、信息论和人工智能为基础的智能控制理论方向发展；同时，由于大规模信息网络管理控制的需要，自动控制理论也在向大系统控制理论方向前进。

1.3 自动控制系统的组成

1.3.1 人工控制与自动控制

在日常生活和生产过程中，人工控制和自动控制的应用非常广泛，现举一些具体的例子以加深对"人工控制"和"自动控制"的理解。

1. 人工控制举例

（1）人的体温控制。天冷时加衣服，天热时减衣服。

（2）自行车速度控制。根据马路的交通情况，人为地加快骑行速度或减慢骑行速度。

（3）汽车驾驶控制。转动方向盘改变方向；加油门，刹车等改变速度。

（4）收音机音量控制。调节音量旋钮，改变声音的强、弱程度。

（5）普通洗衣机的控制。人们根据衣服的多少及脏的程度来控制加水和加洗衣粉的量、洗的次数、甩干时间等。

2. 自动控制举例

（1）电饭煲温度的自动控制。根据人们事先设计好的顺序，自动进行定时加温、保温。

（2）空调器的温度控制。根据人们设定的温度自动开关冷气机或调节电动机转速以保持室内为一定的温度。

（3）汽轮机的转速控制。汽轮机的转速高于或低于额定转速时，自动关小或开大主汽阀门，自动维持汽轮机的转速为额定值。

（4）声控、光控的路灯。根据脚步声开灯、关灯，根据天亮天黑程度关灯、开灯等。

（5）导弹飞行控制。飞行姿态控制、自动纠正方向、自动导向目标等。

（6）人造卫星、宇宙飞船控制。包括正确进入预定轨道；姿态控制，使太阳能电池板一直朝向太阳，无线电天线一直指向地球，卫星或飞船内部的环境条件适当；使它所携带的各种测试仪器自动地工作等。

1.3.2 自动控制的基本概念与组成

所谓自动控制，就是在没有人直接参与的情况下，利用控制装置操纵被控对象（被控量），使其按照预定的规律运动或变化。

被控对象是控制系统的主体，是在系统中要求对其参数进行控制的设备或过程，如温度控制系统中的加热炉，转速控制系统中的拖动电动机，过程控制系统中的化学反应炉等。

控制装置一般由以下三部分组成。

①自动检测装置。包括测量元件和变送元件，起自动检测被控对象的作用，如转速控制系统中的测速发电机，温度控制系统中的热电偶等。

②自动调节装置。起综合、分析、比较、判断和运算的作用，并能按一定的规律发出控制信号或指令。

③执行装置。起具体执行控制信号或指令的作用，给被测对象施加某种作用，使其改变输入量。

对控制系统的组成进行详细分类，其还可以由下列各部分组成。

①测量、变送元件：属于反馈元件，其职能是把被控物理量测量出来。

②设定元件：职能是给出被控量应取的数值信号，即是设定给定值的元件。

③比较元件：职能是将测量信号与给定信号进行比较，并得到差值（偏差信号），起信号综合作用。

④放大元件：职能是对差值信号进行放大，使其足以推动下一级工作。

⑤执行元件：职能是直接推动被控对象，改变其被控物理量，使输出量与希望值趋于一致。

⑥校正元件：职能是改变由于结构或参数的原因而引起的性能指标的不适应。

⑦能源元件：职能是为系统提供必要的能源。

1.3.3 系统术语

为了便于研究自动控制系统，通过长期的实践，人们逐渐形成了一整套约定的名词和术语，下面就分别介绍之。

①被控量（被控参数）：要求被控对象保持恒定或是按一定规律变化的物理量。通常它是决定被控对象工作状态或产品产量、质量的主要变量，如加热炉的温度，电动机的转速，流体的流量、压力等。被控量一般是输出量，是时间的函数。

②给定信号（参考输入信号）：控制系统的输入信号，是时间的函数。

③偏差信号：是比较元件的输出信号，即给定信号与反馈（测量）信号之差。

④误差信号：系统被控量的希望值与实际值之差。在单位反馈系统中偏差信号等于误差信号，在非单位反馈系统中，两者虽然都反映了系统被控量的希望值与实际值之差，但它们的信号类型与量纲是不同的，这一点一定要引起重视。

⑤干扰信号：破坏系统平衡，导致系统的被控量偏离其给定值的因素，称为干扰信号。干扰信号是系统不希望的信号，它可能来自系统的内部或系统的外部，它们进入系统的作用点也可能不同，但都是影响系统控制质量的不利因素。

⑥反馈信号：从系统的输出端引入，经过变换（或直接）回送至输入端与给定信号进行比较的信号，成为反馈信号。此信号是为了达到控制目的而有意识地从输出端回送到输入端的信号。

1.3.4 自动控制系统的方框图表示

在研究自动控制系统的工作原理时，为了清楚地表示系统的结构和组成，说明各元件间信号传递的因果关系，我们分析系统时常采用方框图（块图）的方式表示。方框图的绘制原则如下。

①组成系统的每一环节（或元件）用一方框表示，符号为"□"。

②环节间用带箭头的线段"→"连接起来，此线段称为信号线（或作用线），箭头的方向表示信号的传递方向，即作用方向，信号只能单方向传递。一个环节的输入信号是环节发生运动的原因，而其输出信号是环节发生运动的结果。

③信号的比较点用"⊗"表示，它有对几个信号进行求（代数）和的功能。一般在多个输入信号的信号线旁边标以"＋"或"－"，表示各输入信号的极性。

图 1-1 所示为一控制系统方框图的示例。当被控对象受到扰动时，被控对象的输出量（被控量）就要发生变化，被控量 y 的变化值经过测量、变送元件测量与变换成电量后送入比较元件与给定值 r 进行比较，产生了偏差值 $e=r-y$。偏差信号 e 送入控制器，在控制器中进行控制规律的运算后，输出控制信号 u，控制量 u 再作用到被控对象，使被控对象的被控量 y 恢复到给定值。

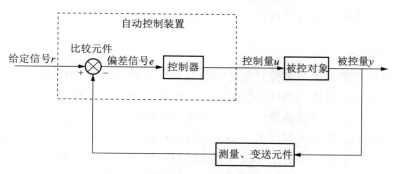

图 1-1 自动控制系统方框图的举例

1.4 自动控制系统的分类

由于自动控制系统应用的广泛性，以及控制理论本身发展的需要，使得自动控制系统具有各种各样的分类形式。为了便于学习和研究，下面重点讨论几种分类方法。

1.4.1 开环控制系统和闭环控制系统

1. 开环控制系统

如果控制装置与被控对象之间只有顺向作用而没有反向联系的控制过程，称这种控制方式为开环控制，相应的系统为开环控制系统。图 1-2 所示的直流电动机转速控制系统就是一个开环控制系统。图中电动机是电枢控制的直流电动机，要求带动负载以一定的转速转动。

输入量是给定电压 u_r，输出量（被控制量）是电动机转速 ω。调整给定电位器滑臂的位置，可得到不同的给定电压 u_r 和电枢电压 u_a，从而控制了电动机的转速 ω。上述的控制过程可用方框图简单直观地表示成图 1-3 的形式。当负载转矩不变时，给定电压 u_r 和电动机转速 ω 有一一对应的关系。因此，可由给定电压直接控制电动机转速。如果出现扰动如负载转矩增加（减少），电动机转速便随之降低（增高）而偏离给定值。若要维持给定转速不变，操作人员必须经过判断，相应地调整电位器滑臂的位置来提高（降低）给定电压，使电动机转速恢复到原给定值。

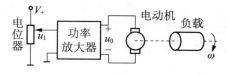

图 1-2 直流电动机转速控制系统

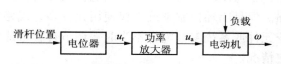

图 1-3 直流电动机转速控制方框图

这种控制方式的特点是控制作用的传递具有单向性，作用路径不是闭合的。由方框图可明显地看出控制信息的传递过程是由输入端沿箭头方向逐级传向输出端。控制作用直接由系统的输入量产生。给定一个输入量，就有一个输出量与之对应。控制精度取决于信息传递过程中所用元件性能的优劣及校准的精度。由于开环控制系统不具备自动修正被控量偏差的能力，故系统的精度低，即抗干扰能力差。但是开环控制结构简单、调整方便、成本低，在国民经济各部门均有采用，如自动售货机、自动洗衣机、产品自动生产线、数控机床及交通指挥红绿灯转换等。

2. 闭环控制系统

闭环控制是指控制装置与被控对象之间既有顺向作用又有反向联系的控制过程。图1-4所示的是一种自动调整转速的闭环控制系统。该系统在原来的基础上，增加了一个由测速发电机构成的反馈回路，用来检测输出转速，并给出与电动机转速成正比的反馈电压。将这个代表实际输出转速的反馈电压与代表希望输出转速的给定电压进行比较，所得出的偏差信号作为产生控制作用的基础，通过功率放大器来控制电机的转速。这也常称为按偏差控制。可以看出，只要偏差存在，控制作用总是存在的。控制的最终目的是减小偏差，提高控制精度。这种通过反馈构成系统闭环，按偏差产生控制作用，以减小或消除偏差的控制系统，称为闭环控制系统，或反馈控制系统。用方框图直观地把上述控制过程描述出来，可方便地进行性能分析，方框图如图1-5所示。

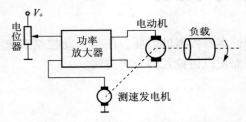
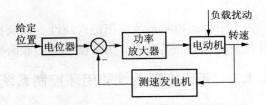

图1-4 直流电动机转速闭环控制系统　　　　图1-5 直流电动机转速闭环控制方框图

由方框图分析电动机转速自动调节的过程如下：当系统受到扰动影响时，例如负载增大，则电动机的转速降低，测速发电机的端电压减小。在给定电压不变时，偏差电压则会增加，电动机的电枢电压上升，使得电动机转速增加。如果负载减小，则电动机转速调节的过程与上述过程变化相反。这样，抑制了负载扰动对电动机转速的影响。同样，对其他扰动因素，只要影响到输出转速的变化，上述调节过程会自动进行，从而保证了系统的控制精度，提高了抗干扰能力。

这种控制方式的特点是控制作用不是直接来自给定输入，而是系统的偏差信号，由偏差产生对系统被控量的控制。系统被控量的反馈信息反过来又影响系统的偏差信号，即影响控制作用的大小。这种自成循环的控制作用，使信息的传递路径形成了一个闭合的环路，称为闭环。由于闭环控制能自动修复被控量偏差的能力，故控制精度高，抗干扰能力强。但是闭环控制系统不仅使用元件多、线路复杂，且因信号反馈的作用，如果未选好系统元件或系统参数配合不当时，调节过程可能变得很差，甚至出现发散或等幅振荡等不稳定情况。

1.4.2 定值、随动和程序控制系统

1. 定值控制系统

系统的给定值（参考输入）为恒定的常数，此种控制系统称为定值控制系统。这种系统可通过反馈控制使系统的被控参数（输出）保持恒定的、希望的数值。如在过程控制系统中，一般都要求将过程参数（如温度、压力、流量、液位和成分等）维持在工艺给定的状态，所以，多数过程控制系统都是定值控制系统。

2. 随动控制系统

系统的给定值（参考输入）随时间任意变化的控制系统称为随动控制系统。也就是说，此类系统输入量的变化规律是无法预先确定的时间函数。这种系统的任务是在各种情况下保证系统的输出以一定的精度跟随参考输入的变化而变换，所以这种系统又称为跟踪系统。如运动目标的自动跟踪和瞄准和拦截系统，工业控制中的位置控制系统，过程控制中的串级控制系统的副回路等都属于此类系统。另外，工业自动化仪表中的位置控制系统、显示记录仪表等也是闭环随动控制系统。

3. 程序控制系统

若系统给定值（参考输入）是随时间变化并有一定的规律，且为事先给定了的时间函数，则称这种系统为程序控制系统。如热处理炉的温度调节，要求温度按一定的时间程序的变化规律（自动升温、保温及降温等）；间隙生产的化学反应器温度控制以及机械加工中的程序控制机床等均属于此类系统。也可以说，程序控制系统是随动控制系统的一种特殊情况，其分析研究方法也和随动控制系统相同。

1.4.3 线性和非线性控制系统

1. 线性控制系统

系统中各组成环节或元件的状态或特性可以用线性微分方程（或差分方程）来描述时，这种系统就称为线性控制系统。线性控制系统的特点是可以使用叠加原理，当系统存在几个输入时，系统的总输出等于各个输入分别作用于系统时系统的输出之和，当系统输入增大或减小时，系统的输出也按比例增大或减小。

如果描述系统运动状态的微分（或差分）方程的系数是常数，不随时间变化，则这种线性系统称为线性定常（或时不变）系统。若微分（或差分）方程的系数是时间的函数，则这种线性系统称为线性时变系统。

2. 非线性控制系统

当系统中存在有非线性特性的组成环节或元件时，系统的特性就由非线性方程来描述，这样的系统就称为非线性控制系统。对于非线性控制系统，叠加原理是不适用的。

严格地讲，实际的控制系统都不是线性的，各种系统总是不同程度地具有非线性特性，例如系统中应用的放大器的饱和特性，运动部件的间隙、摩擦和死区，弹性元件的非线性关系等。非线性特性根据其处理方法不同可以分为本质非线性和非本质非线性两种。对于非本质的非线性特性，其输入-输出关系曲线没有间断点和折断点，且呈单值关系，因此当系统变量变化范围不大时，为便于研究，可简化为线性关系处理，这样可以应用相当成熟的线性控制理论进行分析和讨论。对于本质非线性特性，其输入-输出关系或具有间断点和折断点，

或具有非单值关系,这类系统需要用非线性控制理论来分析研究。

1.4.4 连续和离散控制系统

1. 连续控制系统

当系统中各组成环节的输入、输出信号都是时间的连续函数时,称此类系统为连续控制系统,亦称模拟控制系统。连续控制系统的运动状态或特性一般是用微分方程来描述的。模拟式的工业自动化仪表以及用模拟式仪表来实现自动化过程控制的系统都属于连续控制系统。

2. 离散控制系统

当系统中某些组成环节或元件的输入、输出信号在时间上是离散的,即仅在离散的瞬时取值时,称此类系统为离散控制系统。离散系统与连续系统的区别仅在于信号只是特定的离散瞬时上的时间的函数。离散信号可由连续信号通过采样开关获得,具有采样功能的控制系统又称为采样控制系统。

离散控制系统的运动状态或特性一般用差分方程来描述,其分析研究方法也不同于连续控制系统。

1.4.5 单变量和多变量控制系统

1. 单变量控制系统

在一个控制系统中,如果只有一个被控制的参数和一个控制作用来控制对象,则此系统为单变量控制系统,又叫单输入单输出系统。

2. 多变量控制系统

如果一个控制系统中的被控参数多于一个,控制作用也多于一个,且各控制回路互相之间有耦合关系,则称这种系统为多变量控制系统,也叫多输入多输出系统。

自动控制系统的分类方法除上述几种外还有很多,且各种分类方法只是人们站在不同的角度来看问题的一种方法,对于一个自动控制系统,可以用不同的方法来分类,但是这并不影响控制系统本身。本书以研究单变量连续线性定值控制系统为主,对其他控制系统仅在相关章节做简单介绍。

1.5 自动控制系统举例

要了解一个实际的自动控制系统的组成和画出组成系统的框图,必须明确下面的一些问题。

(1) 哪个是控制对象?被控量是什么?影响被控量的主扰动量是什么?
(2) 哪个是执行元件?
(3) 测量被控量的元件有哪些?有哪些反馈环节?
(4) 输入量是由哪个元件给定的?反馈量与给定量如何进行比较?
(5) 此外还有哪些元件(或单元)?它们在系统中处于什么地位?起什么作用?

下面将通过两个例子来说明如何分析系统的组成和画出系统的框图。

1.5.1 温度控制系统

温度在很多场合是重要的被控参数之一，它与流量、压力等均属于典型的被控参数。图 1-6 所示为烘烤炉温度控制系统原理图。

根据图 1-6 可以知道，控制系统的任务是保持炉膛温度的恒定；系统的被控对象为烘烤炉；系统被控量为烘烤炉的炉膛温度；干扰量有工件数量、环境温度和煤气压力等；调节煤气管道上阀门开度可改变炉温；系统的检测元件是热电偶，它将炉膛温度转变为相应的电压量 U_t；系统的给定装置为给定电位器，其输出电压 U_g 作为系统的参考输入，对应于给定的炉膛温度；系统的偏差为 ΔU，为炉温与给定温度的偏差，由 U_g 和 U_t 计算得到（$\Delta U = U_g - U_t$），两电压极性反接，就可完成减法运算；系统的执行机构为电动机、传动装置和阀门。

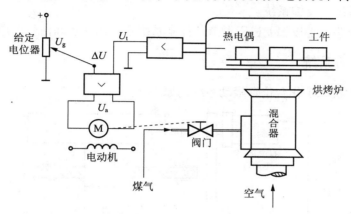

图 1-6 烘烤炉温度控制系统原理图

炉温即受工件数量及环境温度的影响，又受由混合器输出的煤气流量的影响，因此，调整煤气流量便可控制炉温。

烘烤炉温度控制系统的控制原理如下：

假定炉温恰好等于给定值，这时 $U_g = U_t$，（即 $\Delta U = 0$），故电动机和调节阀都静止不动，煤气流量恒定，烘烤炉处于给定温度状态。

如果增加工件，烘烤炉的负荷加大，则炉温下降，温度下降将导致 U_t 减小，由于给定值 U_g 保持不变，则使 $\Delta U > 0$，产生 U_a 使电动机转动，开大煤气阀门，增加煤气供给量，从而使炉温回升，直至重新等于给定值（即 $U_g = U_t$）为止。这样在负荷加大的情况下仍然保持了规定的温度。

如果负荷减小或煤气压力突然加大，则炉温升高。U_t 随之加大，$\Delta U < 0$，故电动机反转，关小阀门，减少煤气量，从而使炉温下降，直至等于给定值为止。

由此看出，系统通过炉温与给定值之间的偏差来控制炉温，所以此控制系统是按偏差调节的自动控制系统。系统中除烘烤炉及供气设备外，其余统称为温度控制装置或温度调节器。

表示系统各功能部件之间相互联系的框图如图 1-7 所示。图上每个功能部件用一个方框表示，箭头表示信号的输入、输出通道。最右边的方框习惯于表示被控对象，其输出信号即为被控量，而系统的总输入量包括给定值和外部干扰。

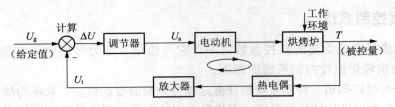

图 1-7　烘烤炉温度控制系统方框图

由图 1-7 可以看出，烘烤炉温度控制系统是一个闭合的回路，信号经调节器、烘烤炉之后又反馈到调节器。由于系统是按偏差进行调节的，因此必须测量炉温。反馈的闭合回路也是必需的，而且反馈信号应与给定值作减法运算（图上以负号表示负反馈），以得到偏差信号，因此，这种系统是反馈系统。

负反馈闭合回路，是按偏差进行调节的控制系统在结构联系和信号传递上的重要标志。

1.5.2　位置随动系统

图 1-8 所示为机床工作台位置随动系统的原理图。

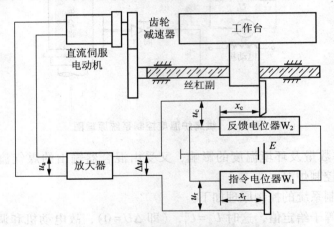

图 1-8　机床工作台位置随动系统的原理图

在图 1-8 所示的系统中，控制系统的任务是控制工作台的位置，使之按指令电位器给出的规律变化；系统的被控对象为工作台；被控量为工作台的位置；检测元件是反馈电位器 W_2，它将工作台的位置 x_c 转变为相应的电压量 u_c；系统的给定装置为指令电位器 W_1，其输出电压 u_r 作为系统的参考输入，以确定工作台的希望位置；系统的偏差为 Δu，为工作台的希望位置与实际位置之差，由 u_r 和 u_c 计算得到（$\Delta u = u_r - u_c$）；系统的执行机构为直流伺服电动机、齿轮减速器和丝杠副。

机床工作台位置随动系统的工作原理是：通过指令电位器 W_1 的滑动触点给出工作台的位置指令 x_r，并转换为控制电压 u_r。被控制工作台的位移 x_c 由反馈电位器 W_2 检测，并转换为反馈电压 u_c，两电位器接成桥式电路。当工作台位置 x_c 与给定位置 x_r 有偏差时，桥式电路的输出电压为 $\Delta u = u_r - u_c$。设开始时指令电位器和反馈电位器滑动触点都处于左端，即 $x_r = x_c = 0$，则 $\Delta u = u_r - u_c = 0$，此时，放大器无输出，直流伺服电动机不转，工作台静止不动，系统处于平衡状态。

当给出位置指令 x_c 时，在工作台改变位置之前的瞬间，$x_c=0$，$u_c=0$，则电桥输出为 $\Delta u=u_r-u_c=u_r-0=u_r$，该偏差电压经放大器放大后控制直流伺服电动机转动，直流伺服电动机通过齿轮减速器和丝杠副驱动工作台右移。随着工作台的移动，工作台实际位置与给定位置之间的偏差逐渐减小，即偏差电压 Δu 逐渐减小。当反馈电位器滑动触点的位置与指令电位器滑动触点的给定位置一致，即输出完全复现输入时，电桥平衡，偏差电压 $\Delta u=0$，伺服电动机停转，工作台停止在由指令电位器给定的位置上，系统进入新的平衡状态。当给出反向指令时，偏差电压极性相反，伺服电动机反转，工作台左移，当工作台移至给定位置时，系统再次进入平衡状态。如果指令电位器滑动触点的位置不断改变，则工作台位置也跟着不断变化。

此机床工作台位置随动系统的控制过程可用图 1-9 所示方框图表示。

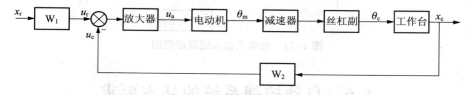

图 1-9　机床工作台位置随动系统方框图

由系统上述工作过程可知，为了使输出量复现输入量，系统通过反馈电位器不断地对输出量进行检测并返回输入端与输入量进行比较，得出偏差信号，再利用所得的偏差信号控制系统运动，以便随时消除偏差。从而实现了工作台位置按指令电位器给定位置变化的运动目的。

1.5.3　自动调速系统

图 1-10 所示为自动调速系统原理图。由图可以明确：控制系统的任务是保持工作机械恒转速运行；系统的被控对象为工作机械；被控量为电动机的转速 n；系统的检测元件是测速发电机，它能将电动机的转速转变为相应的电压量 U_f；系统的给定装置为给定电位器，其输出电压 U_g 作为系统的参考输入；系统的偏差为 ΔU，为系统给定量与反馈量之差，由 U_g 和 U_f 计算得到（$\Delta U=U_g-U_f$）；系统的执行机构为直流电动机。

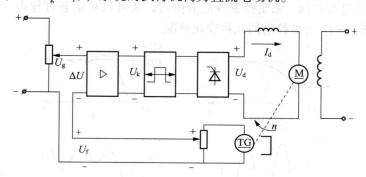

图 1-10　自动调速系统原理图

自动调速系统的工作原理是：测速发电机测量电动机的转速 n，并将其转换为相应的电

压 U_f,与给定电位器的输出电压 U_g 进行比较,得到的偏差信号 ΔU 经放大装置放大后控制电动机的工作电压 U_d,而电压 U_f 即代表了系统所要求的转速。

如果工作机械的负载增大,使电动机转速下降,则测速发电机输出电压 U_f 减小,与给定电压 U_g 比较后的偏差电压($\Delta U=U_g-U_f$)增大,经放大后的触发电压 U_k 增大,从而使可控硅整流装置输出电压 U_d 增大,增大的 U_d 加在电动机电枢两端,则电动机的转速 n 将提高,从而使电动机转速得到补偿。

这里是通过测量转速(与给定转速的偏差)来控制转速的,因此,调速系统也称为按偏差调节的自动控制系统,其原理框图如图 1-11 所示。

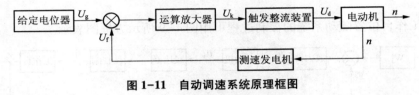

图 1-11　自动调速系统原理框图

1.6　自动控制系统的基本要求

自动控制系统在实际应用中,由于服务的对象千差万别,对系统性能的具体要求也就不尽相同。但是所有自动控制系统要达到的控制目标是一致的,即在理想情况下,希望自动控制系统的被控量和给定值,在任何时候都相等或保持一个固定的比例关系,没有任何偏差,而且不受干扰的影响。其表达式为:

$$c(t) = r(t)$$

或

$$c(t) = kr(t)$$

然而,实际的自动控制系统,难免会受干扰的影响,比如机械部分存在质量、惯量,加之电路中存在电感、电容,以及能源的限制,使生产机构运动部件的加速度不可能很大。所以其速度和位移不会瞬间达到设定值,而要经历一段时间,即存在一个变化过程。在理论上,通常把系统受到外加信号(给定值或干扰)作用后,被控量随时间变化的全过程称为系统的动态过程或过渡过程。系统控制性能的优劣,便可以从动态过程中 $c(t)$ 的变化较充分地显示出来。图 1-12 为被控量的几种变化情况。

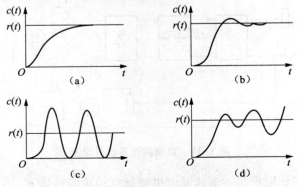

图 1-12　系统的阶跃响应

由图 1-12（a）和（b）可以看出，曲线是振荡收敛的，系统最后可以达到控制要求，它们是实际控制系统常见的过渡过程。而图 1-12（c）和（d）的曲线是等幅振荡的、发散的，处于这两种情况下的系统是无法工作的，在实际应用中是不允许的。

综上所述，一个高质量的自动控制系统，在其整个控制过程中，被控量与给定量之间的偏差应该越小越好。考虑到动态过程被控量在不同阶段中的特点，工程上常常从稳定性、快速性和准确性三个方面来评价自动控制系统的总体控制性能。

1. 稳定性

稳定性是指控制系统动态过程的振荡倾向和重新恢复平衡工作状态的能力，是评价系统能否正常工作的重要性能指标。

如果系统受到干扰后偏离了原来的稳定工作状态，而控制装置却不能使系统恢复到希望的稳定状态，如图 1-12（c）所示；或当指令变化以后，控制装置再也无法使受控对象跟随指令运行，并且是越差越大，如图 1-12（d）所示，则称这样的系统为不稳定系统，显然这是根本完不成控制任务的，甚至会造成设备的损坏。

反之，如果系统受到干扰后或指令变化后，经过一段过渡过程，控制装置能使系统恢复到希望的稳定状态或受控对象能够跟随变化的指令运行，如图 1-12（a）和（b）所示，则称这样的系统为稳定系统。在系统稳定的前提下，要求其动态过程的振荡越小越好，且振幅和频率应有所限制，否则过大的波动将使系统中的运动部件由于超载而松动和被破坏。

2. 快速性

快速性是指控制系统过渡过程的时间长短，是评价稳定系统暂态性能的指标。过渡过程的时间太长，则系统长时间地处在大偏差状态中，这说明系统响应迟钝，也就很难复现、跟踪快速变化的输入信号。因此，在实际控制系统中，我们总是希望在满足稳定性的要求下，系统的过渡时间越短越好。

3. 准确性

准确性是指控制系统过渡过程结束后，或系统受干扰重新恢复平衡状态时，最终保持的精度，是反映稳态性能的指标。我们希望此时被控量与给定量之间的偏差越小越好。

上面所提到的三个性能指标是自控系统的基本要求，具有普遍性。但在实际应用中，由于被控对象的具体情况不同，因而对最终控制结果的稳、快、准性能的要求也各不相同。例如，随动系统对快速性要求最高，而调速系统最为关心的则是系统的稳定性。

同一个系统的稳定性、快速性、准确性是相互制约的。若要提高系统的快速性，有可能引起系统的强烈振动，从而降低了稳定性；若要改善系统的稳定性，又会减慢系统的控制过程，影响了系统的快速性。分析和解决这些矛盾、优化系统的控制性能，将是本学科讨论的重要内容。

1.7 本课程的学习任务与学习要求

本书在讲清自动控制原理的基本前提下，围绕分析问题的思路和方法、改善系统性能的途径以及分析所得主要结论在实际中的应用而展开，以求帮助读者领悟和学会应用控制理论来解决工程的实际问题，并奠定必要的基础。

学习本课程要求有良好的数学、力学、电工学的基础知识，特别是要有复变函数及积分变换的数学知识。还应具备一定的机械工程方面的专业知识和其他学科领域的知识。

应该指出，控制理论不仅是一门重要的学科，又是一门卓越的方法论。它对启迪与发展人们的思维与智力有着很大的作用。在学习中，既要重视抽象思维，了解一般规律，又要充分注意结合实际；既要善于从个性中概括出共性，又要善于从共性出发深刻了解个性。学会运用控制理论的方法去抽象与解决实际问题，去开拓提出、分析与解决问题的思路。限于学时等原因，本课程只能为此打下一个初步的基础。只有学会提出问题、思考问题，并掌握正确的分析问题、解决问题的思路和方法，才会有所创新。

本 章 小 结

1. 自动控制就是在没有人直接参与的情况下，利用控制装置操纵被控对象（被控量），使其按照预定的规律运动或变化。
2. 自动控制系统是由控制装置和被控对象组成，能够实现自动控制任务的系统。
3. 被控制量（被控参数）是在控制系统中，按规定的任务需要加以控制的物理量。
4. 控制量（给定信号）是作为被控量的控制指令而加给系统的输入量，也称控制输入。
5. 干扰量（干扰信号）是干扰或破坏系统按预定规律运行的输入量，也称扰动输入或干扰输入。
6. 反馈是通过测量变换装置将系统或元件的输出量反送到输入端，与输入信号相比较。这个反送到输入端的信号为反馈信号。反馈信号与输入信号相减，其差为偏差信号。
7. 若系统的输入量与输出量之间不存在反馈回路，即输出量对系统的控制作用没有影响，这样的系统称为开环控制系统。
8. 凡是系统输出端与输入端之间存在反馈回路，即输出量对控制作用有直接影响的系统，称为闭环系统。我们讨论的主要是闭环负反馈控制系统。
9. 要能够正确理解定值、随动和程序控制系统，线性和非线性控制系统，连续与离散控制系统，单变量与多变量控制系统等的概念。
10. 对控制系统的基本要求有：稳定性、快速性和准确性。

稳定性是系统正常工作的必要条件；

快速性表示系统的响应速度快、过渡过程时间短、超调量小。系统的稳定性足够好、频带足够宽，才可能实现快速性的要求；

准确性要求过渡过程结束后，系统的稳态精度比较高，稳态误差比较小，或者对某种典型输入信号的稳态误差为零。

习 题 1

1.1 什么是自动控制和自动控制系统？

1.2 试回答下列问题：

（1）自动控制装置一般包括哪几部分？论述各部分的职能。

（2）论述开环控制与闭环控制的特征、优缺点和应用场合。

1.3 闭环控制系统由哪些主要环节构成？各环节在系统中的职能是什么？

1.4 日常生活中有许多开环和闭环控制系统，试各举一例并说明它们的工作原理。

1.5 在下列过程中，哪些是开环控制？哪些是闭环控制？为什么？
(1) 人驾驶汽车；(2) 空调器调节室温；(3) 给浴缸放热水；(4) 投掷铅球。

1.6 图 1-13 表示一个水位自动控制系统，试说明输入量、输出量、被控对象和工作原理，并画出方框图。

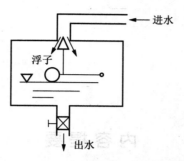

图 1-13 水位自动控制系统

1.7 仓库大门自动控制系统的工作原理如图 1-14 所示。请分析自动门开启和关闭的控制原理并画出原理方框图。如果大门不能全开或全关，应怎样进行调整？

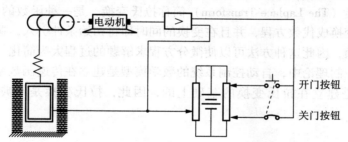

图 1-14 仓库大门自动控制系统的工作原理

1.8 对自动控制系统性能指标的基本要求是什么？

1.9 在使用电冰箱时，用户通常是预先设定一个温度值，其目的是使电冰箱内部的温度保持在这个设定值。试分析电冰箱是如何实现温度的自动控制的，并画出电冰箱温度自动控制系统的方框图。

第2章 拉普拉斯变换及其应用

内容提要

本章简要叙述拉氏变换（和拉氏反变换）的概念、拉氏变换的运算定理和应用拉氏变换求解微分方程的基本方法，并通过拉氏变换应用举例，介绍了典型一、二阶系统的单位阶跃函数和典型一阶系统的单位斜坡响应。

拉普拉斯变换（The Laplace Transform）简称拉氏变换，是一种函数的变换，经变换后，可将微分方程式变换成代数方程，并且在变换的同时即将初始条件引入，避免了经典解法中求积分常数的麻烦，因此这种方法可以使微分方程求解题的过程大为简化。

在经典自动控制理论中，自动控制系统的数学模型是建立在传递函数基础之上的，而传递函数的概念又是建立在拉氏变换的基础上的，因此，拉氏变换是经典控制理论的数学基础。

2.1 拉氏变换的概念

若将实变量 t 的函数 $f(t)$ 乘以指数函数 e^{-st}（其中 $s=\sigma+j\omega$，是一个复变数），再在 $0\sim\infty$ 对 t 进行积分，就得到一个新的函数 $F(s)$。$F(s)$ 称为 $f(t)$ 拉氏变换式，并可用符号 $L[f(t)]$ 表示。

$$F(s) = L[f(t)] = \int_0^\infty f(t)e^{-st}dt \tag{2.1}$$

式（2.1）称为拉氏变换的定义式。为了保证式中等号右边的积分存在（收敛），$f(t)$ 应满足下列条件：

(1) 当 $t<0$，$f(t)=0$；
(2) 当 $t>0$，$f(t)$ 分段连续；
(3) 当 $t\to\infty$，e^{-st} 较 $f(t)$ 衰减得更快。

由于 $\int_0^\infty f(t)e^{-st}dt$ 是一个定积分，t 将在新函数中消失。因此，$F(s)$ 只取决于 s，它是复

变数 s 的函数。拉氏变换将原来的实变量函数 $f(t)$ 转化为复变量函数 $F(s)$。

拉氏变换是一种单值变换。$f(t)$ 和 $F(s)$ 之间具有一一对应的关系。通常称 $f(t)$ 为原函数，$F(s)$ 为象函数。

由拉氏变换的定义式，可以从已知的原函数求取对应的象函数。

例 1 求单位阶跃函数（Unit Step Function） $1(t)$ 的象函数。

在自动控制原理中，单位阶跃函数是一个突加作用信号，相当于一个开关的闭合（或断开）。在求它的象函数前，首先应给出单位阶跃函数的定义式

$$1_\varepsilon(t) = \begin{cases} 0 & (t < 0) \\ \dfrac{1}{\varepsilon}t & (0 \leq t \leq \varepsilon) \\ 1 & (t > \varepsilon) \end{cases}$$

见图 2-1（a）。则单位阶跃函数 $1(t)$ 定义为

$$1(t) = \lim_{\varepsilon \to 0} 1_\varepsilon(t)$$

见图 2-1（b）。所以，

$$1(t) = \begin{cases} 0 & (t < 0) \\ 1 & (t \geq 0) \end{cases}$$

在自动控制系统中，单位阶跃函数相当一个突加作用信号。由式（2.1）有

$$F(s) = L[1(t)] = \int_0^\infty 1 \times e^{-st} dt = -\dfrac{1}{s} e^{-st} \bigg|_0^\infty = \dfrac{1}{s}$$

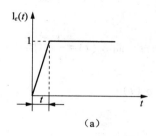
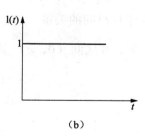

图 2-1　单位阶跃函数

(a) $1_\varepsilon(t)$；(b) $1(t)$

例 2 求单位脉冲函数（Unit Pulse Function） $\delta(t)$ 的象函数。

设函数 $\delta_\varepsilon(t) = \begin{cases} 0 & (t<0) \\ \dfrac{1}{\varepsilon} & (0 \leq t \leq \varepsilon) \\ 0 & (t>\varepsilon) \end{cases}$

见图 2-2（a）。$\delta_\varepsilon(t)$ 函数的特点是

$$\int_0^\infty \delta_\varepsilon(t) dt = \int_0^\varepsilon \delta_\varepsilon(t) dt = \dfrac{1}{\varepsilon} t \bigg|_0^\varepsilon = 1$$

单位脉冲函数 $\delta(t)$ 定义为

$$\delta(t) = \lim_{\varepsilon \to 0} \delta_\varepsilon(t)$$

见图 2-2（b），$\delta(t)$ 在 $t<0$ 时及在 $t>0$ 时为 0，在 $t=0$ 时，$\delta(t)$ 由 $0 \to +\infty$；又由

$+\infty \to 0$。但 $\delta(t)$ 对时间的积分为 1。即

$$\int_0^\infty \delta(t)\mathrm{d}t = \lim_{\varepsilon\to 0}\int_0^\infty \delta_\varepsilon(t)\mathrm{d}t = 1 \tag{2.2}$$

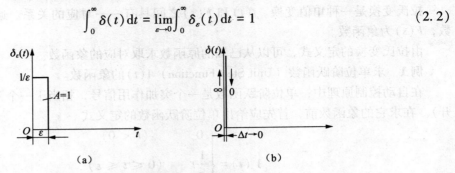

图 2-2 单位脉冲函数
(a) $\delta_\varepsilon(t)$;(b) $\delta(t)$

在自动控制系统中,单位脉冲函数相当于一个瞬时的扰动信号。它的变换式由式 (2.1) 有

$$\begin{aligned}
F(s) = L[\delta(t)] &= \int_0^\infty \delta(t)\mathrm{e}^{-st}\mathrm{d}t \\
&= \lim_{\varepsilon\to 0}\left[\int_0^\varepsilon \delta_\varepsilon(t)\mathrm{e}^{-st}\mathrm{d}t + \int_\varepsilon^\infty \delta_\varepsilon(t)\mathrm{e}^{-st}\mathrm{d}t\right] \\
&= \lim_{\varepsilon\to 0}\left[\int_0^\varepsilon \frac{1}{\varepsilon}\mathrm{e}^{-st}\mathrm{d}t\right] = \lim_{\varepsilon\to 0}\left[-\frac{1}{\varepsilon s}\mathrm{e}^{-st}\Big|_0^\varepsilon\right] = \lim_{\varepsilon\to 0}\frac{1-\mathrm{e}^{-\varepsilon s}}{\varepsilon s} = 1
\end{aligned} \tag{2.3}$$

例 3 求 $\delta(t)$ 与 $1(t)$ 间的关系。

由以上两例可见,在区间 $(0,\varepsilon)$ 里 $1_\varepsilon(t)=\frac{1}{\varepsilon}t$,而 $\delta_\varepsilon(t)=\frac{1}{\varepsilon}$,所以

$$\frac{\mathrm{d}1_\varepsilon(t)}{\mathrm{d}t} = \frac{1}{\varepsilon} = \delta_\varepsilon(t)$$

由上式有

$$\lim_{\varepsilon\to 0}\frac{\mathrm{d}1_\varepsilon(t)}{\mathrm{d}t} = \lim_{\varepsilon\to 0}\delta_\varepsilon(t)$$

$$\frac{\mathrm{d}1(t)}{\mathrm{d}t} = \delta(t) \tag{2.4}$$

由式 (2.4) 有

$$1(t) = \int \delta(t)\mathrm{d}t \tag{2.5}$$

由式 (2.4) 和式 (2.5) 可知:单位阶跃函数对时间的导数即为单位脉冲函数。反之,单位脉冲函数对时间的积分即为单位阶跃函数。

例 4 求斜坡函数 (Ramp Function) 的象函数。

斜坡函数的定义式为

$$f(t) = \begin{cases} 0 & (t<0) \\ Kt & (t\geq 0) \end{cases}$$

式中,K 为常数。

在自动控制原理中,斜坡函数是一个对时间作均匀变化的信号。在研究随动系统时,常以斜坡信号作为典型的输入信号。同理,根据拉氏变换的定义式有

$$F(s) = L[Kt] = \int_0^\infty Kte^{-st}dt$$

$$= Kt \frac{e^{-st}}{-s} \Big|_0^\infty - \int_0^\infty \frac{Ke^{-st}}{-s}dt$$

$$= \frac{K}{s}\int_0^\infty e^{-st}dt = \frac{K}{s^2} \qquad (2.6)$$

若式中 $K=1$,即单位斜坡函数为

$$L[t] = \frac{1}{s^2}$$

例5 求指数函数(Exponential Function)$e^{-\alpha t}$ 的象函数。

由式(2.1)有

$$F(s) = L[e^{-\alpha t}] = \int_0^\infty e^{-\alpha t}e^{-st}dt$$

$$= \int_0^\infty e^{-(s+\alpha)t}dt = -\frac{1}{s+\alpha}e^{-(\alpha+s)t}\Big|_0^\infty = \frac{1}{s+\alpha} \qquad (2.7)$$

例6 求正弦函数(Sinusoidal Function)$f(t) = \sin\omega t$ 的象函数。

$$F(s) = L[\sin\omega t] = \int_0^\infty \sin\omega t e^{-st}dt = \int_0^\infty \frac{1}{2j}(e^{j\omega t} - e^{-j\omega t})e^{-st}dt$$

$$= \frac{1}{2j}\Big[\int_0^\infty e^{-(s-j\omega)t}dt - \int_0^\infty e^{-(s+j\omega)t}dt\Big]$$

$$= \frac{1}{2j}\Big(\frac{1}{s-j\omega t} - \frac{1}{s+j\omega t}\Big) = \frac{\omega}{s^2+\omega^2} \qquad (2.8)$$

实用上,常把原函数与象函数之间的对应关系列成对照表的形式。通过查表,就能够知道原函数的象函数,或象函数的原函数,且十分方便。常用函数的拉氏变换对照表见表2-1。

表2-1 常用函数拉氏变换对照表

序 号	原函数 $f(t)$	象函数 $F(s)$
1	$\delta(t)$	1
2	$1(t)$	$\dfrac{1}{s}$
3	$e^{-\alpha t}$	$\dfrac{1}{s+\alpha}$
4	t^n	$\dfrac{n!}{s^{n+1}}$
5	$te^{-\alpha t}$	$\dfrac{1}{(s+\alpha)^2}$
6	$t^n e^{-\alpha t}$	$\dfrac{n!}{(s+\alpha)^{n+1}}$

续表

序 号	原函数 $f(t)$	象函数 $F(s)$
7	$\sin\omega t$	$\dfrac{\omega}{s^2+\omega^2}$
8	$\cos\omega t$	$\dfrac{s}{s^2+\omega^2}$
9	$\dfrac{1}{\beta-\alpha}(e^{-\alpha t}-e^{-\beta t})$	$\dfrac{1}{(s+\alpha)(s+\beta)}$
10	$\dfrac{1}{\beta-\alpha}(\beta e^{-\alpha t}-\alpha e^{-\beta t})$	$\dfrac{s}{(s+\alpha)(s+\beta)}$
11	$\dfrac{1}{\alpha}(1-e^{-\alpha t})$	$\dfrac{1}{s(s+\alpha)}$
12	$\dfrac{1}{\alpha\beta}\left[1+\dfrac{1}{\alpha-\beta}(\beta e^{-\alpha t}-\alpha e^{-\beta t})\right]$	$\dfrac{1}{s(s+\alpha)(s+\beta)}$
13	$e^{-\alpha t}\sin\omega t$	$\dfrac{\omega}{(s+\alpha)^2+\omega^2}$
14	$e^{-\alpha t}\cos\omega t$	$\dfrac{s+\alpha}{(s+\alpha)^2+\omega^2}$
15	$\dfrac{1}{\alpha^2}(e^{-\alpha t}+\alpha t-1)$	$\dfrac{1}{s^2(s+\alpha)}$
16	$\dfrac{\omega_n}{\sqrt{1-\zeta^2}}e^{-\zeta\omega_n t}\sin\omega_n\sqrt{1-\zeta^2}\,t$	$\dfrac{\omega_n^2}{s^2+2\zeta\omega_n s+\omega_n^2}(0<\zeta<1)$
17	$\dfrac{-1}{\sqrt{1-\zeta^2}}e^{-\zeta\omega_n t}\sin(\omega_n\sqrt{1-\zeta^2}\,t-\varphi)$ $\varphi=\arctan\dfrac{\sqrt{1-\zeta^2}}{\zeta}$	$\dfrac{s}{s^2+2\zeta\omega_n s+\omega_n^2}(0<\zeta<1)$
18	$1-\dfrac{1}{\sqrt{1-\zeta^2}}e^{-\zeta\omega_n t}\sin(\omega_n\sqrt{1-\zeta^2}\,t+\varphi)$ $\varphi=\arctan\dfrac{\sqrt{1-\zeta^2}}{\zeta}$	$\dfrac{\omega_n^2}{s(s^2+2\zeta\omega_n s+\omega_n^2)}(0<\zeta<1)$
19	$\dfrac{1}{\alpha^2+\omega^2}+\dfrac{1}{\sqrt{\alpha^2+\omega^2}}e^{-\alpha t}\sin(\omega t-\varphi)$ $\varphi=\arctan\dfrac{\omega}{-\alpha}$	$\dfrac{1}{s[(s+\alpha)^2+\omega^2]}$

2.2 拉氏变换的运算定理

在应用拉氏变换时,常需要借助于拉氏变换运算定理,这些运算定理都可通过拉氏变换定义式加以证明,现分别叙述如下。

1. 叠加定理

两个函数代数和的拉氏变换等于两个函数拉氏变换的代数和,即

$$L[f_1(t) \pm f_2(t)] = L[f_1(t)] \pm L[f_2(t)] \tag{2.9}$$

证:$L[f_1(t) \pm f_2(t)] = \int_0^\infty [f_1(t) \pm f_2(t)] e^{-st} dt$

$$= \int_0^\infty f_1(t) e^{-st} dt \pm \int_0^\infty f_2(t) e^{-st} dt$$

$$= L[f_1(t)] \pm L[f_2(t)] = F_1(s) \pm F_2(s) \quad (\text{证毕})$$

2. 比例定理

K 倍原函数的拉氏变换等于原函数拉氏变换的 K 倍,即

$$L[Kf(t)] = KL[f(t)] \tag{2.10}$$

证:$L[Kf(t)] = \int_0^\infty [Kf(t)] e^{-st} dt$

$$= K \int_0^\infty f(t) e^{-st} dt = KF(s) \quad (\text{证毕})$$

3. 微分定理

$$L[f'(t)] = sF(s) - f(0) \tag{2.11}$$

及在零初始条件下,有

$$L[f^n(t)] = s^n F(s) \tag{2.12}$$

证:$L[f'(t)] = L\left[\dfrac{\mathrm{d}}{\mathrm{d}t} f(t)\right]$

$$= \int_0^\infty e^{-st} \dfrac{\mathrm{d}}{\mathrm{d}t} f(t) \mathrm{d}t$$

$$= \int_0^\infty e^{-st} \mathrm{d}f(t)$$

$$= f(t) e^{-st} \Big|_0^\infty - \int_0^\infty f(t)(-s) e^{-st} \mathrm{d}t$$

$$= -f(0) + s \int_0^\infty f(t) e^{-st} \mathrm{d}t$$

$$= sF(s) - f(0) \quad (\text{证毕})$$

当初始条件 $f(0) = 0$ 时,$L[f'(t)] = sF(s)$。

同理,可求得

$$L[f''(t)] = s^2 F(s) - sf(0) - f'(0)$$

$$\vdots$$

$$L[f^{(n)}(t)] = s^n F(s) - s^{n-1} f(0) - \cdots - f^{(n-1)}(0)$$

若具有零初始条件,即

$$f(0) = f'(0) = \cdots = f^{(n-1)}(0) = 0$$

则

$$L[f''(t)] = s^2 F(s)$$

$$\vdots$$

$$L[f^{(n)}(t)] = s^n F(s)$$

上式表明,在初始条件为零的前提下,原函数的 n 阶导数的拉氏式等于其象函数乘以

s^n。这使函数的微分运算变得十分简单。它是拉氏变换能将微分运算转换成代数运算的依据。因此微分定理是一个十分重要的运算定理。

4. 积分定理

$$L\left[\int f(t)\,\mathrm{d}t\right] = \frac{F(s)}{s} + \frac{\int f(t)\,\mathrm{d}t\big|_{t=0}}{s} \tag{2.13}$$

及在零初始条件下

$$L\left[\underbrace{\int\cdots\int}_{n} f(t)(\mathrm{d}t)^n\right] = \frac{F(s)}{s^n} \tag{2.14}$$

证：

$$L\left[\int f(t)\,\mathrm{d}t\right] = \int_0^\infty \left[\int f(t)\,\mathrm{d}t\right] e^{-st}\,\mathrm{d}t$$

$$= \left[\frac{e^{-st}}{(-s)}\int f(t)\,\mathrm{d}t\right]\Big|_0^\infty - \int_0^\infty \frac{e^{-st}}{(-s)} f(t)\,\mathrm{d}t$$

$$= \left[\frac{1}{s}\int f(t)\,\mathrm{d}t\right]_{t=0} + \frac{1}{s}\int_0^\infty f(t)e^{-st}\,\mathrm{d}t$$

$$= \frac{F(s)}{s} + \frac{\int f(t)\,\mathrm{d}t\big|_{t=0}}{s} \qquad (\text{证毕})$$

当初始条件 $\int f(t)\,\mathrm{d}t\big|_{t=0} = 0$ 时，由上式有

$$L\left[\int f(t)\,\mathrm{d}t\right] = \frac{F(s)}{s}$$

同理，可以证明在零初始条件下有

$$L\left[\iint f(t)(\mathrm{d}t)^2\right] = \frac{F(s)}{s^2}$$

$$\vdots$$

$$L\left[\underbrace{\int\cdots\int}_{n} f(t)(\mathrm{d}t)^n\right] = \frac{F(s)}{s^n}$$

上式同样表明，在零初始条件下，原函数的 n 重积分的拉氏式等于其象函数除以 s^n。它是微分的逆运算，与微分定理同样是十分重要的运算定理。

5. 位移定理

$$L[e^{-\alpha t} f(t)] = F(s + \alpha) \tag{2.15}$$

证：

$$L[e^{-\alpha t} f(t)] = \int_0^\infty e^{-\alpha t} f(t) e^{-st}\,\mathrm{d}t$$

$$= \int_0^\infty f(t) e^{-\alpha t} e^{-st}\,\mathrm{d}t$$

$$= \int_0^\infty f(t) e^{-(s+\alpha)t}\,\mathrm{d}t$$

$$= F(s + \alpha) \qquad (\text{证毕})$$

上式表明，原函数 $f(t)$ 乘以因子 $e^{-\alpha t}$ 时，它的象函数只需把 $F(s)$ 中的 s 用 $s+\alpha$ 代替即可。也就是将 $F(s)$ 平移了位置 α。

6. 延迟定理

$$L[f(t-\tau)] = e^{-s\tau} F(s) \tag{2.16}$$

原函数 $f(t)$ 延迟 τ 时间，即成为 $f(t-\tau)$，见图 2-3。

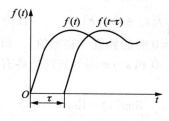

图 2-3 延迟函数

证：

由图 2-3 可见，当 $t<\tau$ 时，$f(t-\tau)=0$

$$L[f(t-\tau)] = \int_0^\infty f(t-\tau) e^{-st} dt = \int_0^\tau 0 \times e^{-st} dt + \int_\tau^\infty f(t-\tau) e^{-st} dt$$

以新变量置换，设 $x=t-\tau$，即 $t=x+\tau$，$dt=d(x+\tau)=dx$，当 t 由 $\tau\to\infty$ 时，则 x 由 $0\to\infty$，代入上式，可得

$$L[f(t-\tau)] = \int_0^\infty f(x) e^{-s(x+\tau)} dx = \int_0^\infty f(x) e^{-sx} e^{-s\tau} dx = e^{-s\tau} \int_0^\infty f(x) e^{-sx} dx = e^{-s\tau} F(s) \quad (\text{证毕})$$

上式表明，当原函数 $f(t)$ 延迟 τ，即成为 $f(t-\tau)$ 时，相应的象函数 $F(s)$ 应乘以因子 $e^{-s\tau}$。

7. 相似定理

$$L\left[f\left(\frac{t}{\alpha}\right)\right] = \alpha F(\alpha s) \tag{2.17}$$

证：

$$L\left[f\left(\frac{t}{\alpha}\right)\right] = \int_0^\infty f\left(\frac{t}{\alpha}\right) e^{-st} dt$$

对上式进行变量置换，令 $x=\dfrac{t}{\alpha}$，则 $t=\alpha x$，于是上式可写为

$$L\left[f\left(\frac{t}{\alpha}\right)\right] = \int_0^\infty f(x) e^{-s\alpha x} d(\alpha x)$$
$$= \alpha \int_0^\infty f(x) e^{-s\alpha x} dx$$
$$= \alpha F(\alpha s) \qquad (\text{证毕})$$

上式表明，当原函数 $f(t)$ 的自变量 t 变化 $\dfrac{1}{\alpha}$ 时，则它对应的象函数 $F(s)$ 及变量 s 将按比例变化 α 倍。

8. 初值定理

$$\lim_{t\to 0} f(t) = \lim_{s\to\infty} sF(s) \tag{2.18}$$

证：

由微分定理有 $\int_0^\infty f'(t)\mathrm{e}^{-st}\mathrm{d}t = sF(s) - f(0)$

当 $s\to\infty$ 时，$\mathrm{e}^{-st}\to 0$，对上式左边取极限有 $\lim\limits_{s\to\infty}\int_0^\infty f'(t)\mathrm{e}^{-st}\mathrm{d}t = 0$，此代入上式有

$$\lim\limits_{s\to\infty}sF(s) - f(0) = 0$$

即 $\lim\limits_{t\to 0}f(t) = \lim\limits_{s\to\infty}sF(s)$ （证毕）

上式表明，原函数 $f(t)$ 在 $t=0$ 时的数值（初始值），可以通过将象函数乘以 s 后，再求 $s\to\infty$ 的极限值求得。条件是当 $t\to 0$ 和 $s\to\infty$ 时等式两边各有极限存在。

9. 终值定理

$$\lim\limits_{t\to\infty}f(t) = \lim\limits_{s\to 0}sF(s) \tag{2.19}$$

证：

由微分定理有 $\int_0^\infty f'(t)\mathrm{e}^{-st}\mathrm{d}t = sF(s) - f(0)$

对上式两边取极限 $\lim\limits_{s\to 0}\left[\int_0^\infty f'(t)\mathrm{e}^{-st}\mathrm{d}t\right] = \lim\limits_{s\to 0}[sF(s) - f(0)]$ (2.20)

由于当 $s\to 0$ 时，$\mathrm{e}^{-st}=1$，所以等式左边可写成

$$\lim\limits_{s\to 0}\left[\int_0^\infty f'(t)\mathrm{e}^{-st}\mathrm{d}t\right] = \int_0^\infty f'(t)\mathrm{d}t$$
$$= f(t)\big|_0^\infty = \lim\limits_{t\to\infty}f(t) - f(0)$$

以上式代入式（2.20），两边消去 $f(0)$，得

$$\lim\limits_{t\to\infty}f(t) = \lim\limits_{s\to 0}sF(s) \quad \text{（证毕）}$$

上式表明，原函数在 $t\to\infty$ 时的数值（稳态值），可以通过将象函数 $F(s)$ 乘以 s 后，再求 $s\to 0$ 的极限值来求得。条件是当 $t\to\infty$ 和 $s\to 0$ 时，等式两边各有极限存在。

终值定理在分析研究系统的稳态性能时（例如分析系统的稳态误差，求取系统输出量的稳态值等）有着很多的应用。因此终值定理也是一个经常用到的运算定理。

拉氏变换的上述这些简明的运算定理，使拉氏变换的应用更加方便。表 2-2 为拉氏变换主要运算定理一览表。

表 2-2 拉氏变换主要运算定理一览表

	名 称	公 式
1	叠加定理	$L[f_1(t) \pm f_2(t)] = F_1(s) \pm F_2(s)$
2	比例定理	$L[Kf(t)] = KF(s)$
3	微分定理	$L[f'(t)] = sF(s) - f(0)$
4	积分定理	$L[\int f(t)\mathrm{d}t] = \dfrac{F(s)}{s} + \dfrac{\int f(t)\mathrm{d}t\big|_{t=0}}{s}$
5	位移定理	$L[\mathrm{e}^{-\alpha t}f(t)] = F(s+\alpha)$
6	延迟定理	$L[f(t-\tau)] = \mathrm{e}^{-s\tau}F(s)$

续表

名 称		公 式
7	相似定理	$L[f(\frac{t}{\alpha})] = \alpha F(\alpha s)$
8	初值定理	$\lim_{t \to 0} f(t) = \lim_{s \to \infty} sF(s)$
9	终值定理	$\lim_{t \to \infty} f(t) = \lim_{s \to 0} sF(s)$

2.3 拉氏反变换

由象函数 $F(s)$ 求取原函数 $f(t)$ 的运算称为拉氏反变换（Inverse Laplace Transform）。拉氏反变换常用式表示为

$$f(t) = L^{-1}[F(s)]$$

拉氏变换和反变换是一一对应的，所以，通常可以通过查表来求取原函数。在自动控制理论中常遇到的象函数是 s 的有理分式，即

$$F(s) = \frac{B(s)}{A(s)} = \frac{b_m s^m + b_{m-1} s^{m-1} + \cdots + b_1 s + b_0}{s^n + a_{n-1} s^{n-1} + \cdots + a_1 s + a_0}$$

这种形式的原函数一般不能直接由拉氏变换对照表中查得，因此，要用部分分式展开法先将 $\frac{B(s)}{A(s)}$ 化为一些简单分式之和。这些分式的原函数可以由查表得到，则所求原函数就等于各分式原函数之和。

展开部分分式的方法是先求出方程 $A(s) = 0$ 的根 s_1，s_2，$\cdots$，s_n。于是，$\frac{B(s)}{A(s)}$ 可以写为

$$F(s) = \frac{B(s)}{A(s)} = \frac{B(s)}{(s-s_1)(s-s_2)\cdots(s-s_n)}$$

再将上式展开成部分分式

$$F(s) = \frac{B(s)}{A(s)} = \frac{c_1}{s-s_1} + \frac{c_2}{s-s_2} + \cdots + \frac{c_n}{s-s_n}$$

式中，c_1，c_2，$\cdots$，c_n 为待定系数。

求待定系数有多种方法，这里仅做简单介绍。

1. $A(s) = 0$ 无重根

这时可将 $F(s)$ 换写为 n 个部分分式之和，每个分式分母都是 $A(s)$ 的一个因式，即

$$F(s) = \frac{c_1}{s-s_1} + \frac{c_2}{s-s_2} + \cdots + \frac{c_n}{s-s_n} = \sum_{i=1}^{n} \frac{c_i}{s-s_i} \quad (2.21)$$

如果确定了每个部分分式中的待定系数 c_i，则由拉氏变换表即可查得 $F(s)$ 的反变换。如求 c_1 时，用 $(s-s_1)$ 乘以式（2.21），并令 $s = s_1$，即

$$[F(s)(s-s_1)]_{s=s_1} = c_1 + \left[\left(\frac{c_2}{s-s_2} + \cdots + \frac{c_n}{s-s_n}\right)(s-s_1)\right]_{s=s_1}$$

在上式中，当 $s=s_1$ 时，$(s-s_1)=0$，所以方括号中的各项将为零。于是，
$$c_1 = [F(s)(s-s_1)]_{s=s_1}$$

同理，其余系数可由下式求出
$$c_i = [F(s)(s-s_i)]_{s=s_i} \tag{2.22}$$

全部待定系数求出后，运用线性性质，并参照式（2.21），即可求得
$$f(t) = L^{-1}[F(s)] = \sum_{i=1}^{n} c_i e^{s_i t} \tag{2.23}$$

2. $A(s)=0$ 有重根

设 $A(s)=0$ 时，在 $s=s_1$ 处有 r 个重根，这时 $F(s)$ 可展开成如下部分分式之和

$$F(s) = \frac{B(s)}{A(s)} = \frac{A_r}{(s-s_1)^r} + \frac{A_{r-1}}{(s-s_1)^{r-1}} + \frac{A_{r-2}}{(s-s_1)^{r-2}} + \cdots + \frac{A_1}{s-s_1} + N(s) \tag{2.24}$$

式中，$N(s)$ 为在 $s=s_1$ 处不等于零的函数。

将式（2.24）乘以 $(s-s_1)^r$，得
$$(s-s_1)^r F(s) = A_r + A_{r-1}(s-s_1) + A_{r-2}(s-s_1)^2 + \cdots + (s-s_1)^r N(s) \tag{2.25}$$

当 $s \to s_1$，上式含 $(s-s_1)$ 的项均为零，于是有
$$A_r = [(s-s_1)^r F(s)]_{s=s_1} \tag{2.26}$$

若将式（2.25）对 s 求导数得
$$\frac{d}{ds}[(s-s_1)^r F(s)] = A_{r-1} + 2A_{r-2}(s-s_1) + 3A_{r-3}(s-s_1)^2 + \cdots + r(s-s_1)^{r-1} N(s) + (s-s_1)^r N'(s)$$

同理，当 $s \to s_1$ 时，上式含 $(s \to s_1)$ 的项均为零，于是有
$$A_{r-1} = \frac{d}{ds}[(s-s_1)^r F(s)]_{s=s_1}$$

依此类推，可得
$$A_{r-2} = \frac{1}{2} \frac{d^2}{ds^2}[(s-s_1)^r F(s)]_{s=s_1}$$

$$A_1 = \frac{1}{(r-1)!} \frac{d^{(r-1)}}{ds^{(r-1)}}[(s-s_1)^r F(s)]_{s=s_1}$$

将已求得的各待定系数 A_r，A_{r-1}，$\cdots$，A_1 代入 $F(s)$，再根据表2-1（如第6行）求得各对应项的拉氏反变换式（即各原函数项），于是原函数 $f(t)$ 为

$$f(t) = L^{-1}[F(s)]$$
$$= L^{-1}\left[\frac{A_r}{(s-s_1)^r} + \frac{A_{r-1}}{(s-s_1)^{r-1}} + \frac{A_{r-2}}{(s-s_1)^{r-2}} + \cdots + \frac{A_1}{s-s_1}\right] + L^{-1}[N(s)]$$
$$= \left[\frac{A_r t^{r-1}}{(r-1)!} + \frac{A_{r-1} t^{r-2}}{(r-2)!} + \frac{A_{r-2} t^{r-3}}{(r-3)!} + \cdots + A_1\right] e^{s_1 t} + L^{-1}[N(s)] \tag{2.27}$$

在式（2.27）中，$L^{-1}[N(s)]$ 由式（2.23）可求得。

当然，对比较简单的象函数，除应用上述方法外，也可用直接通分的方法来求取待定系数。

2.4 拉氏变换应用举例

例1 求典型一阶系统的单位阶跃响应。

设典型一阶系统的微分方程为

$$T\frac{dc(t)}{dt} + c(t) = r(t) \tag{2.28}$$

式中，$r(t)$ 为输入信号；$c(t)$ 为输出信号；T 为时间常数，其初始条件为零。

解 对微分方程两边进行拉氏变换有

$$TsC(s) + C(s) = R(s)$$

由于 $r(t) = 1(t)$，则 $R(s) = \dfrac{1}{s}$，代入上式有

$$(Ts + 1)C(s) = \frac{1}{s}$$

由上式得

$$C(s) = \frac{1}{s}\frac{1}{Ts+1} = \frac{A}{s} + \frac{B}{Ts+1}$$

用待定系数法可求得 $A = 1$，$B = -T$，代入上式有

$$C(s) = \frac{1}{s} - \frac{T}{Ts+1} = \frac{1}{s} - \frac{1}{s+\dfrac{1}{T}}$$

对上式进行拉氏反变换，由表 2-1 可查得

$$c(t) = 1 - e^{-\frac{t}{T}} \tag{2.29}$$

由式（2.29）所表达的响应曲线如图 2-4 所示。

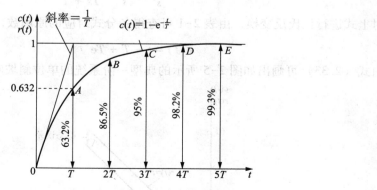

图 2-4 典型一阶系统的单位阶跃响应曲线

由式（2.29）和图 2-4 可知，它是一根按指数规律上升的曲线。由于典型一阶系统在自动控制系统中是经常遇到的，所以对它的单位阶跃响应曲线须再做进一步的分析。

(1) 响应曲线起点的斜率 m 为

$$m = \frac{dc(t)}{dt}\bigg|_{t=0} = \frac{1}{T}e^{-\frac{t}{T}}\bigg|_{t=0} = \frac{1}{T} \tag{2.30}$$

由式（2.30）可知，响应曲线在起点的斜率 m 为时间常数 T 的倒数，T 愈大，m 愈小，上升过程愈慢。

(2) 过渡过程时间。由图 2-4 可见，在 t 经历 T，$2T$，$3T$，$4T$ 和 $5T$ 的时间后，其相应的输出分别为稳态值的 63.2%，86.5%，95%，98.2% 和 99.3%。由此可见，对典型一阶系统，它的过渡过程时间为 $3T \sim 5T$，到达稳态值的 95% ~ 99.3%。

例 2 求典型一阶系统的单位斜坡响应。

解 典型一阶系统的微分方程为

$$T\frac{dc(t)}{dt} + c(t) = r(t) \tag{2.31}$$

式（2.31）的拉氏变换式为

$$TsC(s) + C(s) = R(s)$$

由于为单位斜坡输入，即 $r(t) = t$，因此，$R(s) = \frac{1}{s^2}$，代入上式有

$$TsC(s) + C(s) = \frac{1}{s^2}$$

由上式有

$$C(s) = \frac{1}{Ts+1}\frac{1}{s^2} = \frac{A}{s^2} + \frac{B}{s} + \frac{C}{Ts+1} \tag{2.32}$$

应用通分的方法，可求得待定系数 $A = 1$，$B = -T$，$C = T^2$。

以待定系数代入式（2.32）有

$$C(s) = \frac{1}{s^2} - \frac{T}{s} + \frac{T^2}{Ts+1}$$

对上式进行拉氏反变换，由表 2-1 可查得各分式对应的原函数，于是可得

$$c(t) = t - T + Te^{-\frac{t}{T}} \tag{2.33}$$

由式（2.33）可画出如图 2-5 所示的典型一阶系统的单位斜坡响应曲线。

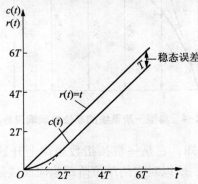

图 2-5 典型一阶系统的单位斜坡响应

由式（2.33）和图 2-5 可以看到，典型一阶系统的单位斜坡响应存在着一定的稳态误差。对照输出量 $c(t)$ 和输入量 $r(t)$，可得系统的误差为

$$e(t) = r(t) - c(t) = t - (t - T + Te^{-\frac{t}{T}})$$
$$= T(1 - e^{-\frac{t}{T}}) \tag{2.34}$$

由式（2.34）可以看出，当 $t \to \infty$ 时，误差 $e(t)$ 趋于 T，即

$$\lim_{t \to \infty} e(t) = \lim_{t \to \infty} T(1 - e^{-\frac{t}{T}}) = T \tag{2.35}$$

而 $\lim_{t \to \infty} e(t)$ 称为稳态误差（详见第 4 章分析）。

由式（2.35）可见，时间常数 T 越小，系统跟踪斜坡输入信号的稳态误差也越小。

在分析随动系统时，通常以单位斜坡信号为典型输入信号，例如，匀速转动时的角位移量便是斜坡信号。因此例 2 中的分析方法和结果对分析一般随动系统也有普遍的参考价值。

例 3 若输入量 $r(t)$ 为一单位阶跃函数，求下列二阶微分方程的输出量 $c(t)$。

$$\frac{T^2 d^2 c(t)}{dt^2} + 2T\xi \frac{dc(t)}{dt} + c(t) = r(t) \tag{2.36}$$

解 （1）对式（2.36）进行拉氏变换，并以 $R(s) = \frac{1}{s}$ 代入，得

$$T^2 s^2 C(s) + 2T\xi s C(s) + C(s) = \frac{1}{s}$$

由上式有

$$C(s) = \frac{1}{T^2 s^2 + 2T\xi s + 1} \cdot \frac{1}{s} = \frac{\omega_n^2}{s^2 + 2\xi\omega_n s + \omega_n^2} \cdot \frac{1}{s} \tag{2.37}$$

上式中

$$\omega_n = \frac{1}{T}$$

（2）为了通过查表求得 $c(t)$，需将式（2.37）用部分分式法进行展开，为此，须先求出方程 $s^2 + 2\xi\omega_n s + \omega_n^2 = 0$ 的根，不难求得此方程的一对根为

$$s_{1,2} = -\xi\omega_n \pm \omega_n \sqrt{\xi^2 - 1} \tag{2.38}$$

由式（2.38）可见，对应不同的 ξ 值，根 $s_{1,2}$ 的性质将是不同的。而对不同性质的根，展开成部分分式的形式也将是不同的。现分别求解如下。

①当 $\xi = 0$（无阻尼）（零阻尼）时，特性方程的根 $s_{1,2} = \pm j\omega_n$，即为一对纯虚根时，式（2.37）可展开为

$$C(s) = \frac{\omega_n^2}{s^2 + \omega_n^2} \cdot \frac{1}{s} = \frac{A}{s} + \frac{Bs + C}{s^2 + \omega_n^2}$$

应用通分的方法可求得待定系数

$$A = 1, \quad B = -1, \quad C = 0$$

代入上式有

$$C(s) = \frac{1}{s} - \frac{s}{s^2 + \omega_n^2}$$

由表 2-1 可查得

$$c(t) = 1 - \cos\omega_n t \tag{2.39}$$

由式（2.39）可见，无阻尼时的阶跃响应为等幅振荡曲线。见图2-6中$\xi=0$的曲线。

②当$0<\xi<1$（欠阻尼）时，特征方程的根$s_{1,2}=-\xi\omega_n\pm j\omega_n\sqrt{1-\xi^2}$是一对共轭复根，通常令

$$\omega_d = \omega_n\sqrt{1-\xi^2}$$

则
$$s_{1,2} = -\xi\omega_n \pm j\omega_d$$

这时，可将式（2.37）展开为下式，对求取待定系数和拉氏反变换都较为方便。

$$C(s) = \frac{\omega_n^2}{s^2+2\xi\omega_n s+\omega_n^2}\cdot\frac{1}{s} = \frac{A}{s}+\frac{Bs+C}{s^2+2\xi\omega_n s+\omega_n^2}$$

应用通分的方法，可以求得待定系数$A=1$，$B=-1$，$C=-2\xi\omega_n$。代入上式有

$$\begin{aligned}
C(s) &= \frac{1}{s} - \frac{s+2\xi\omega_n}{s^2+2\xi\omega_n s+\omega_n^2} \\
&= \frac{1}{s} - \frac{s+2\xi\omega_n}{(s-s_1)(s-s_2)} \\
&= \frac{1}{s} - \frac{s+2\xi\omega_n}{[s-(-\xi\omega_n+j\omega_d)][s-(-\xi\omega_n-j\omega_d)]} \\
&= \frac{1}{s} - \frac{s+2\xi\omega_n}{(s+\xi\omega_n)^2+\omega_d^2} \\
&= \frac{1}{s} - \frac{s+\xi\omega_n}{(s+\xi\omega_n)^2+\omega_d^2} - \frac{\xi\omega_n}{(s+\xi\omega_n)^2+\omega_d^2}
\end{aligned} \quad (2.40)$$

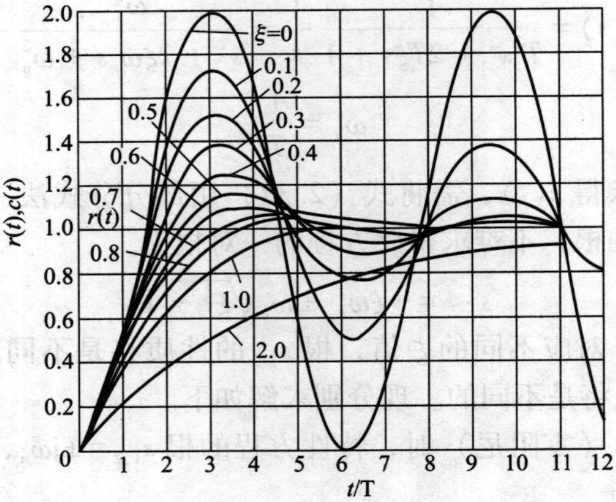

图2-6 典型二阶系统的单位阶跃响应曲线

由表2-1可查得

$$L^{-1}\left[\frac{s+\xi\omega_n}{(s+\xi\omega_n)^2+\omega_d^2}\right] = e^{-\xi\omega_n t}\cos\omega_d t$$

$$L^{-1}\left[\frac{\xi\omega_n}{(s+\xi\omega_n)^2+\omega_d^2}\right] = L^{-1}\left[\frac{\xi}{\sqrt{1-\xi^2}}\frac{\omega_d}{(s+\xi\omega_n)^2+\omega_d^2}\right]$$

$$= \frac{\xi}{\sqrt{1-\xi^2}}e^{-\xi\omega_n t}\sin\omega_d t$$

于是对式（2.40）进行拉氏反变换可得

$$c(t) = L^{-1}[C(s)]$$

$$= 1 - e^{-\xi\omega_n t}\cos\omega_d t - \frac{\xi}{\sqrt{1-\xi^2}}e^{-\xi\omega_n t}\sin\omega_d t$$

$$= 1 - e^{-\xi\omega_n t}\left(\cos\omega_d t + \frac{\xi}{\sqrt{1-\xi^2}}\sin\omega_d t\right)$$

$$= 1 - \frac{e^{-\xi\omega_n t}}{\sqrt{1-\xi^2}}\sin\left(\omega_d t + \arctan\frac{\sqrt{1-\xi^2}}{\xi}\right) \tag{2.41}$$

由式（2.41）知，对应不同的 ξ（$0<\xi<1$），可画出一簇阻尼振荡曲线，见图 2-6。由图 2-6 可见，ξ 愈小，振荡的最大振幅愈大。

（3）当 $\xi=1$（临界阻尼）时，特征方程的根 $s_{1,2}=-\omega_n$，是两个相等的负实根（重根）。在出现重根时，可参照式（2.24）将式（2.37）展开为

$$C(s) = \frac{\omega_n^2}{s^2 + 2\omega_n s + \omega_n^2}\frac{1}{s}$$

$$= \frac{\omega_n^2}{s(s+\omega_n)^2}$$

$$= \frac{A}{s} + \frac{B}{(s+\omega_n)^2} + \frac{C}{s+\omega_n}$$

应用通分的方法可以求得待定系数 $A=1$，$B=-\omega_n$，$C=-1$。代入上式可得

$$C(s) = \frac{1}{s} - \frac{\omega_n}{(s+\omega_n)^2} - \frac{1}{s+\omega_n} \tag{2.42}$$

由表 2-1 可查得式（2.42）中各分式的原函数

$$L^{-1}\left[\frac{1}{s}\right] = 1$$

$$L^{-1}\left[\frac{1}{(s+\omega_n)^2}\right] = te^{-\omega_n t}$$

$$L^{-1}\left[\frac{1}{s+\omega_n}\right] = e^{-\omega_n t}$$

于是由式（2.42）可得

$$c(t) = 1 - \omega_n te^{-\omega_n t} - e^{-\omega_n t} = 1 - e^{-\omega_n t}(1+\omega_n t) \tag{2.43}$$

由式（2.43）可画出如图 2-6 中 $\xi=1$ 所示的曲线。此曲线表明，临界阻尼时的阶跃响应为单调上升曲线。

（4）当 $\xi>1$（过阻尼）时，特征方程的根 $s_{1,2}=-\xi\omega_n\pm\omega_n\sqrt{\xi^2-1}$ 是两个不相等的负实根。此时，式（2.37）可展开为

$$C(s) = \frac{\omega_n^2}{s^2 + 2\xi\omega_n s + \omega_n^2} \cdot \frac{1}{s}$$

$$= \frac{1}{s} \cdot \frac{\omega_n^2}{(s-s_1)(s-s_2)}$$

$$= \frac{A}{s} + \frac{B}{s-(-\xi\omega_n + \omega_n\sqrt{\xi^2-1})} + \frac{C}{s-(-\xi\omega_n - \omega_n\sqrt{\xi^2-1})}$$

$$= \frac{A}{s} + \frac{B}{s+\omega_n(\xi-\sqrt{\xi^2-1})} + \frac{C}{s+\omega_n(\xi+\sqrt{\xi^2-1})}$$

应用通分的方法可求得待定系数

$$A = 1,\quad B = -\frac{1}{2\sqrt{\xi^2-1}(\xi-\sqrt{\xi^2-1})},\quad C = \frac{1}{2\sqrt{\xi^2-1}(\xi-\sqrt{\xi^2-1})}$$

于是

$$C(s) = \frac{1}{s} - \frac{1}{2\sqrt{\xi^2-1}(\xi-\sqrt{\xi^2-1})[s+\omega_n(\xi-\sqrt{\xi^2-1})]} + \frac{1}{2\sqrt{\xi^2-1}(\xi-\sqrt{\xi^2-1})[s+\omega_n(\xi+\sqrt{\xi^2-1})]} \tag{2.44}$$

由表 2-1 可查得式 (2.44) 各分式的原函数,于是可得

$$c(t) = 1 - \frac{1}{2\sqrt{\xi^2-1}(\xi-\sqrt{\xi^2-1})} e^{-(\xi-\sqrt{\xi^2-1})\omega_n t} + \frac{1}{2\sqrt{\xi^2-1}(\xi-\sqrt{\xi^2-1})} e^{-(\xi+\sqrt{\xi^2-1})\omega_n t} \tag{2.45}$$

由式 (2.45) 可画出如图 2-6 中 $\xi=2.0(\xi>1)$ 所示的曲线。由图 2-6 可见,过阻尼时的阶跃响应也为单调上升曲线,不过其上升的斜率更加比临界阻尼慢。见图 2-6 中 $\xi=1$ 与 $\xi=2$ 的曲线。

图 2-6 为典型二阶系统在不同阻尼比的单位阶跃响应曲线。

由以上的分析可见,典型二阶系统在不同的阻尼比的情况下,它们的阶跃响应输出特性的差异是很大的。若阻尼比过小,则系统的振荡加剧,超调量大幅度增加;若阻尼比过大,则系统的响应过慢,又大大增加了调整时间。因此,怎样选择适中的阻尼比,以兼顾系统的稳定性和快速性便成了研究自动控制系统的一个重要的课题。

在例1、例2和例3中对典型一阶系统和典型二阶系统进行分析的方法和所得到的结果,对分析一般自动控制系统具有普遍的参考价值。

本 章 小 结

1. 拉氏变换定义式

(1) 当 $t<0$, $f(t)=0$。

(2) 当 $t>0$, $f(t)$ 分段连续。

(3) 当 $t\to\infty$, $f(t)$ 上升较 e^{st} 慢。

拉氏变换式
$$F(s) = L[f(t)] = \int_0^\infty f(t) e^{-st} dt$$

2. 常用典型输入信号的拉氏式为

$$L[\delta(t)] = 1, \quad L[1(t)] = \frac{1}{s}, \quad L[t] = \frac{1}{s^2}, \quad L\left[\frac{t^2}{2}\right] = \frac{1}{s^3}.$$

3. 常用拉氏变换定理有叠加定理、比例定理、微分定理、积分定理、延迟定理、终值定理等。

4. 应用拉氏变换求解微分方程的一般步骤是：

微分方程→拉氏变换→拉氏变换式（代数式）→分解为部分分式→求待定系数→分项查拉氏变换对照表→获得解答。

习 题 2

2.1 证明 $L[\cos\omega t] = \dfrac{s}{s^2+\omega^2}$。

2.2 求三角脉冲函数 $f(t)$（如图 2-7 所示）的象函数。

$$f(t) = \begin{cases} t & 0<t<1 \\ 2-t & 1<t<2 \\ 0 & 其他 \end{cases}$$

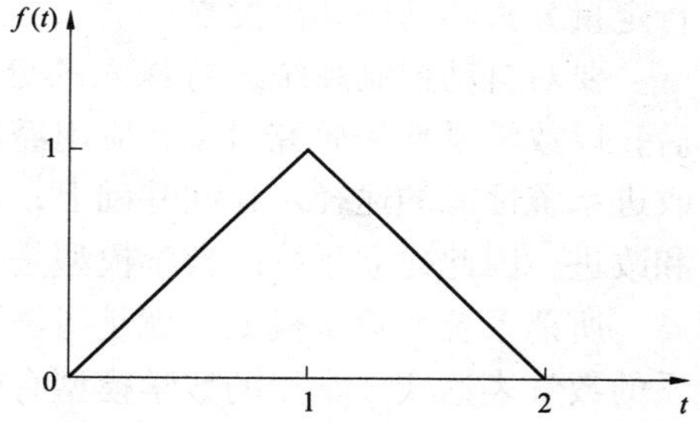

2.3 已知供电电压为 $u(t)$，求流过电阻 R、电感 L 和电容 C 的电流 $i(t)$ 的拉氏变换式。

2.4 求 $f(t) = \dfrac{t^2}{2}$ 的拉氏变换式。

2.5 求 $F(s) = \dfrac{4}{s(s+2)}$ 的拉氏反变换式 $f(t)$。

2.6 求 $F(s) = \dfrac{10(s+5)}{(s+1)(s+2)}$ 的拉氏反变换式 $f(t)$。

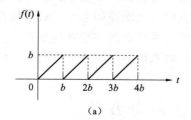

图 2-7 三角脉冲函数 $f(t)$

2.7 已知 $F(s) = \dfrac{s+2}{s(s+1)^2(s+3)}$，求 $f(t) = ?$

2.8 求图 2-8 各图所示周期函数的拉氏变换。

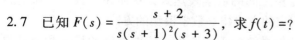

(a)   (b)

图 2-8 题 2.8 图

第 3 章 自动控制系统的数学模型

内容提要

本章主要从微分方程、传递函数和系统框图去建立自动控制系统的数学模型。主要叙述系统微分方程建立的步骤、传递函数的定义与性质、系统框图的建立与变换、框图变换的规则、典型环节与典型系统的数学模型以及系统传递函数的求取。系统的数学模型是对系统进行定量分析的基础和出发点。

要对自动控制系统进行深入的分析和计算，需要先把具体的系统抽象成数学模型；然后，以数学模型为研究对象，应用经典或现代控制理论所提供的方法去分析它的性能和研究改进系统性能的途径。在此基础上，再应用这些研究成果和结论，去指导对实际系统的分析和改进。因此建立系统的数学模型是分析和研究自动控制系统的出发点。

所谓系统的数学模型，就是指描述系统或元件的输入量、输出量以及内部各变量之间关系的数学表达式。常用的数学模型有微分方程、传递函数和结构图等。

建立系统数学模型的方法，通常有解析法或实验法。解析法是从系统或元件各变量之间所遵循的物理、化学定律出发，列出各变量之间的数学表达式，从而建立数学模型的方法。实验法是对实际系统加入信号，以求取响应的方式建立数学模型的方法。

建立系统数学模型时，必须全面地分析系统的工作原理，依据建模的目的和精度要求，忽略一些次要的因素，使建立的数学模型既便于数学分析，又不至于影响分析的准确性。

本章主要从微分方程、传递函数和系统框图去建立自动控制系统的数学模型。主要讲述系统微分方程的建立步骤、传递函数的定义与性质、系统框图的建立与变换、典型系统的数学模型以及传递函数的求取等。系统的数学模型是对系统进行定量分析的基础和出发点。

3.1 控制系统的微分方程

描述系统输入量和输出量之间关系的最直接的数学方法是列写系统的微分方程。

当系统的输入量和输出量都是时间 t 的函数时，其微分方程可以确切地描述系统的运动过程。它是系统最基本的数学模型，也是系统的时域数学模型。

3.1.1 控制系统微分方程的建立

建立微分方程的一般步骤如下。

（1）分析系统和元件的工作原理，找出各物理量之间所遵循的物理规律，确定系统的输入量和输出量。

（2）一般从系统的输入端开始，根据各元件或环节所遵循的物理规律，依次列写它们的微分方程。

（3）将各元件或环节的微分方程联立起来，消去中间变量，求取一个仅含有系统的输入量和输出量的微分方程，它就是系统的微分方程。

（4）将该方程整理成标准形式。即把与输入量有关的各项放在微分方程的右边，把与输出量有关的各项放在微分方程的左边，方程两边各阶导数按降幂排列，并将方程的系数化为具有一定物理意义的表示形式，如时间常数等。

下面举例说明微分方程的建立过程。

例1 建立图 3-1 所示电路的微分方程。u_r 为输入量，u_c 为输出量。

解 由基尔霍夫定律，列写方程

$$u_r = u_R + u_c$$
$$u_R = Ri$$
$$i = C \frac{du_c}{dt}$$

联立以上各式，消去中间变量得

$$RC \frac{du_c}{dt} + u_c = u_r$$

将上式进行标准化处理，令 $T=RC$，则

$$T \frac{du_c}{dt} + u_c = u_r$$

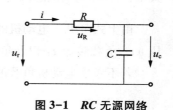

图 3-1 RC 无源网络

式中，T 称为该电路的时间常数。

例2 建立图 3-2 所示电路的微分方程。u_r 为输入量，u_c 为输出量。

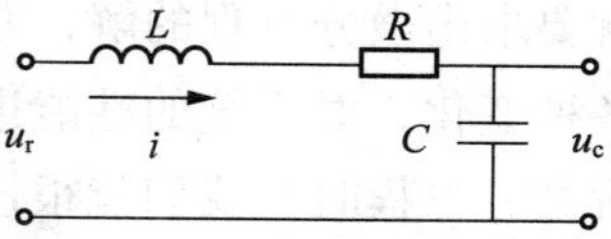

图 3-2 RLC 无源网络

解 根据基尔霍夫定律列写电路的电压平衡方程

$$u_r = L \frac{di}{dt} + Ri + u_c$$

$$i = C \frac{du_c}{dt}$$

联立上述方程，消去中间变量 i，整理可得

$$\frac{d^2 u_c}{dt^2} + \frac{R}{L}\frac{du_c}{dt} + \frac{1}{LC}u_c = \frac{1}{LC}u_r$$

例3 建立图 3-3 所示直流电动机的微分方程。u_d 为输入量，n 为输出量。

解 直流电动机各物理量之间的基本关系式为

$$u_d = i_d R_d + L_d \frac{di_d}{dt} + e$$

$$T_d = K_T \Phi i_d$$

$$e = K_e \Phi n$$

$$T_d - T_L = J \frac{dn}{dt}$$

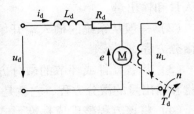

图 3-3 直流电动机运动模型

式中，$J = \frac{GD^2}{375}$（$=\frac{2\pi}{60}\frac{GD^2}{4g}$）；$u_d$ 为电枢电压；e 为电枢电动势；i_d 为电枢电流；R_d 为电枢电阻；T_d 为电磁转矩；T_L 为摩擦和负载转矩；Φ 为磁通；K_T 为电磁常数；K_e 为电动势常数；n 为转速；J 为转动惯量；GD^2 为飞轮矩。

联立以上各式得

$$\tau_m \tau_d \frac{d^2 n}{dt^2} + \tau_m \frac{dn}{dt} + n = \frac{1}{K_e \Phi}u_d - \frac{R_d}{K_e K_T \Phi^2}(\tau_d \frac{dT_d}{dt} + T_L)$$

式中，τ_m 为电动机的机电时间常数，$\tau_m = \frac{JR_d}{K_e K_T \Phi^2}$；$\tau_d$ 为电磁时间常数，$\tau_d = \frac{L_d}{R_d}$。

由上式可见，电动机的转速与电动机自身的固有参数 τ_m、τ_d 有关，与电动机的电枢电压 u_d、负载转矩 T_L 以及负载转矩对时间的变化率有关。

若不考虑电动机负载的影响，则

$$\tau_m \tau_d \frac{d^2 n}{dt^2} + \tau_m \frac{dn}{dt} + n = \frac{1}{K_e \Phi}u_d$$

3.1.2 控制系统微分方程的求解

在系统的微分方程建立后，就要求出微分方程的解，并据此解绘出被控量随时间变化的动态过程曲线，再依据此曲线的各种变化，对系统的性能进行分析和评价。

当系统的微分方程是一、二阶微分方程时，我们能很快求解，但若系统的方程是高阶微分方程式，直接求解就比较困难。此时可利用拉普拉斯变换进行求解。

用拉普拉斯变换求解微分方程的步骤如下。

① 将微分方程进行拉氏变换，得到以 s 为变量的变换方程。

② 解出变换方程，即求出输出量的拉氏变换表达式。

③ 将输出量的象函数展开成部分分式表达式。

④ 对输出量的部分分式进行拉氏反变换，即可得微分方程的解。

例4 求图 3-1 所示电路中的 u_c。其中 $u_r = 1(t)$，u_c 及各阶导数在 $t=0$ 时的值为零。

解 由例 1 知，系统的微分方程为

$$T\frac{du_c}{dt} + u_c = u_r$$

对上式进行拉氏变换，得到

$$TsU_c(s) + U_c(s) = U_r(s)$$

由于 $U_r = 1(t)$ 的拉氏变换为 $U_r(s) = \frac{1}{s}$，因此输出量的拉氏变换式为

$$U_c(s) = \frac{1}{Ts+1} \times \frac{1}{s}$$

将上式展开成部分分式表达式

$$U_c(s) = \frac{1}{s} - \frac{1}{s + \frac{1}{T}}$$

求拉氏反变换得微分方程的解为

$$u_c = 1 - e^{-\frac{1}{T}t}$$

例 5 已知系统的微分方程为 $\frac{d^2 y}{dt^2} + 2\frac{dy}{dt} + y = x$，$x$ 及各阶导数在 $t=0$ 时的值为零。试求在 $x = 1(t)$ 时系统的输出 y。

解 对微分方程进行拉氏变换

$$s^2 Y(s) + 2sY(s) + Y(s) = X(s)$$

由于 $x = 1(t)$ 的拉氏变换为 $X(s) = \frac{1}{s}$，因此输出量的拉氏变换式为

$$Y(s) = \frac{1}{s^2 + 2s + 1} \times \frac{1}{s}$$

将上式展开成部分分式表达式得

$$Y(s) = \frac{1}{s} - \frac{1}{(s+1)^2} - \frac{1}{s+1}$$

求拉氏反变换，得微分方程的解为

$$y = 1 - te^{-t} - e^{-t}$$

3.2 传递函数

传递函数是数学模型的另一种表达形式。它比微分方程简单明了、运算方便，是自动控制中最常见的数学模型之一，也是自动控制系统的复数域模型。

3.2.1 传递函数的定义

设描述系统或元件的微分方程的一般表示形式为

$$a_n \frac{d^n}{dt^n}c(t) + a_{n-1}\frac{d^{n-1}}{dt^{n-1}}c(t) + \cdots + a_1\frac{d}{dt}c(t) + a_0 c(t) = b_m \frac{d^m}{dt^m}r(t) + b_{m-1}\frac{d^{m-1}}{dt^{m-1}}r(t) + \cdots + b_1 \frac{d}{dt}r(t) + b_0 r(t)$$

式中，$r(t)$ 为系统的输入量；$c(t)$ 为系统的输出量；a_0，a_1，$\cdots$，a_n 及 b_0，b_1，$\cdots$，b_m 是与系统或元件的结构、参数有关的常数。

为了便于分析系统，规定控制系统的初始状态为零，即在 $t=0^-$ 时系统的输出为
$$c(0^-) = c'(0^-) = c''(0^-) = \cdots = 0$$

这表明，在外作用加于系统的瞬时（$t=0$）之前，系统是相对静止的，被控量及其各阶导数相对于平衡工作点的增量为零。

所以，在初始条件为零时，对微分方程的一般表达式两边进行拉氏变换，有
$$a_n s^n C(s) + a_{n-1}s^{n-1}C(s) + \cdots + a_1 sC(s) + a_0 C(s) = b_m s^m R(s) + b_{m-1}s^{m-1}R(s) + \cdots + b_1 sR(s) + b_0 R(s)$$

即
$$(a_n s^n + a_{n-1}s^{n-1} + \cdots + a_1 s + a_0)C(s) = (b_m s^m + b_{m-1}s^{m-1} + \cdots + b_1 s + b_0)R(s)$$

则有
$$\frac{C(s)}{R(s)} = \frac{a_n s^n + a_{n-1}s^{n-1} + \cdots + a_1 s + a_0}{b_m s^m + b_{m-1}s^{m-1} + \cdots + b_1 s + b_0}$$

令 $G(s) = \dfrac{C(s)}{R(s)}$ 称为系统或元件的传递函数，则可得传递函数的定义：在初始条件为零时，输出量的拉氏变换式与输入量的拉氏变换式之比。即

$$传递函数\ G(s) = \frac{输出量的拉氏变换}{输入量的拉氏变换} = \frac{C(s)}{R(s)}$$

由上可见，在零初始条件下，只要将微分方程中微分项算符 $\dfrac{d^i}{dt_i}$ 换成相应的 s^i，即可得到系统的传递函数。上式为传递函数的一般表达式。

3.2.2 传递函数的求取

1. 直接计算法

对于系统或元件，首先建立描述元件或系统的微分方程式，然后在零初始条件下，对方程式进行拉氏变换，即可按传递函数的定义求出系统的传递函数。

例 6 试求取图 3-3 所示直流电动机的转速与输入电压之间的传递函数。

解 对求取的直流电动机的微分方程进行拉氏变换后可得
$$\tau_m \tau_d s^2 N(s) + \tau_m s N(s) + N(s) = \frac{1}{K_e \Phi} U_d(s)$$

根据传递函数的定义，则其传递函数为
$$G(s) = \frac{N(s)}{U_d(s)} = \frac{\dfrac{1}{K_e \Phi}}{\tau_m \tau_d s^2 + \tau_m s + 1}$$

2. 阻抗法

求取无源网络或电子调节器的传递函数，采用阻抗法较为方便。

电路上的电阻、电感、电容元件的复域模型电路如图 3-4 所示。

图 3-4　R、L、C 元件的复域模型电路

其传递函数分别为

电阻元件 $G(s) = \dfrac{U(s)}{I(s)} = R$

电感元件 $G(s) = \dfrac{U(s)}{I(s)} = Ls$

电容元件 $G(s) = \dfrac{U(s)}{I(s)} = \dfrac{1}{Cs}$

例 7　试求图 3-5（a）所示电路的传递函数，u_o 为输出量，u_i 为输入量。

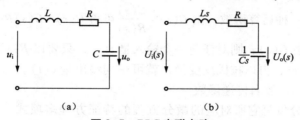

图 3-5　RLC 串联电路

解　图 3-5（a）所示电路的复域电路如图 3-5（b）所示。由基尔霍夫定律得

$$U_o(s) = \dfrac{\dfrac{1}{Cs}}{R + Ls + \dfrac{1}{Cs}} U_i(s)$$

经整理得到系统的传递函数

$$G(s) = \dfrac{U_o(s)}{U_i(s)} = \dfrac{1}{LCs^2 + RCs + 1}$$

例 8　试求取图 3-6（a）所示电路的传递函数。u_o 为输出量，u_i 为输入量。

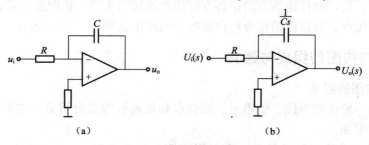

图 3-6　积分调节器

解 图 3-6（a）所示电路的复域电路如图 3-6（b）所示。由电子技术知识可得

$$G(s) = \frac{U_o(s)}{U_i(s)} = -\frac{1}{RCs}$$

3. 利用动态结构图求取传递函数

对于较复杂的系统，应先求出元件的传递函数，再利用动态结构图和框图运算法则，可方便地求出系统的传递函数。该方法将在后面的内容中讨论。

3.2.3 传递函数的性质

（1）传递函数式由微分方程变换得来，它和微分方程之间存在着对应的关系。对于一个确定的系统（输入量与输出量也已经确定），它的微分方程是唯一的，所以，其传递函数也是唯一的。

（2）传递函数是复变量 $s(s=\sigma+j\omega)$ 的有理分式，s 是复数，而分式中的各项系数 a_n，a_{n-1}，$\cdots$，a_1，a_0 及 b_m，b_{m-1}，$\cdots$，b_1，b_0 都是实数，它们由组成系统的元件结构、参数决定，而与输入量、扰动量等外部因素无关。因此传递函数代表了系统的固有特性，是一种用象函数来描述系统的数学模型，称为系统的复数域模型。

（3）传递函数是一种运算函数。由 $G(s) = \frac{C(s)}{R(s)}$ 可得 $C(s) = G(s)R(s)$。此式表明，若已知一个系统的传递函数 $G(s)$，则对任何一个输入量 $r(t)$，只要以 $R(s)$ 乘以 $G(s)$，即可得到输出量的象函数 $C(s)$，再以拉氏反变换，就可得到输出量 $c(t)$。由此可见，$G(s)$ 起着从输入到输出的传递作用，故名传递函数。

（4）传递函数的分母是它所对应的微分方程的特征方程多项式，即传递函数的分母是特征方程 $a_n s^n + a_{n-1} s^{n-1} + \cdots + a_1 s + a_0 = 0$ 的等号左边部分。而以后的分析表明：特征方程的根反映了系统的动态过程的性质，所以由传递函数可以研究系统的动态特性。特征方程的阶次 n 即为系统的阶次。

（5）传递函数的分子多项式的阶次总是低于分母多项式的阶次，即 $m \leq n$。这是由于系统总是含有惯性元件以及受到系统能源的限制的原因。

3.3 控制系统的动态结构图

控制系统的动态结构图（简称结构图）是将系统所有元件用方框表示，在方框中标明元件的传递函数，按信号传递的方向把各方框依次连接起来的一种图形。结构图具有简明直观、运算方便的优点，所以框图在分析自动控制系统中获得了广泛的应用。

3.3.1 动态结构图的组成与建立

1. 动态结构图的组成

动态结构图一般由信号线、引出点、综合点和功能框等部分组成。它们的图形如图 3-7 所示。现分别介绍如下。

（1）信号线表示流通的途径和方向，用带箭头的直线表示。一般在线上表明该信号的

拉氏变换式，如图 3-7（a）所示。

（2）引出点又称为分离点，如图 3-7（b）所示，它表示信号线由该点取出。从同一信号线上取出的信号，其大小和性质完全相同。

（3）综合点又称为比较点，完成两个以上信号的加减运算，如图 3-7（c）所示。"+"表示相加；"-"表示相减。通常"+"可省略不写。

（4）功能框表示系统或元件，如图 3-7（d）所示。框左边向内的箭头为输入量（拉氏变换式），框右边向外箭头为输出量（拉氏变换式）。框图为系统中一个相对独立的单元的传递函数 $G(s)$。它们之间的关系为 $C(s) = G(s)R(s)$。

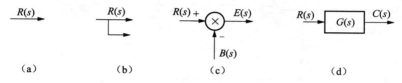

图 3-7　结构图的基本元素

(a) 信号线；(b) 引出点；(c) 综合点；(d) 功能框

2. 控制系统动态结构图的建立

建立系统动态结构图的一般步骤如下。

（1）列写系统各元件的微分方程。

（2）对各元件的微分方程进行拉氏变换，求取其传递函数，标明输入量和输出量。

（3）按照系统中各量的传递顺序，依次将各元件的结构图连接起来，输入量置于左端，输出量置于右端，便得到系统的动态结构图。

例 9　试绘出图 3-1 所示电路的动态结构图。

解　以 u_r 为输入量，u_c 为输出量。

由基尔霍夫定律，列写方程

$$u_r = u_R + u_c$$

$$u_R = Ri$$

$$i = C\frac{du_c}{dt}$$

对以上各式进行拉氏变换得

$$U_r(s) = U_R(s) + U_c(s)$$

$$U_R(s) = RI(s)$$

$$I(s) = CsU_c(s)$$

由上面各式可分别画出如图 3-8（a）、（b）、（c）所示的结构图。

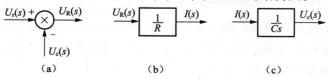

图 3-8　RC 电路结构图的建立过程

(a) $U_r(s)$；(b) $U_R(s)$；(c) $I(s)$

根据系统中信号的传递关系及方向，可画出系统的动态结构图，如图3-9所示。

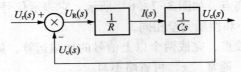

图3-9 RC电路结构图

例10 建立图3-10所示电路的动态结构图。u_r为输入量，u_{c2}为输出量。

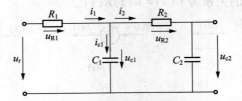

图3-10 两级RC无源网络

解 由基尔霍夫定律，列写方程

$$u_r = u_{R1} + u_{c1}, \quad u_{c1} = u_{R2} + u_{c2}, \quad i_1 = i_2 + i_{c1}$$

$$u_{R1} = R_1 i_1, \quad u_{R2} = R_2 i_2$$

$$i_{c1} = C_1 \frac{du_{c1}}{dt}, \quad i_2 = C_2 \frac{du_{c2}}{dt}$$

对以上各式进行拉氏变换得

$$U_r(s) = U_{R1}(s) + U_{c1}(s)$$

$$U_{c1}(s) = U_{R2}(s) + U_{c2}(s)$$

$$I_1(s) = I_2(s) + I_{c1}(s)$$

$$U_{R1}(s) = R_1 I_1(s)$$

$$U_{R2}(s) = R_2 I_2(s)$$

$$I_{c1}(s) = C_1 s U_{c1}(s)$$

$$I_2(s) = C_2 s U_{c2}(s)$$

由以上各式可画出如图3-11（a）、（b）、（c）、（d）、（e）、（f）、（g）所示的结构图。根据系统中信号的传递关系及方向，可画出系统的动态结构图，如图3-11（h）所示。

由例题可看出，该电路不是两个单独的RC电路的叠加，后一级电路对前一级电路的电流有一定影响，这就是所谓的负载效应，在分析问题时必须给予考虑。

3.3.2 动态结构图的等效变换及化简

自动控制系统的传递函数通常都是利用框图的变换来求取的，为了能方便地求出系统的传递函数，通常需要对结构图进行等效变换。结构图等效变换的规则是：变换后与变换前的输入量和输出量都保持不变。

1. 串联变换规则

传递函数分别为$G_1(s)$和$G_2(s)$的两个方框，若$G_1(s)$的输出量作为$G_2(s)$的输入量，

则称 $G_1(s)$ 和 $G_2(s)$ 串联，如图 3-12（a）所示。（注意：两个串联的方框所代表的元件之间无负载效应。）

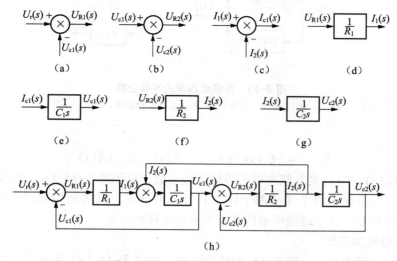

图 3-11 两级 RC 电路结构图的建立过程及系统的动态结构图

（a）$U_r(s)$；（b）$U_{c1}(s)$；（c）$I_1(s)$；（d）$U_{R_1}(s)$；

（e）$I_{c1}(s)$；（f）$U_{R2}(s)$；（g）$I_2(s)$；（h）动态结构图

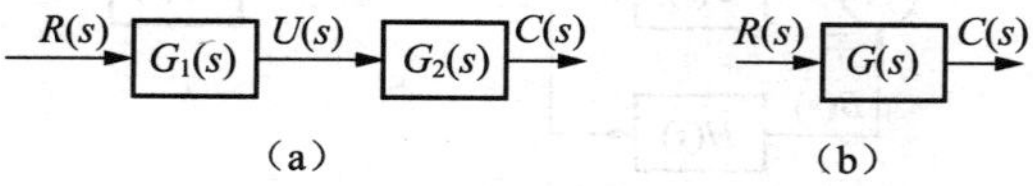

图 3-12 串联结构图的等效变换

（a）$G_1(s)$ 和 $G_2(s)$ 串联；（b）结构图

由图 3-12（a）有

$$U(s) = G_1(s)R(s)$$
$$C(s) = G_2(s)U(s)$$

则

$$C(s) = G_1(s)G_2(s)R(s) = G(s)R(s)$$

式中，$G(s) = G_1(s)G_2(s)$ 是串联方框的等效传递函数，可用图 3-12（b）所示结构图表示。

由此可知，当系统中有两个（或两个以上）环节串联时，其等效传递函数为各串联环节的传递函数的乘积。这个结论可推广到 n 个串联连接的方框。

2. 并联变换规则

传递函数分别为 $G_1(s)$ 和 $G_2(s)$ 的两个方框，若它们有相同的输入量，而输出量等于两个方框输出量的代数和时，则 $G_1(s)$ 和 $G_2(s)$ 为并联连接，如图 3-13（a）所示。

由图 3-13（a）有

$$C_1(s) = G_1(s)R(s)$$
$$C_2(s) = G_2(s)R(s)$$
$$C(s) = C_1(s) \pm C_2(s)$$

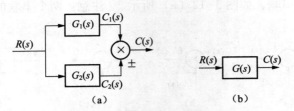

图 3-13 并联结构图的等效变换
（a）$G_1(s)$ 和 $G_2(s)$ 并联；（b）结构图

则
$$C(s) = [C_1(s) \pm C_2(s)]R(s) = G(s)R(s)$$

式中 $G(s) = G_1(s) \pm G_2(s)$ 是并联方框的等效传递函数，可用图 3-13（b）所示结构图表示。

由此可知，当系统中两个（或两个以上）环节并联时，其等效传递函数为各并联环节的传递函数的代数和。这个结论可推广到 n 个并联连接的方框。

3. 反馈连接变换规则

若传递函数分别为 $G(s)$ 和 $H(s)$ 的两个方框，如图 3-14（a）所示形式连接，则称为反馈连接。"+" 为正反馈，表示输入信号与反馈信号相加；"−" 为负反馈，表示输入信号与反馈信号相减。

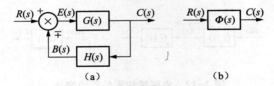

图 3-14 反馈结构图的等效变换
（a）$G(s)$ 和 $H(s)$ 反馈连接；（b）结构图

由图 3-14（a）有
$$E(s) = R(s) \pm B(s)$$
$$B(s) = H(s)C(s)$$
$$C(s) = G(s)E(s)$$

则
$$C(s) = \frac{G(s)}{1 \pm G(s)H(s)}R(s)$$

或
$$\Phi(s) = \frac{C(s)}{R(s)} = \frac{G(s)}{1 \pm G(s)H(s)}$$

式中，$G(s)$ 为前向通道传递函数；$H(s)$ 为反馈通道传递函数；$\Phi(s)$ 为反馈连接的等效传递函数，一般称之为闭环传递函数。式中分母中的加号，对应于负反馈，减号对应于正反馈。其结构图如图 3-14（b）所示。

4. 引出点和比较点的移动规则

移动规则的出发点是等效原则，即移动前后的输入量和输出量保持不变。

（1）引出点的移动。

①引出点的前移，如图 3-15 所示。

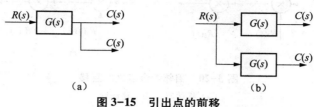

图 3-15　引出点的前移

（a）移动前；（b）移动后

②引出点的后移，如图 3-16 所示。

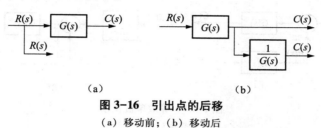

图 3-16　引出点的后移

（a）移动前；（b）移动后

③相邻引出点之间互移，如图 3-17 所示。相邻的引出点之间互移，引出量不变。

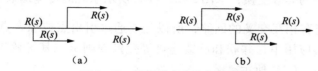

图 3-17　相邻引出点之间互移

（a）移动前；（b）移动后

（2）综合点的移动。

①综合点的前移，如图 3-18 所示。

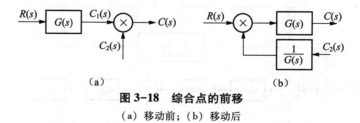

图 3-18　综合点的前移

（a）移动前；（b）移动后

②综合点的后移，如图 3-19 所示。

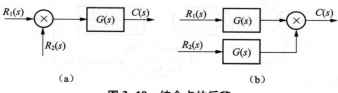

图 3-19　综合点的后移

（a）移动前；（b）移动后

③相邻综合点之间互移，如图3-20所示。

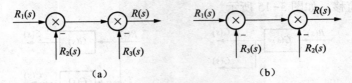

图3-20 相邻综合点之间互移
（a）移动前；（b）移动后

5. 等效单位反馈

若系统为反馈系统，可通过等效变换将其转换为单位反馈系统，如图3-21所示。

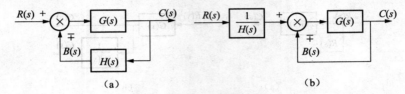

图3-21 等效单位反馈
（a）转换前；（b）转换后

例11 用结构图的等效变换，求图3-22（a）所示系统的传递函数 $G(s)=\dfrac{C(s)}{R(s)}$。

解 由于此系统有相互交叉的回路，所以先要通过引出点或综合点的移动来消除相互交叉的回路，然后再应用串、并联和反馈连接等变换规则求取其等效传递函数。化简过程如图3-22（b）、（c）、（d）所示。

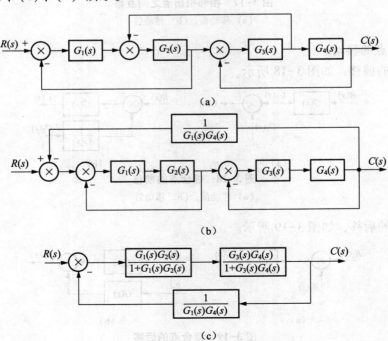

图3-22 交叉多回路系统的化简

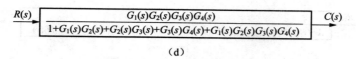

(d)

图 3-22 交叉多回路系统的化简（续）

例 12 用结构图的等效变换，求图 3-23（a）所示系统的传递函数 $G(s)=\dfrac{C(s)}{R(s)}$。

解 化简过程如图 3-23（b）、（c）、（d）、（e）、（f）所示。

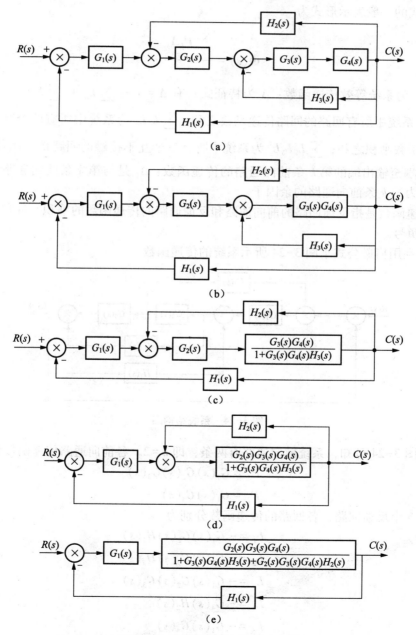

图 3-23 交叉多回路系统的化简

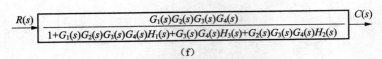

(f)

图 3-23 交叉多回路系统的化简（续）

3.3.3 用公式法求传递函数

应用梅逊公式可直接写出系统的传递函数，这里只给出公式，不作证明。

梅逊公式的一般表示形式为

$$\Phi(s) = \frac{\sum_{k=1}^{n} P_k \Delta_k}{\Delta}$$

式中，$\Phi(s)$ 为系统等效传递函数；Δ 为特征式；有 $\Delta = 1 - \sum L_a + \sum L_a L_b - \sum L_a L_b L_c + \cdots$；$\sum L_a$ 为系统中所有回路的回路传递函数之和；$\sum L_a L_b$ 为系统中所有两个互不接触回路的回路传递函数乘积之和；$\sum L_a L_b L_c$ 为系统中所有三个互不接触的回路传递函数乘积之和；P_k 是从输入端至输出端的第 k 条前向通路的传递函数；Δ_k 是与第 k 条前向通路不接触部分的 Δ 值，称为第 k 条前向通路的余因子。

回路传递函数是指反馈回路的前向通路和反馈通路的传递函数的乘积，并包含代表反馈极性的正、负号。

例 13 利用梅逊公式求图 3-24 所示系统的传递函数。

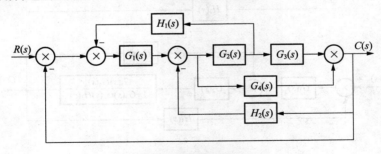

图 3-24 系统结构图

解 由图 3-24 可知，系统前向通路有两条，即 $k=2$。各前向通路传递函数分别为

$$P_1 = G_1(s) G_2(s) G_3(s)$$

$$P_2 = G_1(s) G_4(s)$$

系统有 5 个反馈回路，各回路的传递函数分别为

$$L_1 = -G_1(s) G_2(s) H_1(s)$$

$$L_2 = -G_2(s) G_3(s) H_2(s)$$

$$L_3 = -G_1(s) G_2(s) G_3(s)$$

$$L_4 = -G_4(s) H_2(s)$$

$$L_5 = -G_1(s) G_4(s)$$

所以
$$\sum L_a = L_1 + L_2 + L_3 + L_4 + L_5$$
$$= -G_1(s)G_2(s)H_1(s) - G_2(s)G_3(s)H_2(s) - G_1(s)G_2(s)G_3(s) - G_4(s)H_2(s) - G_1(s)G_4(s)$$

系统的所有回路都互相接触，故特征式为
$$\Delta = 1 - \sum L_a$$
$$= 1 + G_1(s)G_2(s)H_1(s) + G_2(s)G_3(s)H_2(s) + G_1(s)G_2(s)G_3(s) + G_4(s)H_2(s) + G_1(s)G_4(s)$$

两条前向通路均与所有回路接触，故其余子式为
$$\Delta_1 = 1$$
$$\Delta_2 = 1$$

由梅逊公式得系统的传递函数为
$$G(s) = \frac{P_1\Delta_1 + P_2\Delta_2}{\Delta}$$
$$= \frac{G_1(s)G_2(s)G_3(s) + G_1(s)G_4(s)}{1 + G_1(s)G_2(s)H_1(s) + G_2(s)G_3(s)H_2(s) + G_1(s)G_2(s)G_3(s) + G_4(s)H_2(s) + G_1(s)G_4(s)}$$

例 14 利用梅逊公式求图 3-22 所示系统的传递函数。

解 从图 3-22 可以看出，系统前向通路有一条，其前向通路的传递函数为
$$P_1 = G_1(s)G_2(s)G_3(s)G_4(s)$$

反馈回路有 3 个，各回路的传递函数分别为
$$L_1 = -G_1(s)G_2(s)$$
$$L_2 = -G_2(s)G_3(s)$$
$$L_3 = -G_3(s)G_4(s)$$

所以
$$\sum L_a = L_1 + L_2 + L_3$$
$$= -G_1(s)G_2(s) - G_2(s)G_3(s) - G_3(s)G_4(s)$$

而且，回路 I 与 III 互不接触，所以
$$\sum L_a L_b = G_1(s)G_2(s)G_3(s)G_4(s)$$

其特征式为
$$\Delta = 1 - \sum L_a + \sum L_a L_b$$
$$= 1 + G_1(s)G_2(s) + G_2(s)G_3(s) + G_3(s)G_4(s) + G_1(s)G_2(s)G_3(s)G_4(s)$$

两个回路均与前向通道 P_1 接触，故其余子式为
$$\Delta_1 = 1$$

由梅逊公式得系统的传递函数为
$$G(s) = \frac{P_1\Delta_1}{\Delta} = \frac{G_1(s)G_2(s)G_3(s)G_4(s)}{1 + G_1(s)G_2(s) + G_2(s)G_3(s) + G_3(s)G_4(s) + G_1(s)G_2(s)G_3(s)G_4(s)}$$

3.4 典型环节的数学模型及阶跃响应

3.4.1 典型环节的数学模型

任何一个复杂的系统，总可以看成是由一些典型环节组合而成的。掌握这些典型环节的特点，可以方便地分析较复杂系统内部各单元间的关系。常见的典型环节有比例环节、积分环节、惯性环节、微分环节、振荡环节等，现分别介绍如下。

1. 比例环节

比例环节的特点是输出量与输入量成正比，无失真和延时，其微分方程为

$$c(t) = Kr(t)$$

比例环节是自动控制系统中遇到的最多的一种典型环节。例如电子放大器、杠杆机构、永磁式发电机、电位器等，如图 3-25 所示。

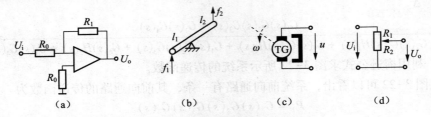

图 3-25 比例环节实例

(a) 电子放大器；(b) 杠杆机构；(c) 永磁式发电机；(d) 电位器

2. 积分环节

积分环节的特点是输出量为输入量的积分，当输入量消失后，输出量具有记忆功能。其微分方程为

$$c(t) = \frac{1}{T}\int_0^t r(t)\,\mathrm{d}t$$

式中，T 为积分时间常数。

积分环节的特点是它的输出量为输入量的积累。因此，凡是输出量对输入量有储存和积累特点的元件一般都含有积分环节，如电容的电量与电流等。积分环节也是自动控制系统中遇到最多的环节之一。图 3-26 所示为积分环节的例子。

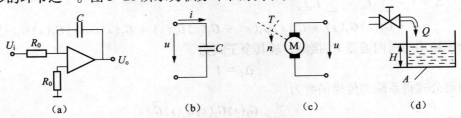

图 3-26 积分环节实例

(a) $\dfrac{U_o(s)}{U_i(s)} = \dfrac{1}{R_0 Cs}$；(b) $\dfrac{U_c(s)}{I(s)} = \dfrac{1}{Cs}$；(c) $\dfrac{N(s)}{T(s)} = \dfrac{1}{J_Gs}$；(d) $\dfrac{H(s)}{Q(s)} = \dfrac{1}{As}$

3. 理想微分环节

微分环节的特点是输出量是输入量的微分,输出量能预示输入量的变化趋势。理想微分环节的微分方程为

$$c(t) = \tau \frac{dr(t)}{dt}$$

式中,τ 为微分时间常数。

理想微分环节的输出量与输入量之间的关系恰好与积分环节相反,传递函数互为倒数,因此,积分环节(如图 3-26 所示)的实例的逆过程就是理想微分。如电感元件的电流与电压之间的关系即为一理想微分环节。

4. 惯性环节

惯性环节含有一个储能元件,因而对输入量不能立即响应,但输出量不发生振荡现象。其微分方程为

$$T \frac{dc(t)}{dt} + c(t) = r(t)$$

式中,T 为惯性环节的时间常数。

惯性环节实例 1:电阻、电容电路(RC 网络),如图 3-27 所示。

由基尔霍夫定律可得电路的微分方程为

$$u_r(t) = Ri(t) + u_c(t)$$

$$i(t) = C \frac{du_c(t)}{dt}$$

则

$$\tau \frac{du_c(t)}{dt} + u_c(t) = u_r(t)$$

式中,$\tau = RC$。

惯性环节实例 2:惯性调节器,如图 3-28 所示。

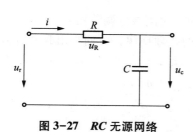

图 3-27 RC 无源网络

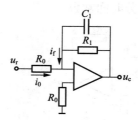

图 3-28 惯性调节器

因运算放大器的开环增益很大,输入阻抗很高,所以

$$i_0 = -i_f$$

$$i_0 = \frac{u_r(t)}{R_0}$$

$$i_f = \frac{u_c(t)}{R_1} + C_1 \frac{du_c(t)}{dt}$$

于是有

$$-\left[\frac{u_c(t)}{R_1} + C_1\frac{du_c(t)}{dt}\right] = \frac{u_r(t)}{R_0}$$

经整理得

$$\tau\frac{du_c(t)}{dt} + u_c(t) = -Ku_r(t)$$

式中，$K = \dfrac{R_1}{R_0}$，$\tau = R_1 C_1$。

惯性环节实例3：弹簧-阻尼系统，如图3-29所示。其中阻尼力 $f_1 = B\dfrac{dx_o(t)}{dt}$，式中 B 为黏性阻尼系数。

分析系统所遵循的物理规律，得出系统的弹簧力为

$$f_2 = k[x_i(t) - x_o(t)]$$

由于系统的阻尼力与弹簧力两力相等，即 $f_1 = f_2$，于是有

$$B\frac{dx_o(t)}{dt} = k[x_i(t) - x_o(t)]$$

经整理得

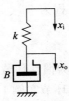

图3-29 弹簧-阻尼系统

$$\tau\frac{dx_o(t)}{dt} + x_o(t) = x_i(t)$$

式中，$\tau = \dfrac{B}{k}$，k 为弹性系数。

5. 比例微分环节

比例微分环节又称为一阶微分环节，其微分方程为

$$c(t) = \tau\frac{dr(t)}{dt} + r(t)$$

式中，τ 为微分时间常数。

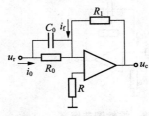

图3-30 比例微分调节器

图3-30所示为一比例微分调节器。

由系统所遵循的物理规律，可列写出其微分方程为

$$i_0 = -i_f$$

$$i_f = \frac{u_c(t)}{R_1}$$

$$i_0 = \frac{u_r(t)}{R_0} + C_0\frac{du_r(t)}{dt}$$

于是有

$$\frac{u_c(t)}{R_1} = -\left[\frac{u_r(t)}{R_0} + C_0\frac{du_r(t)}{dt}\right]$$

经整理得

$$u_c(t) = -K\left[u_r(t) + \tau_0\frac{du_r(t)}{dt}\right]$$

6. 振荡环节

振荡环节包含两个储能元件，能量在两个元件之间相互转换，因而其输出出现振荡现象。其微分方程为

$$T^2 \frac{\mathrm{d}c(t)}{\mathrm{d}t^2} + 2T\xi \frac{\mathrm{d}c(t)}{\mathrm{d}t} + c(t) = r(t)$$

直流电动机的数学模型就是一个振荡环节，这在前面已做过介绍。在如图3-31所示的 RLC 串联电路中，其输入电压为 u_r，输出电压为 u_c。

由基尔霍夫定律有

$$u_r(t) = Ri(t) + L\frac{\mathrm{d}i(t)}{\mathrm{d}t} + u_c(t)$$

$$i(t) = C\frac{\mathrm{d}u_c(t)}{\mathrm{d}t}$$

整理成标准形式后，其微分方程为

$$LC\frac{\mathrm{d}^2 u_c(t)}{\mathrm{d}t^2} + RC\frac{\mathrm{d}u_c(t)}{\mathrm{d}t} + u_c(t) = u_r(t)$$

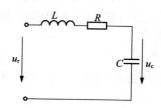

图3-31 RLC 串联电路

7. 延迟环节

延迟环节也是一个线性环节，其特点是输出量在延迟一定的时间后复现输入量。其微分关系为

$$c(t) = r(t - \tau_0)$$

式中，τ_0 为延迟时间。

如在晶闸管整流电路中，当控制角由 α_1 变到 α_2 时，若晶闸管已导通，则要等到下一个自然换相点以后才起作用。这样，晶闸管整流电路的输出电压较控制电压的改变延迟了一段时间。

若延迟时间为 τ_0，触发整流电路的输入电压为 $u_i(t)$，整流器的输出电压为 $u_o(t)$，则

$$u_o(t) = u_i(t - \tau_0)$$

3.4.2 典型环节的传递函数及阶跃响应

1. 比例环节

（1）比例环节的微分方程为

$$c(t) = Kr(t)$$

（2）比例环节的传递函数为

$$G(s) = K$$

其功能框如图3-32（a）所示。

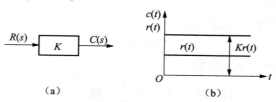

图3-32 比例环节
（a）功能框图；（b）阶跃响应

(3) 动态响应。当 $r(t)=1(t)$ 时，$c(t)=K1(t)$，表明比例环节能立即成比例地响应输入量的变化。比例环节的阶跃响应曲线如图 3-32（b）所示。

2. 积分环节

(1) 积分环节的微分方程为

$$c(t)=\frac{1}{T}\int_0^t r(t)\,\mathrm{d}t$$

式中，T 为积分时间常数。

(2) 积分环节的传递函数为

$$G(s)=\frac{1}{Ts}。$$

其功能框图如图 3-33（a）所示。

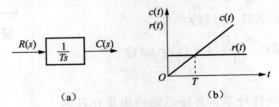

图 3-33 积分环节
（a）功能框图；（b）阶跃响应

(3) 动态响应。若 $r(t)=1(t)$ 时，$R(s)=\dfrac{1}{s}$，则

$$C(s)=G(s)R(s)=\frac{1}{Ts}\cdot\frac{1}{s}$$

所以

$$c(t)=\frac{1}{T}t$$

其阶跃响应曲线如图 3-33（b）所示。由图可见，输出量随着时间的增长而不断增加，增长的斜率为 $\dfrac{1}{T}$。

3. 理想微分方程

(1) 理想微分方程的微分方程为

$$c(t)=\tau\frac{\mathrm{d}r(t)}{\mathrm{d}t}$$

式中，τ 为微分时间常数。

(2) 理想微分方程的传递函数为

$$G(s)=\tau s$$

其功能框图如图 3-34（a）所示。

(3) 动态响应。若 $r(t)=1(t)$ 时，$R(s)=\dfrac{1}{s}$，则

$$C(s)=G(s)R(s)=\tau s\cdot\frac{1}{s}=\tau$$

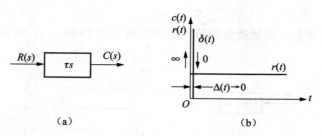

图 3-34 微分环节
(a) 功能框图;(b) 阶跃响应

所以
$$c(t) = \tau\delta(t)$$

式中,$\delta(t)$ 为单位脉冲函数,其阶跃响应曲线如图 3-34(b)所示。

4. 惯性环节

(1) 惯性环节的微分方程为

$$T\frac{dc(t)}{dt} + c(t) = r(t)$$

(2) 惯性环节的传递函数为

$$G(s) = \frac{1}{Ts+1}$$

其功能框图如图 3-35(a)所示。

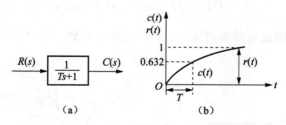

图 3-35 惯性环节
(a) 功能框图;(b) 阶跃响应

(3) 动态响应。若 $r(t) = 1(t)$ 时,$R(s) = \frac{1}{s}$,则

$$C(s) = G(s)R(s) = \frac{1}{Ts+1} \cdot \frac{1}{s}$$

所以
$$c(t) = 1 - e^{-\frac{1}{T}}$$

惯性环节的阶跃响应曲线如图 3-35(b)所示。由图可见,当输入信号发生突变时,输出量不能突变,只能按指数规律逐渐变化,这就反映了该环节具有惯性。

5. 比例微分环节

(1) 比例微分环节的微分方程为

$$c(t) = \tau\frac{dr(t)}{dt} + r(t)$$

(2) 比例微分环节的传递函数为

$$G(s) = \tau s + 1$$

式中，τ 为微分时间常数。比例微分环节的功能框图如图 3-36（a）所示。

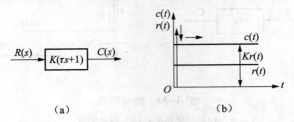

图 3-36 比例微分环节

(a) 功能框图；(b) 阶跃响应

（3）动态响应。比例微分环节的阶跃响应为比例与微分环节的阶跃响应的叠加，如图 3-36（b）所示。

6. 振荡环节

（1）振荡环节的微分方程为

$$T^2 \frac{d^2 c(t)}{dt^2} + 2T\xi \frac{dc(t)}{dt} + c(t) = r(t)$$

（2）振荡环节的传递函数

$$G(s) = \frac{1}{T^2 s^2 + 2T\xi s + 1} = \frac{\omega_n^2}{s^2 + 2\xi\omega_n s + \omega_n^2}$$

式中，$\omega_n = \dfrac{1}{T}$，称为无阻尼自然振荡频率；ξ 称为阻尼系数。振荡环节的功能框图如图 3-37（a）所示。

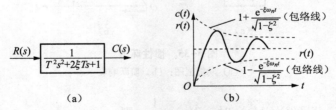

图 3-37 振荡环节

(a) 功能框图；(b) 阶跃响应

（3）动态响应。当 $\xi = 0$ 时，$c(t)$ 为等幅振荡，其振荡频率为 ω_n。ω_n 称为无阻尼自然振荡频率。

当 $0 < \xi < 1$ 时，$c(t)$ 为减幅振荡，其振荡频率为 ω_d。ω_d 称为阻尼振荡频率。

$$c(t) = 1 - \frac{e^{-\xi\omega_n t}}{\sqrt{1-\xi^2}} \sin(\omega_d + \varphi)$$

式中，$\omega_d = \omega_n \sqrt{1-\xi^2}$，$\varphi = \arctan \dfrac{\sqrt{1-\xi^2}}{\xi}$。其阶跃响应曲线如图 3-37（b）所示。

7. 延迟环节

（1）延迟环节的微分方程为

$$c(t) = r(t - \tau_0)$$

式中，τ_0 为延迟时间。

（2）延迟环节的传递函数。

由拉氏变换转换可得

$$G(s) = e^{-\tau_0 s} = \frac{1}{e^{\tau_0 s}}$$

若将 $e^{\tau_0 s}$ 按泰勒级数展开，则

$$e^{\tau_0 s} = 1 + \tau_0 s + \frac{\tau_0^2 s^2}{2!} + \frac{\tau_0^3 s^3}{3!} + \cdots$$

由于 τ_0 很小，所以可只取前两项，$e^{\tau_0 s} \approx 1 + \tau_0 s$，于是有

$$G(s) = \frac{1}{e^{\tau_0 s}} \approx \frac{1}{\tau_0 s + 1}$$

上式表明，在延迟时间很小的情况下，延迟环节可用一个小惯性环节来代替。延迟环节的功能框图如图 3-38（a）所示。

（3）延迟环节的动态响应。延迟环节的阶跃响应如图 3-38（b）所示。

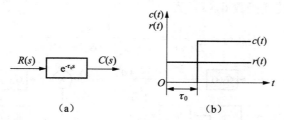

图 3-38 延迟环节
（a）功能框图；（b）阶跃响应

3.5 控制系统的传递函数

自动控制系统的典型框图如图 3-39 所示。系统的输入量包括给定信号和干扰信号。对于线性系统，可以分别求出给定信号和干扰信号单独作用下系统的传递函数。当两信号同时作用于系统时，可以应用叠加定理，求出系统的输出量。为了便于分析系统，下面我们给出系统的几种传递函数表示法。

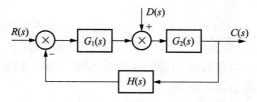

图 3-39 自动控制系统的典型框图

1. 闭环系统的开环传递函数

闭环系统的开环传递函数为

$$G_0(s) = \frac{B(s)}{R(s)} = G_1(s)G_2(s)H(s)$$

注意： $G_0(s)$ 为闭环系统的开环传递函数，这里是指断开主反馈通路（开环）而得到的传递函数，而不是开环系统的传递函数。

2. 系统的闭环传递函数

（1）在输入量 $R(s)$ 作用下的闭环传递函数和系统的输出。若仅考虑输入量 $R(s)$ 作用，则可暂略去扰动量 $D(s)$。则由图 3-39 可得输出量 $C(s)$ 对输入量的闭环传递函数 $G_R(s)$ 为

$$G_R(s) = \frac{C_R(s)}{R(s)} = \frac{G_1(s)G_2(s)}{1 + G_1(s)G_2(s)H(s)}$$

此时系统的输出量 $C_R(s)$ 为

$$C_R(s) = G_R(s)R(s) = \frac{G_1(s)G_2(s)}{1 + G_1(s)G_2(s)H(s)} \cdot R(s)$$

（2）在扰动量 $D(s)$ 作用下的闭环传递函数和系统的输出。若仅考虑扰动量 $D(s)$ 的作用，则可暂略去输入信号 $R(s)$。图 3-39 可化简为如图 3-40 所示的形式。因此，得输出量 $C(s)$ 对输入量的闭环传递函数 $G_D(s)$ 为

$$G_D(s) = \frac{C_D(s)}{D(s)} = \frac{G_2(s)}{1 + G_1(s)G_2(s)H(s)}$$

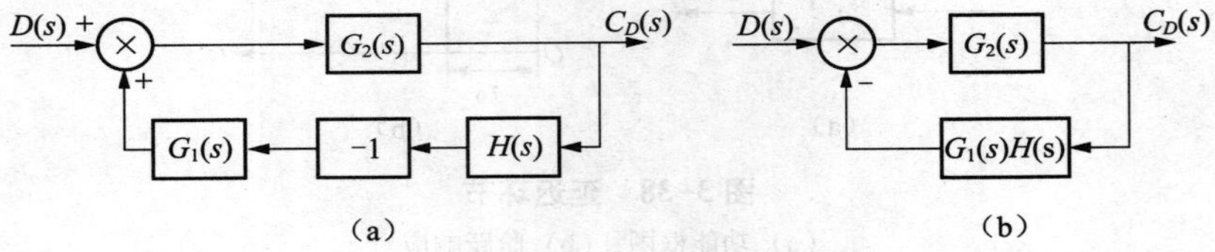

图 3-40 扰动量作用时的框图

(a) 仅考虑扰动量作用时的一般形式；(b) 仅考虑扰动量作用时的等效框图

此时系统的输出量 $C_D(s)$ 为

$$C_D(s) = G_D(s)D(s) = \frac{G_2(s)}{1 + G_1(s)G_2(s)H(s)} \cdot D(s)$$

（3）在 $R(s)$ 和 $D(s)$ 共同作用下，系统的总输出。设此系统为线性系统，因此可以应用叠加定理，即当输入量和扰动量同时作用时，系统的输出可看成两个作用量分别作用的叠加。于是有

$$C(s) = C_R(s) + C_D(s)$$
$$= \frac{G_1(s)G_2(s)}{1 + G_1(s)G_2(s)H(s)} R(s) + \frac{G_2(s)}{1 + G_1(s)G_2(s)H(s)} D(s)$$

由上分析可见，由于给定量和扰动量的作用点不同，即使在同一个系统，输出量对不同作用量的闭环传递函数一般也是不相同的。

3. 闭环控制系统的偏差传递函数

在对自动控制系统的分析中，除了要了解输出量的变化规律外，还要关心误差的变化规律。控制误差的大小，也就达到了控制系统的精度的目的，而偏差与误差之间存在一一对应的关系，因此通过偏差可达到分析误差的目的。

我们暂且规定，系统的偏差 $e(t)$ 为被控量 $c(t)$ 的测量信号 $b(t)$ 和给定信号 $r(t)$ 之差，即

$$e(t) = r(t) - b(t)$$

则

$$E(s) = R(s) - B(s)$$

$E(s)$ 为综合点的输出量的拉氏变换式，如图 3-41 所示，可定义偏差传递函数如下：

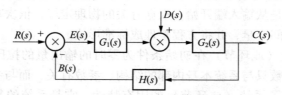

图 3-41　闭环系统的误差传递函数的一般形式

（1）只有输入量 $R(s)$ 作用下的偏差传递函数。若求输入量 $R(s)$ 作用下的偏差传递函数，则可暂略去扰动量 $D(s)$ 的影响。如图 3-42 所示为在输入量 $R(s)$ 作用下偏差的结构图。

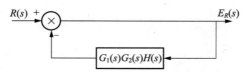

图 3-42　仅考虑输入量时的偏差传递函数框图

所以有

$$G_{ER}(s) = \frac{E_R(s)}{R(s)} = \frac{1}{1 + G_1(s)G_2(s)H(s)}$$

（2）只有扰动量 $D(s)$ 作用下的偏差传递函数。若求在扰动量 $D(s)$ 作用下的偏差传递函数，同理，可暂略去输入量 $R(s)$ 的影响，如图 3-43 所示。

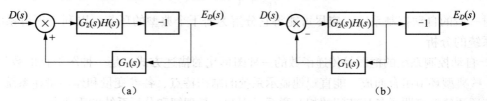

图 3-43　仅考虑扰动量作用时的偏差传递函数框图
（a）仅考虑扰动量作用时的框图；（b）仅考虑扰动量作用时的等效框图

所以

$$G_{ED}(s) = \frac{E_D(s)}{D(s)} = \frac{-G_2(s)H(s)}{1 + G_1(s)G_2(s)H(s)}$$

(3) $R(s)$ 和 $D(s)$ 同时作用下的偏差。若在 $R(s)$ 和 $D(s)$ 同时作用下,则其偏差就为两者偏差之和,即

$$E(s) = E_R(s) + E_D(s)$$
$$= \frac{1}{1 + G_1(s)G_2(s)H(s)}R(s) - \frac{G_2(s)H(s)}{1 + G_1(s)G_2(s)H(s)}D(s)$$

本 章 小 结

1. 微分方程是系统的时间域模型,也是最基本的数学模型。对一个实际系统来说,系统微分方程的列写一般是从输入端开始,根据有关的物理定律,依次写出各元件或各环节的微分方程,然后消去中间变量,并将方程整理成标准形式。

2. 传递函数是系统(或环节)在初始条件为零时的输出量的拉氏变换式和输入量的拉氏变换式之比。传递函数只与系统本身内部的结构、参数有关,而与参考输入量、扰动量等外部因素无关。它代表了系统(或环节)的固有特性。它是系统的复数域模型,也是自动控制系统的最常用的数学模型。

3. 对于同一个系统,若选取不同的输出量或不同的输入量,则其对应的微分方程表达式和传递函数也不相同。

4. 典型环节的传递函数有

(1) 比例 $G(s) = K$。

(2) 积分 $G(s) = \dfrac{1}{Ts}$。

(3) 惯性 $G(s) = \dfrac{1}{Ts + 1}$。

(4) 比例微分 $G(s) = \tau s + 1$。

(5) 理想微分 $G(s) = \tau s$。

(6) 振荡 $G(s) = \dfrac{1}{T^2 s^2 + 2\xi T s + 1} = \dfrac{\omega_n^2}{s^2 + 2\xi \omega_n s + \omega_n^2}$ $(0 < \xi < 1)$。

(7) 延迟(纯滞后)$G(s) = e^{-\tau_0 s} \approx \dfrac{1}{\tau_0 s + 1}$。

对一般的自动控制系统,应尽可能将它分解为若干个典型的环节,以利于理解系统的构成和系统的分析。

5. 自动控制系统的框图是传递函数的一种图形化的描述方式,是一种图形化的数学模型。它由一些典型环节组合而成,能直观地显示系统的结构特点、各参变量和作用量在系统中的地位,它还清楚地表明了各环节间的相互联系,因此它是理解和分析系统的重要方法。

建立系统框图的一般步骤如下。

(1) 全面了解系统的工作原理、结构组成和支配系统工作的物理规律,并确定系统的输入量(给定量)和输出量(被控量)。

(2) 将系统分解成若干个单元(或环节或部件),然后从被控量出发,由控制对象→执行环节→功率放大环节→控制环节(含给定环节,反馈环节,调节器或控制器,以及给定信

号和反馈信号的综合等)→给定量,逐个建立各环节的数学模型。这通常根据各环节(或各部件)所遵循的物理定律,依次列写它们的微分方程,并将微分方程整理成标准形式,然后进行拉氏变换,求得各环节的传递函数,并把传递函数整理成标准形式(分母的常数项为1),画出各环节的功能框。

(3) 根据各环节间的因果关系和相互联系,按照各环节的输入量和输出量,采取相同的量相联的方法,便可建立整个系统的框图。

(4) 在框图上画上信号流向箭头(开叉箭头),比较点注明极性,引出点画上节点(指有四个方向的),标明输入量、输出量、反馈量、扰动量及各中间变量(均为拉氏变换式)。

6. 控制系统框图可用框图代数或控制系统常用的传递函数简化公式来简化。

7. 传递函数 $G_0(s)$ 用来描述系统的固有特性,$G_R(s)$ 用来描述系统的跟随特性,$G_D(s)$ 用来描述系统的抗干扰性能,$G_{ER}(s)$ 用来研究系统输出跟随输入变化过程中的误差(偏差),$G_{ED}(s)$ 用来研究扰动量所引起的误差(偏差)。

8. 闭环系统具有抗干扰能力,扰动的抑制只能从扰动信号引入点前的环节入手解决。闭环控制系统虽然能克服主通道上元件参数的变化,但对反馈元件(测量元件)的误差或参数的变化引起的误差或扰动却无能为力。

9. 当系统进入稳态后,若 $E(s)=0$,则称该系统为无差系统;若 $E(s)\neq 0$,则称该系统为有差系统。

习 题 3

3.1 定义传递函数时的前提条件是什么?为什么要附加这个条件?

3.2 惯性环节在什么条件下可近似为比例环节?又在什么条件下可近似为积分环节?

3.3 一个比例积分环节和一个比例微分环节相连接能否简化为一个比例环节?

3.4 二阶系统是一个振荡环节,这说法对吗?为什么?

3.5 直流电动机化简为两个惯性环节的条件是什么?近似简化为一个惯性环节的条件又是什么?

3.6 建立系统微分方程的步骤是怎样的?

3.7 建立系统框图的步骤是怎样的?在系统框图上,通常应标出哪些量?其中哪几个量是必须标明的?

3.8 框图等效变换的原则是什么?

3.9 对一个确定的自动控制系统,它的微分方程、传递函数和系统框图的形式都将是唯一的。这说法对吗?为什么?

3.10 应用交叉反馈系统的闭环传递函数公式来求取闭环传递函数的前提条件是什么?

3.11 试建立题图 3-44 所示电路的微分方程。

3.12 试求图 3-45 中各电路图的传递函数。

3.13 已知某系统零初始条件下的单位阶跃响应为 $c(t)=1-e^{-3t}$,试求系统的传递函数。

3.14 若系统在阶跃输入 $r(t)=1(t)$ 时,零初始条件下的输出响应 $c(t)=1-e^{-2t}+e^{-t}$,试求系统的传递函数和脉冲响应。

3.15 化简如图 3-46 所示系统的结构图,并求其传递函数。

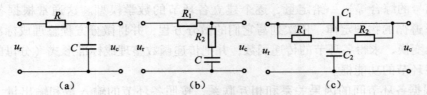

图 3-44 习题 3.11 图

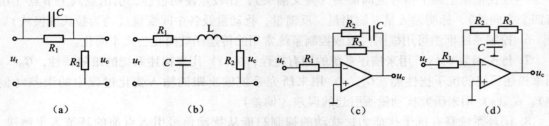

图 3-45 习题 3.12 图

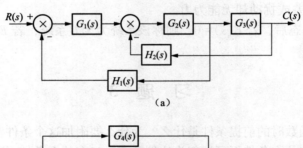

(a)

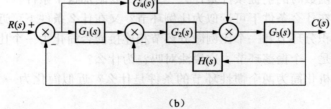

(b)

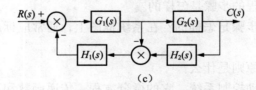

(c)

图 3-46 习题 3.15 图

第 4 章　控制系统的时域分析法

内 容 提 要

对于线性定常控制系统，通常用时域分析法、根轨迹法和频域分析法来分析系统的性能，不论采用何种分析方法，分析的准确度主要取决于数学模型描述系统的真实程度。

本章介绍时域分析法，主要包括：典型输出信号及时间响应；系统稳定性分析；一阶、二阶系统动态性能分析；稳态性能的时域分析。

控制系统的数学模型是研究控制系统的理论基础。第 3 章介绍了控制系统的数学模型后，就可以运用工程方法对系统的控制性能进行全面的分析和计算。

时域分析法是对于线性定系统，基于系统的微分方程，利用拉普拉斯变换为数学工具，直接求解控制系统的时域响应，并利用响应表达式及响应曲线分析系统的控制性能，如稳定性、平稳件、快速性、准确性等。

4.1　典型控制过程及性能指标

一个系统的时域响应 $c(t)$，既取决于系统本身的结构、参数，又与系统的初始状态以及作用于系统上的外作用有关。含有储能元件的系统，无论是初始状态不同，或者是输入作用不同，其输出响应均不同。

为了在同一条件下分析和评价系统性能，规定对以下典型初始状态、典型输入信号作用所产生的典型响应过程，进行分析和评价。

4.1.1　典型初始状态

规定控制系统初始状态均为零状态，即在 $t=0^-$ 时有
$$c(0) = c'(0) = c''(0) = \cdots = 0$$

表示在输入信号加于系统的瞬时（$t=0^-$）之前，系统相对静止，被控量及其各阶导数相对于平衡工作点的增量为零。

4.1.2 典型输入信号

典型输入信号作用是对众多复杂的实际信号的一种近似和抽象，它的选择既应使数学运算简便，而且应便于实验验证。常用的典型输入信号及响应有以下五种。

1. 阶跃信号及其时间响应

阶跃信号也称位置信号，其定义为

$$r(t) = \begin{cases} R & t \geq 0 \\ 0 & t < 0 \end{cases} \tag{4.1}$$

式中，R 为常数，称为阶跃值。当 $R = 1$ 时称为单位阶跃信号，记为 $1(t)$，如图 4-1（a）所示。

单位阶跃信号的拉普拉斯变换为

$$R(s) = L[1(t)] = \frac{1}{s} \tag{4.2}$$

在 $t = 0$ 处的阶跃信号，相当于一个恒定的信号突加到系统上。该信号的形式极为简单，但包含初始跃变部分和后续平顶部分，这两部分可较好地分别考察系统的快速性和准确性，因此在工程实际中广泛采用。

2. 斜坡信号

斜坡信号也称速度信号，其定义为

$$r(t) = \begin{cases} Rt & t \geq 0 \\ 0 & t < 0 \end{cases} \tag{4.3}$$

式中，R 为常数，称为速度值，相当于一个恒速变化的输入作用。当 $R = 1$ 时称为单位斜坡信号，如图 4-1（b）所示。它等于单位阶跃信号对时间的积分，其波形是等速上升的。

单位斜坡信号的拉普拉斯变换为

$$R(s) = L[t] = \frac{1}{s^2} \tag{4.4}$$

在自动控制系统的分析中，该信号的恒速变化可用来检验一般随动系统的跟随能力。

3. 抛物线信号

抛物线信号也称加速度信号，其定义为

$$r(t) = \begin{cases} \dfrac{Rt^2}{2} & t \geq 0 \\ 0 & t < 0 \end{cases} \tag{4.5}$$

式中，R 为常数，称为加速度值，相当于以恒加速度变化的输入作用。当 $R = 1$ 时称为单位抛物线信号，如图 4-1（c）所示，它等于斜坡信号对时间的积分。其波形是匀加速上升的。

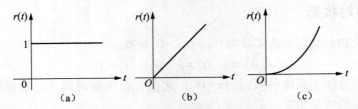

图 4-1 典型输入信号

单位抛物线信号的拉普拉斯变换为

$$R(s) = L\left[\frac{t^2}{2}\right] = \frac{1}{s^3} \tag{4.6}$$

在实际中，该信号的快速变化可检验较快随动系统的跟随能力。

4. 脉冲信号

脉冲信号又称冲击信号。在实际物理系统中，冲击信号常用一种平顶窄脉动信号表示，如图 4-2（a）所示。其定义为

$$r(t) = \begin{cases} \dfrac{R}{\varepsilon} & 0 \leqslant t \leqslant \varepsilon \\ 0 & t < 0, \ t > \varepsilon \end{cases} \tag{4.7}$$

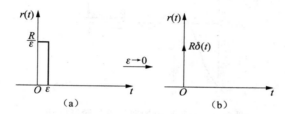

图 4-2 脉冲信号

式中，R 为常数，等于矩形脉冲的面积，表示冲击作用的强度。这类信号的函数值与 ε、R 均有关，ε 越小，其函数值越大，当 $\varepsilon \to 0$ 时，不论 R 取何值，其函数值趋于 ∞。此时很难区别各冲击信号的强弱，因此用一般函数的概念很难表示这类冲击函数在极限情况下的强弱，它属于广义函数，只能用其面积大小来衡量。

数学上定义的脉冲函数可用来表示实际中的脉冲信号，它是取上述函数序列的极限来定义的。当取 $R=1$ 时，单位脉冲函数定义为

$$\delta(t) = \lim_{\varepsilon \to 0} r_\varepsilon(t) = \begin{cases} \infty & t = 0 \\ 0 & t \neq 0 \end{cases} \tag{4.8}$$

且

$$\int_{-\infty}^{+\infty} \delta(t)\,dt = 1$$

对于实际中强度不同的脉冲，可用单位脉冲函数表示为

$$r(t) = R\delta(t) \tag{4.9}$$

其波形如图 4-2（b）所示。图中 $t=0$ 时刻的脉冲用一个有向线段来表示，该线段的长度表示它的积分值，称为脉冲强度。

单位脉冲函数的拉普拉斯变换为

$$R(s) = L[\delta(t)] = 1 \tag{4.10}$$

在实际系统中，脉冲输入表示在极短的时间内对系统提供能量。常用于研究在此之后，系统能量自由释放的过程。

上述这些典型信号在实际中都具有很强的代表性，同时数学表达式也十分简单，且各信号之间也存在一致的简单运算关系，因此在系统的分析设计中常被采用。

4.1.3 阶跃响应的性能指标

控制系统的时间响应,从时间的顺序上,可以划分为动态和稳态两个过程。动态过程又称为过渡过程,是指系统从初始状态到接近最终状态的响应过程;稳态过程是指时间 t 趋于无穷时系统的响应状态。研究系统的动态过程,可以评价系统的快速性和平稳性。研究系统的稳态,可以评价系统的准确性。

一般认为,跟踪和复现阶跃作用对系统来说是较为严格的工作条件。故通常以阶跃响应来衡量系统控制性能的优劣和定义时域性能指标。系统的阶跃响应性能指标如下所述,见图4-3。

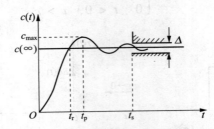

图 4-3 控制系统的典型单位阶跃响应

(1) 延迟时间 t_d。其是指单位阶跃响应曲线 $c(t)$ 上升到其稳态值的50%所需要的时间。

(2) 上升时间 t_r。其是指单位阶跃响应曲线 $c(t)$ 从稳态值的10%上升到90%所需要的时间(对于欠阻尼系统,通常指从零上升到稳态值所需要的时间)。

(3) 峰值时间 t_p。其是指单位阶跃响应曲线 $c(t)$ 超过其稳态值而达到第一个峰值所需要的时间。

(4) 超调量 $\sigma\%$。其是指在响应过程中,超出稳态值的最大偏离量与稳态值之比,即

$$\sigma\% = \frac{c(t_p) - c(\infty)}{c(\infty)} \times 100\% \tag{4.11}$$

式中,$c(\infty)$ 是单位阶跃响应的稳态值,$c(t_p)$ 是单价阶跃响应的峰值。

(5) 调整时间 t_s。其是指在单位阶跃响应曲线的稳态值附近,取±5%(有时也取±2%)作为误差带,响应曲线达到并不再超出该误差带的最小时间,称为调整时间(或过渡过程时间)。

用数学形式表示为满足下列不等式所需的最短时间:

$$|c(t) - c(\infty)| \leq \Delta$$

式中,Δ 为规定的误差允许值,通常取为稳态值的2%或5%。

(6) 稳态误差 e_{ss}。其是指对单位负反馈系统,当时间 t 趋于无穷时,系统单位阶跃响应的实际值(即稳态值)与期望值(即输出量为1)之差,定义为稳态误差。即

$$e_{ss} = 1 - c(t) \tag{4.12}$$

显然,当 $c(\infty) = 1$ 时,系统的稳定误差为零。

上述六项性能指标中,延迟时间 t_d、上升时间 t_r 和峰值时间 t_p 均反映系统响应初始速度;调节时间 t_s 表示系统过渡过程持续时间,从总体上反映了系统的快速性;超调量 $\sigma\%$ 反

映系统响应过程的平稳性;稳态误差则反映了系统复现输入信号的最终(稳态)精度。一般主要以超调量 $\sigma\%$、调节时间 t_s 和稳态误差 e_{ss} 这三项指标,分别评价系统单位阶跃响应的平稳性、快速性和准确性。

由于计算高阶微分方程的时间解是相当复杂的,因此时域分析法通常用于分析一、二阶系统。对于高阶系统,将在后续章节中用根轨迹法和频率响应法进行研究。在工程上,许多高阶系统常常具有近似一、二阶系统的时间响应,深入研究一、二阶系统的性能指标有着广泛的实际意义。

4.2 一阶系统的时域分析

由一阶微分方程描述的系统称为一阶系统。图 4-4 所示的自动控制系统就是一阶控制系统。它的传递函数为

$$\Phi(s) = \frac{C(s)}{R(s)} = \frac{1}{Ts+1} \tag{4.13}$$

因为单位阶跃输入信号的拉氏变换为

$$R(s) = \frac{1}{s}$$

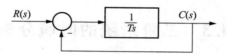

图 4-4 典型一阶系统的单位阶跃响应

则输出信号的拉氏变换为

$$C(s) = \Phi(s) \cdot R(s) = \frac{1}{Ts+1} \cdot \frac{1}{s}$$

求 $C(s)$ 的拉氏变换,可得单位阶跃响应为

$$c(t) = L^{-1}\left[\frac{1}{Ts+1} \cdot \frac{1}{s}\right] = L^{-1}\left[\frac{1}{s} - \frac{1}{s+\frac{1}{T}}\right] = 1 - e^{-\frac{t}{T}} \quad (t \geq 0) \tag{4.14}$$

或写成

$$c(t) = c_{ss} + c_{tt}$$

式中,$c_{ss}=1$ 代表稳态分量;$c_{tt}=-e^{-\frac{t}{T}}$ 代表暂态分量。当 $t \to \infty$,$c_{tt} \to 0$。单位阶跃响应曲线如图 4-5 所示。曲线的初始斜率为

$$\left.\frac{dc(t)}{dt}\right|_{t=0} = \frac{1}{T}e^{-\frac{t}{T}}\bigg|_{t=0} = \frac{1}{T} \tag{4.15}$$

式(4.15)表明,一阶系统的单位阶跃响应如果以初速度等速度上升至稳态值 1,所需的时间恰好为 T。

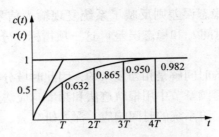

图 4-5 典型一阶系统单位阶跃响应

时间常数 T 表征响应特性的唯一参数。它与输出值有确定的对应关系：

$$t = T, \quad c(t) = 0.632$$
$$t = 2T, \quad c(t) = 0.865$$
$$t = 3T, \quad c(t) = 0.950$$
$$t = 4T, \quad c(t) = 0.982$$

由于一阶系统响应无超调量，所以主要的性能指标是调整时间 t_s。一般取

$$t_s = 3T \quad （对应5\%误差范围）$$
$$t_s = 4T \quad （对应2\%误差范围）$$

系统的时间性常数 T 越小，调整时间 t_s 越小，响应过程的快速性也越好。由图 4-5 可知，图 4-4 所示一阶系统的单位阶跃响应是没有稳态误差的。

4.3 二阶系统的时域分析

1. 典型二阶系统

由二阶微分方程描述的系统称为二阶系统。典型二阶系统结构图如图 4-6 所示。系统的传递函数为

$$G(s) = \frac{\omega_n^2}{s(s + 2\xi\omega_n)} \tag{4.16}$$

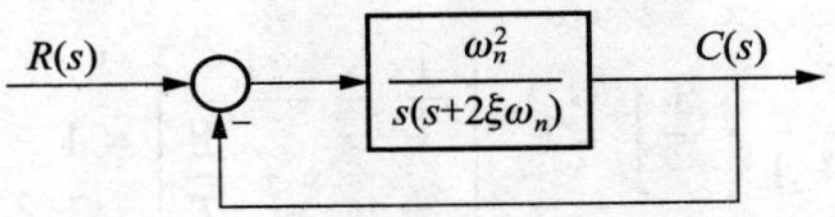

图 4-6 典型二阶系统结构图

系统的闭环传递函数为

$$\Phi(s) = \frac{\omega_n^2}{s^2 + 2\xi\omega_n s + \omega_n^2} \tag{4.17}$$

式中，ξ——典型二阶系统的阻尼比；
ω_n——无阻尼振荡角频率或自然振荡角频率。

二阶系统的特征方程为

$$s^2 + 2\xi\omega_n s + \omega_n^2 = 0 \tag{4.18}$$

方程的特征根为

$$s_{1,2} = -\xi\omega_n \pm \omega_n\sqrt{\xi^2 - 1} \qquad (4.19)$$

当 $0<\xi<1$ 时，系统称为欠阻尼状态，特征根为一对实部为负的共轭复数；
当 $\xi=1$ 时，系统称为临界阻尼状态，特征根为两个相等的负实数；
当 $\xi>1$ 时，系统称为过阻尼状态，特征根为两个不相等的负实数；
当 $\xi=0$ 时，系统称为无阻尼状态，特征根为一对纯虚数。

ξ 和 ω_n 是二阶系统两个重要的参数，系统的响应特性完全由这两个参数来描述。

二阶系统的时域分析主要研究二阶系统的阶跃响应。由于闭环系统特征根与阻尼比有密切的关系，阻尼比不同，单位阶跃响应有不同的形式。下面分几种情况来分析二阶系统的暂态特性。

2. 典型二阶系统的阶跃响应

（1）欠阻尼（$0<\xi<1$）时二阶系统的单位阶跃响应。在二阶系统中，欠阻尼二阶系统尤为多见。闭环传递函数为

$$\Phi(s) = \frac{\omega_n^2}{s^2 + 2\xi\omega_n s + \omega_n^2}$$

闭环特征根为

$$s_{1,2} = -\xi\omega_n \pm j\omega_n\sqrt{1-\xi^2} \qquad (4.20)$$

其单位阶跃响应的象函数为

$$C(s) = \frac{\omega_n^2}{s(s^2 + 2\xi\omega_n s + \omega_n^2)}$$

$$= \frac{1}{s} - \frac{s+\xi\omega_n}{(s+\xi\omega_n)^2 + [\omega_n\sqrt{1-\xi^2}]^2} - \frac{\xi\omega_n}{(s+\xi\omega_n)^2 + [\omega_n\sqrt{1-\xi^2}]^2}$$

从拉氏反变换可求得欠阻尼二阶系统的单位阶跃响应

$$c(t) = 1 - e^{-\xi\omega_n t}\left[\cos\omega_n\sqrt{1-\xi^2}\,t + \frac{\xi}{\sqrt{1-\xi^2}}\sin\omega_n\sqrt{1-\xi^2}\,t\right] \qquad (4.21)$$

通常将式（4.21）化成式（4.22），有

$$c(t) = 1 - \frac{e^{-\xi\omega_n t}}{\sqrt{1-\xi^2}}\sin(\omega_n\sqrt{1-\xi^2}\,t + \varphi) \qquad (4.22)$$

或

$$c(t) = 1 - \frac{e^{-\xi\omega_n t}}{\sqrt{1-\xi^2}}\sin(\omega_d t + \varphi)$$

式中

$$\varphi = \arctan\frac{\xi}{\sqrt{1-\xi^2}} \qquad (4.23)$$

$$\omega_d = \omega_n\sqrt{1-\xi^2} \qquad (4.24)$$

响应曲线如图 4-7 所示。

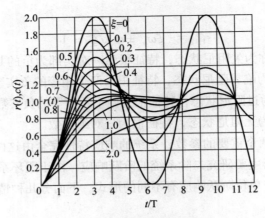

图 4-7 响应曲线

（2）临界阻尼（$\xi=1$）时二阶系统的单位阶跃响应。$\xi=1$ 时，系统的传递函数为

$$\Phi(s) = \frac{\omega_n^2}{(s+\omega_n)^2} \tag{4.25}$$

系统的单位阶跃响应的象函数为

$$C(s) = \frac{\omega_n^2}{s(s+\omega_n)^2} = \frac{1}{s} - \frac{\omega_n}{s(s+\omega_n)^2} - \frac{1}{s+\omega_n} \tag{4.26}$$

按拉氏反变换可求得过阻尼二阶系统的单位阶跃响应

$$c(t) = 1 - (1+\omega_n t)e^{-\omega_n t} \tag{4.27}$$

由图 4-7 可知，临界阻尼状态的单位阶跃响应是单调上升的，不出现振荡现象。

（3）过阻尼状态的单位阶跃响应。过阻尼二阶系统的特征根是两个不相等的负实根，即

$$s_{1,2} = -\xi\omega_n \pm \omega_n\sqrt{\xi^2-1} \quad (\xi>1) \tag{4.28}$$

当输入为单位阶跃函数时，输出量的拉氏变换为

$$C(s) = \frac{\omega_n^2}{(s-s_1)(s-s_2)} \cdot \frac{1}{s} \tag{4.29}$$

对上式进行拉氏反变换为

$$c(t) = 1 - \frac{1}{2\sqrt{\xi^2-1}}\left[\frac{e^{-(\xi-\sqrt{\xi^2-1})\omega_n t}}{\xi-\sqrt{\xi^2-1}} - \frac{e^{-(\xi+\sqrt{\xi^2-1})\omega_n t}}{\xi+\sqrt{\xi^2-1}}\right] \tag{4.30}$$

式（4.30）表明，系统响应不会超过稳态值 1，即过阻尼二阶系统的单位阶跃响应是非振荡的。响应曲线如图 4-7 所示。

（4）无阻尼二阶系统的单位阶跃响应。无阻尼二阶系统的特征根为一对共轭虚数，其实质与欠阻尼系统相似。将欠阻尼二阶系统的单位阶跃响应表示式中的 ξ 用零代替，即得到无阻尼二阶系统的单位阶跃响应

$$c(t) = 1 - \cos\omega_n t \tag{4.31}$$

它以无阻尼自然振荡频率 ω_n 作等幅振荡。系统属于不稳定系统。在工程控制系统中或大或小总是存在黏性阻尼效应的，即阻尼比不可能为零，所以振荡频率总是小于无阻尼自然振荡频率，振幅总是衰减的。无阻尼二阶系统的响应曲线如图 4-7 所示。

表 4-1 给出了二阶系统特征根在 s 平面上的位置及结构参数 ξ、ω_n 与单位阶跃响应的关系。ξ 越小，系统响应的振荡越激烈。当 $\xi \geqslant 1$ 时，$c(t)$ 变成单调上升，成为非振荡过程。

表 4-1 典型二阶系统的单位阶跃响应

阻尼系数	特征方程	根在复平面上的位置	单位阶跃响应
$\xi=0$（无阻尼）	$s_{1,2} = \pm j\omega_n$		
$0<\xi<1$（欠阻尼）	$s_{1,2} = -\xi\omega_n \pm j\omega_n\sqrt{1-\xi^2}$		
$\xi=1$（临界阻尼）	$s_{1,2} = -\xi\omega_n$		
$\xi>1$（过阻尼）	$s_{1,2} = -\xi\omega_n \pm \omega_n\sqrt{\xi^2-1}$		

3. 典型二阶系统的性能指标

下面主要讨论欠阻尼二阶系统的性能指标。在推导计算公式之前，必须明确欠阻尼二阶系统闭环特征根的位置与系统的特征参量 σ、ξ、ω_n、ω_d 的关系。由图 4-8 知，衰减系数 σ 是闭环极点到虚轴的距离；振荡频率 ω_d 是闭环极点到实轴之间的距离。无阻尼系统振荡频率 ω_n 是闭环极点到原点的距离；若直线 Os_1 与负实轴的夹角为 φ，则阻尼比就等于 φ 角的余弦，即

$$\xi = \cos\varphi \qquad (4.32)$$

而此 φ 角就是欠阻尼二阶系统的单位阶跃响应的初相角。

（1）峰值时间 t_p。把式（4.22）两边对时间求导，并令其等于零，可求得

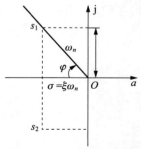

图 4-8 欠阻尼二阶系统特征根与特征量

$$\frac{dc(t)}{dt}\bigg|_{t=t_p} = \frac{\xi\omega_n}{\sqrt{1-\xi^2}}e^{-\xi\omega_n t_p}\sin(\sqrt{1-\xi^2}t_p+\varphi) - \omega_n e^{-\xi\omega_n t_p}\cos(\sqrt{1-\xi^2}t_p+\varphi) = 0$$

整理得

$$\tan(\omega_n\sqrt{1-\xi^2}t_p+\varphi) = \frac{\sqrt{1-\xi^2}}{\xi}$$

因为

$$\tan\varphi = \frac{\sqrt{1-\xi^2}}{\xi}$$

所以

$$\omega_n\sqrt{1-\xi^2}t_p+\varphi = n\pi+\varphi, \quad n=1,2,3,\cdots$$

由定义，t_p 为第一个峰值所需时间，取 $n=1$，则

$$t_p = \frac{\pi}{\omega_n\sqrt{1-\xi^2}} \tag{4.33}$$

或

$$t_p = \frac{\pi}{\omega_d} \tag{4.34}$$

（2）超调量 $\sigma\%$。当 $t=t_p$ 时，系统响应出现最大值，把式（4.33）代入式（4.22）得

$$c(t_p) = 1 - \frac{e^{-\xi\omega_n t_p}}{\sqrt{1-\xi^2}}\sin(\omega_n\sqrt{1-\xi^2}t_p+\varphi)$$

因为

$$\sin(\pi+\varphi) = -\sin\varphi = -\sqrt{1-\xi^2}$$

所以

$$c(t_p) = 1 + e^{-\xi\omega_n t_p}$$

$$\sigma\% = \frac{c(t_p)-c(\infty)}{c(\infty)}\times 100\% = e^{-\xi\omega_n t_p}\times 100\% \tag{4.35}$$

由式（4.35）可见，$\sigma\%$ 仅与阻尼比 ξ 有关。ξ 越小，则 $\sigma\%$ 越大。$\sigma\%$ 与 ξ 的关系如图4-9所示。

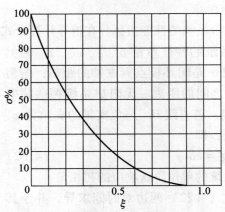

图4-9 二阶系统最大超调量 $\sigma\%$ 与 ξ 的关系

（3）上升时间 t_r。根据定义，当 $t=t_r$ 时，$c(t_r)=1$。由欠阻尼二阶系统的单位阶跃响应式（4.22）得

$$c(t_r) = 1 - \frac{e^{-\xi\omega_n t_r}}{\sqrt{1-\xi^2}}\sin(\omega_n\sqrt{1-\xi^2}\,t_r + \varphi) = 1$$

则

$$\frac{e^{-\xi\omega_n t_r}}{\sqrt{1-\xi^2}}\sin(\omega_n\sqrt{1-\xi^2}\,t_r + \varphi) = 0$$

由于 $\dfrac{1}{\sqrt{1-\xi^2}} \neq 0$，$e^{-\xi\omega_n t_r} \neq 0$，所以

$$\sin(\omega_n\sqrt{1-\xi^2}\,t_r + \varphi) = 0$$

即

$$\omega_n\sqrt{1-\xi^2}\,t_r + \varphi = n\pi, \quad n = 1, 2, 3, \cdots$$

由定义可知，上升时间为第一次达到稳态值所要的时间，取 $n=1$，则

$$t_r = \frac{\pi - \varphi}{\omega_n\sqrt{1-\xi^2}} \tag{4.36}$$

或

$$t_r = \frac{\pi - \varphi}{\omega_d} \tag{4.37}$$

增大自然振荡频率 ω_d 或减小阻尼比 ξ，均能减小 t_r，从而加快系统的初始响应速度。

（4）调整时间 t_s。根据调整时间的定义，t_s 应由下式求得：

$$\left|\frac{1}{\sqrt{1-\xi^2}}e^{-\xi\omega_n t_s}\sin(\omega_n\sqrt{1-\xi^2}\,t_s + \varphi)\right| \leq \Delta \tag{4.38}$$

但是，由式（4.38）求解 t_s 十分困难，我们用衰减正弦振荡的包络线近似地代替正弦衰减振荡，描述单位阶跃响应 $c(t)$ 的包络线 $b(t)$ 为

$$b(t) = 1 \pm \frac{1}{\sqrt{1-\xi^2}}e^{-\xi\omega_n t_s}$$

响应曲线总是在上下包络线之间，故可将式（4.38）近似写为

$$\left|\frac{1}{\sqrt{1-\xi^2}}e^{-\xi\omega_n t_s}\right| \leq \Delta$$

即

$$t_s = -\frac{1}{\xi\omega_n}\ln(\Delta\sqrt{1-\xi^2}) \tag{4.39}$$

如果系统阻尼比较小，$\sqrt{1-\xi^2} \approx 1$，则 $t_s \approx -\dfrac{1}{\xi\omega_n}\ln\Delta$。

对于 $\Delta = 0.05$，有

$$t_s = \frac{3}{\xi\omega_n} \tag{4.40}$$

对于 $\Delta = 0.02$，有

$$t_s = \frac{4}{\xi \omega_n} \tag{4.41}$$

式（4.41）表明，调整时间与闭环极点的实部数值成反比，即极点距虚轴越远，系统的调整时间越短。

（5）振荡次数 N。由 $c(t)$ 可知阻尼振荡的周期为 T_d，则振荡次数为

$$N = \frac{t_s}{T_d}$$

由式（4.24）可知阻尼振荡的周期

$$T_d = \frac{2\pi}{\omega_d} = \frac{2\pi}{\omega_n \sqrt{1-\xi^2}}$$

所以振荡次数

$$N = \frac{t_s}{T_d} = \frac{\dfrac{(3 \sim 4)}{\xi \omega_n}}{\dfrac{2\pi}{\omega_n \sqrt{1-\xi^2}}} = \frac{(1.5 \sim 2)}{\pi} \frac{\sqrt{1-\xi^2}}{\xi} \tag{4.42}$$

由式（4.42）可见，二阶系统的振荡次数 N 与 ξ 有关，N 与 ξ 之间的关系如图 4-10 所示。

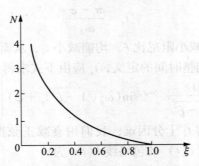

图 4-10　二阶系统的振荡次数 N 与 ξ 之间的关系

4.4　系统稳定性分析

任何一个自动控制系统正常运行的首要条件是，它必须是稳定的。因此，判别系统的稳定性和使用系统处于稳定的工作状态，是自动控制的基本问题之一。

4.4.1　稳定的基本概念

设系统处于某种平衡状态，由于扰动的作用，系统偏离了原来的平衡状态，但当扰动消失后，经过足够长的时间，系统恢复到原来的平衡状态，则这样的系统是稳定的，或具有稳定性；否则，系统是不稳定的。稳定性是系统去掉扰动以后，系统自身的一种恢复能力，是系统本身固有的特性。它仅仅取决于系统的结构参数，而与初始条件及输入信号无关。

为建立稳定性的概念，先通过两个例子来说明。

图 4-11（a）表示位于光滑凹面上的一个小球，其平衡位置为 A_0 点，当小球受到外界扰动力的作用时，则由 A_0 偏离至 A_1 点，外力去掉后，小球在重力与惯性的作用下，围绕 A_0 点经过几次反复振荡，待小球的能量耗尽后，又回到原平衡位置 A_0，这种小球的运动是稳定的，A_0 点称为稳定的平衡点。反之，如果小球处于光滑凸面上的平衡位置 B_0，如图 4-11（b）所示，小球在微小的振动力作用下，一旦偏离了平衡位置 B_0，即使在振动消失后，无论经过多长时间，小球再也不会回到原来的位置 B_0，显然这种小球的运动是不稳定的，B_0 点称为不稳定的平衡点。

再看一个例子，图 4-12 表示飞机沿规定航线 AA' 的飞行运动，若受到扰动（例如气流的冲击）后，能沿轨道 B 逐渐回复到规定的航线 AA' 飞行，则飞机的飞行运动是稳定的；若沿轨道 C 偏离规定的航线越来越大，则飞机的飞行运动是不稳定的。

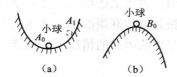
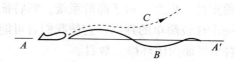

图 4-11 小球的稳定性　　　　　　　　图 4-12 飞机的飞行运动

若线性控制系统在初始扰动的影响下，其动态过程随着时间的推移逐渐衰减并趋于零（原平衡工作点），则称该系统为渐近稳定，简称稳定。反之，若在初始扰动影响下，系统的动态过程随时间的推移而发散，则称系统不稳定。

系统的稳定性概念又分绝对稳定性和相对稳定性两种。系统的绝对稳定性是指系统稳定（或不稳定）的条件，即形成如图 4-13（b）所示状况的充要条件。系统的相对稳定性是指稳定系统的稳定程度。例如，图 4-13（a）所示系统的相对稳定性就明显好于图 4-13（b）所示的系统。

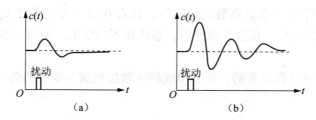

图 4-13 自动控制系统的相对稳定性
（a）相对稳定性好；（b）相对稳定性差

4.4.2 线性系统稳定的充分必要条件

稳定是自动控制系统能够正常工作的首要条件。由图 4-13 可见，稳定的系统，其过渡过程是收敛的，也就是说，其输出量的动态分量必须渐趋于零。用数学的方法来研究控制系统的稳定性则可以根据闭环极点在 s 平面内的位置予以确定。如果在这些极点中有任何一个极点位于 s 右半平面内，则随着时间的增加，该极点将上升到主导地位，从而使瞬态响应呈现为单调递增的过程，或者呈现为振幅逐渐增大的振荡过程。这表明它是一个不稳定的系统。这类系统一旦被启动，其输出量将随时间而增大。因为实际物理系统响应不能无限制地增加，如果这类系统中不发生饱和现象，而且也没有设置机械止动装置，那么系统最终将遭到破坏而不能正常工作。因此，在通常的线性控制系统中，不允许闭环极点位于右半平面内。如果全部闭环极点均位于虚轴左边，则任何瞬态响应最终将达到平衡状态，这表明系统是稳定的。当闭环极点位于虚轴上时，将形成等幅振荡过程，显然系统最终不能完全恢复到原平衡状态，既不远离，也不完全趋近，这时系统也是不稳定的或称临界稳定的。

线性系统是否稳定，这是系统本身的一种属性，仅仅取决于系统的结构参数，与初始条件和外作用无关。输入量的极点只影响系统解中的稳态响应项，不影响系统的稳定性。因此，线性系统稳定的充要条件是闭环系统的极点全部位于 s 左半平面。

分析系统的稳定性必须解出系统特征方程式的全部根，再依上述稳定的充要条件，判别系统的稳定性。但是，对于高阶系统，解特征方程式的根是件很麻烦的事，著名的劳斯稳定判据是一个比较简单的判据，它使我们有可能在不分解多项式因式的情况下，就能够确定出位于 s 右半平面内闭环极点数目。

4.4.3 劳斯稳定判据

劳斯稳定判据实际上是一个代数判据，用于分析在一个多项式方程中，是否存在不稳定根，而不必实际求解这一方程式。该判据是根据特征方程的系数，直接判断系统的绝对稳定性。它的应用只能限于有限项多项式中。

劳斯判据的应用程序如下。

（1）写出 s 的下列多项式方程：

$$a_0 s^n + a_1 s^{n-1} + \cdots + a_{n-1} s + a_n = 0 \tag{4.43}$$

式中的系数为实数。假设 $a_n \neq 0$，即排除掉任何零根的情况。

（2）如果在至少存在一个正系数的情况下，还存在等于零或等于负的系数，那么必然存在虚根或具有正实部的根。在这种情况下，系统是不稳定的。所以，所有系数均为正是系统稳定的必要条件。

（3）如果所有的系数都是正的，则多项式的系数排列成为如下的劳斯行列表。

s^n	a_0	a_2	a_4	a_6	$\cdots$
s^{n-1}	a_1	a_3	a_5	a_7	$\cdots$
s^{n-2}	b_1	b_2	b_3	b_4	$\cdots$
s^{n-3}	c_1	c_2	c_3	c_4	$\cdots$
$\vdots$	$\vdots$	$\vdots$	$\vdots$	$\vdots$	$\cdots$
s^1	d_1				
s^0	e_1				

表中从第三行开始的系数根据下列公式求得：

第4章 控制系统的时域分析法

$$b_1 = \frac{a_1 a_2 - a_0 a_3}{a_1}, \quad b_2 = \frac{a_1 a_4 - a_0 a_5}{a_1}, \quad b_3 = \frac{a_1 a_6 - a_0 a_7}{a_1}, \quad \cdots$$

$$c_1 = \frac{b_1 a_3 - a_1 b_2}{b_1}, \quad c_2 = \frac{b_1 a_5 - a_1 b_3}{b_1}, \quad c_3 = \frac{b_1 a_7 - a_1 b_4}{b_1}, \quad \cdots$$

$$\cdots$$

每行系数用前两行系数交叉相乘的方法,直至计算到该行其余值全为零时为止。这个过程一直进行到第 $n+1$ 行算完为止。系数的完整阵列呈现为三角形。

注意:在计算时,可将某一行同乘一个正数,以简化其后的数值运算,而不会影响稳定性结论。

(4)按行列表第一列系数符号确定根的分布。

①若符号全为正,则特征根均在 s 左半平面,系统稳定。这也是系统稳定的充要条件。

②若符号不全为正,则特征根存在正实部根,其正根数等于符号改变的次数,系统是不稳定的。

例1 设系统特征方程为 $s^4+2s^3+3s^2+4s+5=0$,试用劳斯判据判断系统的稳定性。

解 因为 $a_i>0$ ($i=1$,2,3,4),满足稳定的必要条件。列劳斯行列表:

s^4	1	3	5		s^4	1	3	5
s^3	2	4	0	→该行用2除	s^3	1	2	0
s^2	1	5			s^2	1	5	
s^1	−6				s^1	−3		
s^0	5				s^0	5		

在计算过程中,如果某些系数不存在,则在阵列中可以用零来取代,当某行乘以或除以一个正数时,其结果不会改变。

计算结果表明,第一列中符号改变次数为2,则说明多项式有两个正实部的根,系统不稳定。

4.4.4 两种特殊情况

(1)如果某一行中的第一列项等于零,但其余各项不全等于零或没有其余项,这时下一行元素则变成无穷大,无法进行劳斯检验。如要继续进行,则可用一个很小的正数 ε 来代替为零的项,使劳斯表继续下去。

例2 设系统的特征方程为 $s^3+2s^2+s+2=0$,试用劳斯判据判断系统的稳定性。

解 写劳斯行列表为

s^3	1	1
s^2	2	2
s^1	$0 \approx \varepsilon$	
s^0	2	

由于 $\varepsilon>0$,第一列系数没有变号,虽然没有 s 右半平面的根,但实际上存在一对虚根 $s=\pm j$,使系统临界稳定。

例3 设系统的特征方程为 $s^4+3s^3+s^2+3s+1=0$,试用劳斯判据判断系统的稳定性。

解 写劳斯行列表为

s^4	1	1	1
s^3	3	3	0
s^2	$0 \approx \varepsilon$	1	
s^1	$3-\dfrac{3}{\varepsilon}$		
s^0	1		

由于 ε 为很小的正数,则 $3-\dfrac{3}{\varepsilon}<0$,第一列符号改变 2 次,方程有两个正实部的根,由此表明系统是不稳定的。

由以上分析可以看出,此种特殊情况下,劳斯判据的结论肯定是不稳定的。劳斯检验的结果若出现符号变化,则不稳定的原因是由于存在正实部的根;若不出现符号变化,则一定存在临界虚根。

(2) 如果某一行的所有系数都等于零,劳斯检验也无法进行。这种情况表明在 s 平面内可能存在等值反号的实根、虚根或共轭复根对。这些根的特点是以原点为对称点,成对称形式存在。由于这类根的存在,系统肯定是不稳定的,若要检验根的分布情况,可用紧靠零行上方的那行系数构成一个辅助多项式(对应这个多项式方程的根即为上述那些等值反号的根,故该方程的阶次与这些根的个数相等,且必是偶次的),并用该多项式导数的系数代替全零行组成阵列的下一行,使劳斯检验继续下去。

例 4 设系统的特征方程为 $s^5+2s^4+24s^3+48s^2-25s-50=0$,试用劳斯判据判断系统的稳定性。

解 写劳斯行列表为

s^5	1	24	-25
s^4	2	48	-50
s^3	0	0	$\rightarrow$辅助多项式 $2s^4+48s^2-50$
			对 s 求导 $\downarrow$
	8	96	构成新行 $\leftarrow 8s^3+96s$
s^2	24	-50	
s^1	112.7	0	
s^0	-50		

可以看出,第一列符号改变一次,故有一个正实部的根。

若通过解辅助多项式方程 $2s^4+48s^2-50=0$,可得到等值反号的对根,即 $s=\pm1$,$s=\pm j5$。显然,系统不稳定的主要原因是一个正根,其次有一对虚根。

4.4.5 劳斯稳定判据在系统分析中的应用

劳斯稳定判据的一个重要应用就是可以通过检查系统的参数值,确定一个或两个系统参数的变化对系统稳定性的影响,界定参数值的稳定范围问题。

例 5 已知系统的结构图如图 4-14 所示,试确定使系统稳定的 K 值范围。

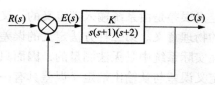

图 4-14 例 5 系统结构图

解 闭环系统的传递函数为 $\Phi = \dfrac{K}{s^3 + 3s^2 + 2s + K}$

特征方程式为 $s^3 + 3s^2 + 2s + K = 0$

写劳斯行列表为

$$
\begin{array}{c|cc}
s^3 & 1 & 2 \\
s^2 & 3 & K \\
s^1 & \dfrac{6-K}{3} & \\
s^0 & K &
\end{array}
$$

为了使系统稳定，K 必须为正值，并且第一列中所有系数必须为正值。因此 $0<K<6$。当 $K=6$ 时，为临界 K 值。由前分析，此时系统存在虚根，使系统变为持续的等幅振荡。

4.5 稳态性能的时域分析

控制系统在输入信号作用下，其输出量一般都包含着两个分量，一个是稳态分量，另一个是暂态分量。暂态分量反映了控制系统的动态性能。对于稳定的系统，暂态分量随着时间的推移，将逐渐减小并最终趋向于零。稳态分量反映了系统的稳态性能，即反映控制系统跟踪输入信号和抑制扰动信号的能力和准确度。稳态性能的优劣一般是根据系统反映某些典型输入信号的稳态误差来评价的。稳态误差始终存在于系统的稳态工作状态中，一般来说，系统长时间的工作状态是稳态，因此在设计系统时，除了首先要保证系统能稳定运行外，其次就是要求系统的稳态误差小于规定的允许值。

4.5.1 稳态误差的基本概念

控制系统的误差有两种定义方法：

（1）系统误差 $e(t)$，定义为：给定信号 $r(t)$ 与主反馈信号 $b(t)$ 之差，即

$$e(t) = r(t) - b(t)$$
$$E(s) = R(s) - B(s) \tag{4.44}$$

（2）系统误差 $\varepsilon(t)$，定义为：系统的希望值 $c_0(t)$ 与实际值 $c(t)$ 之差，即

$$\varepsilon(t) = c_0(t) - c(t)$$
$$E(s) = C_0(s) - C(s) \tag{4.45}$$

通常以偏差信号 $E(s)=0$ 来确定希望值，即

$$E(s) = R(s) - B(s) = R(s) - H(s)C_0(s)$$
$$C_0(s) = \dfrac{R(s)}{H(s)} \tag{4.46}$$

必须说明，第一种方法定义误差是由系统输入端定义的，又称为偏差，在实际系统是可以测量的，因而，具有一定的物理意义。第二种方法定义的误差是由系统的输出端定义，在性能指标提法中常用到，但在实际系统中是无法测量的，因而只有数学意义。

由上述可知，从输入端定义误差与从输出端定义误差具有一一对应的关系。对于单位反馈系统输出量的希望值就是输入信号 $r(t)$，因而两种误差定义的方法是一致的。故本书以下叙述的误差均采用从输入端定义的误差，如图4-15所示。

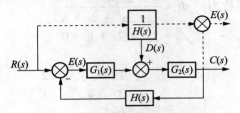

图 4-15 控制系统稳态误差

（3）稳态误差 e_{ss}，定义为：当时间 $t \to \infty$ 时，稳定系统误差的终值，即

$$e_{ss} = \lim_{t \to \infty}[r(t) - b(t)] = \lim_{t \to \infty} e(t)$$

由拉氏终值定理得

$$e_{ss} = \lim_{s \to 0} sE(s) \tag{4.47}$$

4.5.2 系统类型

由于稳态误差与系统结构及输入信号的形式有关，对于一个给定的稳定系统，当输入信号形式一定时，系统是否存在误差就取决于开环传递函数描述的系统结构。

设开环传递函数有以下形式：

$$G(s)H(s) = \frac{K \prod_{i=1}^{m}(\tau_i s + 1)}{s^\nu \prod_{j=1}^{n-\nu}(\tau_j s + 1)} \tag{4.48}$$

式中，ν 为开环传递函数积分环节的数目（或称无差度）。

控制系统按 ν 的不同值可分为：

（1）当 $\nu=0$ 时，系统是 0 型系统（有差系统）；
（2）当 $\nu=1$ 时，系统是 Ⅰ 型系统（一阶无差系统）；
（3）当 $\nu=2$ 时，系统是 Ⅱ 型系统（二阶无差系统）；
（4）$\nu>2$ 的系统很少见。ν 的大小反映了系统跟踪阶跃信号、斜坡信号、抛物线输入信号的能力。系统的无差度越高，系统的稳态误差越小，但稳定性变差。

4.5.3 参考输入信号作用下的稳态误差

在图4-16中，参考输入作用下的稳态误差（又称为跟随稳态误差）为

$$e_{ss} = \lim_{t \to \infty} e(t) = \lim_{s \to 0} sE(s) = \lim_{s \to 0}\left[\frac{sR(s)}{1 + G(s)H(s)}\right] \tag{4.49}$$

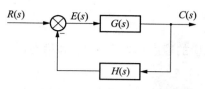

图 4-16 闭环控制系统

1. 阶跃输入时的稳态误差与静态位置误差系数

在单位阶跃输入下，$R(s)=\dfrac{1}{s}$，由输入信号引起的稳态误差为

$$e_{\text{ssr}}=\lim_{s\to 0}\left[\dfrac{s}{1+G(s)H(s)}\cdot\dfrac{1}{s}\right]=\dfrac{1}{1+G(0)H(0)}$$

令 $K_{\text{p}}=\lim\limits_{s\to 0}G(s)H(s)=G(0)H(0)$，$K_{\text{p}}$ 称为静态位置误差系数，则稳态误差可写成

$$e_{\text{ssr}}=\dfrac{1}{1+K_{\text{p}}} \tag{4.50}$$

对于不同类型的系统，相应的位置误差系数 K_{p} 和稳态误差 e_{ssr} 为：

对于 0 型系统：$K_{\text{p}}=K$，$e_{\text{ssr}}=\dfrac{1}{1+K_{\text{p}}}$；

对于 I 型系统：$K_{\text{p}}=\infty$，$e_{\text{ssr}}=0$；

对于 II 型系统：$K_{\text{p}}=\infty$，$e_{\text{ssr}}=0$。

2. 斜坡（等速）输入信号作用时的稳态误差 e_{ssr} 与速度误差系数 K_{v}

在单位斜坡输入信号作用下，$R(s)=\dfrac{1}{s^{2}}$。由输入引起的稳态误差为

$$e_{\text{ssr}}=\lim_{s\to 0}\dfrac{s}{1+G(s)H(s)}\cdot\dfrac{1}{s^{2}}=\dfrac{1}{\lim\limits_{s\to 0}sG(s)H(s)}$$

令 $K_{v}=\lim\limits_{s\to 0}sG(s)H(s)$，$K_{v}$ 称为系统的静态速度误差系数。系统的稳态误差为

$$e_{\text{ssr}}=\dfrac{1}{K_{v}} \tag{4.51}$$

对于不同类型的系统，相应的速度误差系数 K_{v} 和稳态误差 e_{ssr} 为

对于 0 型系统：$K_{v}=0$，$e_{\text{ssr}}=\infty$；

对于 I 型系统：$K_{v}=K$，$e_{\text{ssr}}=\dfrac{1}{K_{v}}$；

对于 II 型系统：$K_{v}=\infty$，$e_{\text{ssr}}=0$。

由上可知，0 型系统不能实现正常跟踪斜坡函数输入。

3. 抛物线（加速度）输入信号作用时的稳态误差 e_{ssr} 与加速度误差系数 K_{α}

在单位抛物线输入信号作用下，$R(s)=\dfrac{1}{s^{3}}$。由输入引起的稳态误差为

$$e_{\text{ssr}}=\lim_{s\to 0}\dfrac{s}{1+G(s)H(s)}\cdot\dfrac{1}{s^{3}}=\dfrac{1}{\lim\limits_{s\to 0}s^{2}G(s)H(s)}$$

令 $K_{\alpha}=\lim\limits_{s\to 0}s^{2}G(s)H(s)$，$K_{\alpha}$ 称为系统的静态速度误差系数。系统的稳态误差为

$$e_{ssr} = \frac{1}{K_\alpha} \quad (4.52)$$

对于不同类型的系统,相应的速度误差系数 K_α 和稳态误差 e_{ssr} 为:

对于 0 型系统: $K_\alpha = 0$, $e_{ssr} = \infty$;

对于 I 型系统: $K_\alpha = 0$, $e_{ssr} = \infty$;

对于 II 型系统: $K_\alpha = K$, $e_{ssr} = \frac{1}{K_\alpha}$。

可见,加速度函数输入时 0 型和 I 型系统皆无法正常工作,其稳态误差趋于无穷大。

现将三种典型输入信号作用下,0 型、I 型和 II 型三种类型系统的稳态误差系数、稳态误差列于表 4-2 中。

表 4-2 误差系数、稳态误差、系统型号及参考输入的关系

系统类型	误差系数			单位阶跃输入	单位斜坡输入	单位抛物线输入
	K_p	K_ν	K_α	e_{ssr}	e_{ssr}	e_{ssr}
0 型	K	0	0	$\frac{1}{1+K_p}$	∞	∞
I 型	∞	K	0	0	$\frac{1}{K_\nu}$	∞
II 型	∞	∞	K	0	0	$\frac{1}{K_\alpha}$

由表 4-2 可以看出,在相同的输入信号作用下,增大系统的型号和开环放大系数 K 可以减小系统的稳态误差。

4.5.4 扰动输入信号作用下的稳态误差

扰动输入信号作用下的稳态误差又称为扰动误差。图 4-17 所示框图中扰动量为 $D(s)$。

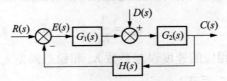

图 4-17 有扰动的控制系统

误差信号为

$$E_D(s) = -C(s)H(s) = -\frac{G_2(s)H(s)}{1 + G_1(s)G_2(s)H(s)} \cdot D(s) \quad (4.53)$$

式 (4.53) 还可以写成

$$\frac{E(s)}{D(s)} = -\frac{G_2(s)H(s)}{1 + G_1(s)G_2(s)H(s)} \quad (4.54)$$

扰动引起的稳态误差为

$$e_{ssd} = \lim_{s \to 0} sE_D(s) = \lim_{s \to 0}\left[-\frac{sG_2(s)H(s)}{1 + G_1(s)G_2(s)H(s)} \cdot D(s)\right] \quad (4.55)$$

对于图 4-17 所示系统,如果给定的输入信号和扰动信号同时作用时,由式(4.49)和式(4.55)还可知总的稳态误差为

$$e_{ss} = e_{ssr} + e_{ssd} = \lim_{s \to 0}\left[\frac{sR(s)}{1+G(s)H(s)}\right] + \lim_{s \to 0}\left[-\frac{sG_2(s)H(s)}{1+G_1(s)G_2(s)H(s)} \cdot D(s)\right] \quad (4.56)$$

式(4.56)第一项是给定信号引起的误差,第二项是由干扰引起的误差。

例 6 如图 4-18 所示控制系统,已知 $G(s) = \dfrac{\omega_n^2}{s(s+2\xi\omega_n)}$,$H(s)=1$。求系统单位阶跃信号和单位斜坡信号时的稳态误差。

解 系统的误差传递函数为

$$\frac{E(s)}{R(s)} = \frac{1}{1+G(s)H(s)} = \frac{s(s+2\xi\omega_n)}{s^2+2\xi s\omega_n+\omega_n^2}$$

当输入单位阶跃信号时,$R(s)=\dfrac{1}{s}$。稳态误差为

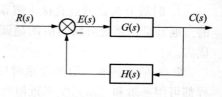

图 4-18 例 6 图

$$e_{ss} = \lim_{s \to 0}\frac{sR(s)}{1+G(s)H(s)} = \lim_{s \to 0}\left[\frac{s^2(s+2\xi\omega_n)}{s^2+2\xi s\omega_n+\omega_n^2} \cdot \frac{1}{s}\right] = 0$$

当输入单位斜坡信号时,$R(S)=\dfrac{1}{s^2}$。稳态误差为

$$e_{ss} = \lim_{s \to 0}\frac{sR(s)}{1+G(s)H(s)} = \lim_{s \to 0}\left[\frac{s^2(s+2\xi\omega_n)}{s^2+2\xi s\omega_n+\omega_n^2} \cdot \frac{1}{s^2}\right] = \frac{2\xi}{\omega_n}$$

上述解与二阶系统时域分析中所求的稳态误差结果相同。其优点是无须求出响应的表达式。

例 7 设比例控制系统如图 4-19 所示。图中,$R(s)=\dfrac{1}{s}$ 为单位阶跃输入信号;$D(s)=\dfrac{1}{s}$ 为单位阶跃扰动。试求系统的稳态误差。

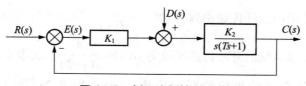

图 4-19 例 7 比例控制系统

解 (1)参考输入 $R(s)=\dfrac{1}{s}$ 作用下的稳态误差。

由图 4-19 可见,此系统为 Ⅰ 型系统。令扰动 $D(s)=0$,则系统对单位阶跃输入信号的稳态误差为零,即 $e_{ssr}=0$。

(2)扰动 $D(s)=\dfrac{1}{s}$ 作用下的稳态误差。误差信号为

$$E_D(s) = -\frac{K_2}{s(Ts+1)+K_1K_2}D(s)$$

扰动引起的稳态误差为

$$e_{ssd} = \lim_{s \to 0} sE_D(s) = \lim_{s \to 0}\left[-\frac{sK_2}{s(Ts+1)+K_1K_2}D(s)\right] = -\frac{1}{K_1}$$

（3）系统的稳态误差为

$$e_{ss} = e_{ssr} + e_{ssd} = -\frac{1}{K_1}$$

本章小结

1. 时域分析是通过直接求解系统在典型输入信号作用下的时域响应来分析系统的性能的。通常是以系统阶跃响应的超调量、调整时间和稳态误差等性能指标来评价系统性能的优劣。

2. 一阶系统和二阶系统是时域分析法重点分析的两类系统。一般的高阶系统的动态过程都可用一阶和二阶系统来近似处理。

3. 二阶系统在欠阻尼时的响应虽有振荡，但只要阻尼比 ξ 取值适当（如 $\xi = 0.707$ 左右），则系统既有响应的快速性，又有过渡过程的平稳性，因而在控制工程中常把二阶系统设计为欠阻尼。

4. 稳定是系统能正常工作的首要条件。线性定常系统的稳定性是系统的一种固有特性，它仅取决于系统的结构和参数，与外施信号的形式和大小无关。不用求根而能直接判别系统稳定性的方法，称为稳定判据。劳斯稳定判据只回答特征方程式的根在 s 平面上的分布情况，而不能确定根的具体数值。

5. 稳态误差是系统控制精度的度量，也是系统的一个重要性能指标。系统的稳态误差既与其结构和参数有关，也与控制信号的形式、大小和作用点有关。

习 题 4

4.1 一阶控制系统的闭环传递函数为 $\Phi(s) = \dfrac{1}{Ts+1}$，求该系统的单位阶跃响应。

4.2 设单位负反馈系统的开环传递函数为 $G(s) = \dfrac{4}{s(s+2)}$，试求系统的单位阶跃响应。

4.3 已知负反馈系统的单位阶跃响应为 $c(t) = 1 + 0.2e^{-60t} - 1.2e^{-10t}$，$t \geq 0$。试求：（1）系统的闭环传递函数；（2）$\xi$，$\omega_n$；（3）$\sigma\%$，$t_s$。

4.4 系统框图如图4-20所示。试求：（1）系统的闭环传递函数；（2）系统的单位阶跃响应；（3）$\sigma\%$，t_s，t_p，t_r。

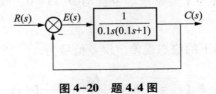

图4-20 题4.4图

4.5 由实验测得单位负反馈控制系统在输入信号为 $r(t)=1(t)$ 时，其输出信号 $c(t)$ 的响应曲线如图 4-21 所示，试求系统的开环传递函数。

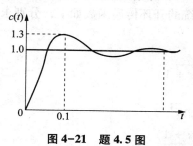

图 4-21 题 4.5 图

4.6 已知系统的特征方程如下：
(1) $0.1s^3+s^2+s+K=0$
(2) $s^3+5s^2+10s+10K=0$

试确定系统的稳定条件。

4.7 已知系统的特征方程如下，试判别系统的稳定性。
(1) $s^5+12s^4+44s^3+48s^2+s+1=0$
(2) $s^4+2s^3+s^2+4s+2=0$
(3) $s^5+s^4+3s^3+9s^2+16s+10=0$
(4) $s^4+s^3+s^2+s+1=0$

4.8 根据单位负反馈的开环传递函数如下，确定使系统稳定的 K 值的范围。

(1) $G(s) = \dfrac{K}{(s+1)(0.1s+1)}$

(2) $G(s) = \dfrac{K}{s^2(0.1s+1)}$

(3) $G(s) = \dfrac{K}{s(s+1)(0.5s+1)}$

4.9 单位反馈系统的开环传递函数为 $G_K(s) = \dfrac{K_K(0.5s+1)}{s(s+1)(0.5s^2+s+1)}$，试确定使系统稳定的 K_K 值范围。

4.10 设单位反馈系统的开环传递函数为 $G_K(s) = \dfrac{K}{s(1+0.33s)(1+0.167s)}$，要求闭环特征根的实部均小于 -1，求 K 值应取的范围。

4.11 试求如图 4-22 所示系统在下列控制信号作用下的稳态误差。

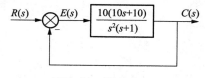

图 4-22 题 4.11 图

(1) $r(t)=5$；

(2) $r(t) = 10t$；

(3) $r(t) = 2+5t+3t^2$。

4.12 已知单位负反馈系统的开环传递函数如下，分别求当输入信号为 $1(t)$，t 和 t^2 时系统的稳态误差。

(1) $G(s) = \dfrac{50}{(0.1s+1)(2s+1)}$；

(2) $G(s) = \dfrac{K}{s(s^2+4s+200)}$；

(3) $G(s) = \dfrac{10(2s+1)(4s+1)}{s^2(s^2+2s+10)}$。

4.13 系统如图 4-23 所示。已知 $r(t) = 1(t)$，$d(t) = 5t$，试确定系统稳定运行时的误差。

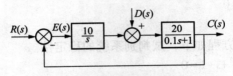

图 4-23 题 4.13 图

4.14 试求如图 4-24 所示的系统在单位阶跃扰动信号作用下的稳态误差。其中：

$G_1(s) = \dfrac{5}{0.01s+1}$，$G_2(s) = \dfrac{10(0.1s+1)}{0.02s+1}$，$G_3(s) = \dfrac{100}{s(0.05s+1)}$

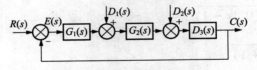

图 4-24 题 4.14 图

第 5 章 控制系统的频域分析法

内容提要

频域分析法是经典控制理论中最常用的一种方法。本章将介绍频率特性（又称频率响应）的基本概念、典型环节和自动控制系统的频率特性。

频率分析法是控制理论中常用的一种方法，是一种图解分析法，是通过系统开环频率特性的图形来分析闭环系统性能的。频率特性不仅可由微分方程或传递函数求得，还可以通过实验方法得到，对于一些难于采用分析法写出系统动态模型的情况，这一点具有很大的实用意义。本章将介绍频率特性的基本概念、典型环节的伯德图、控制系统开环频率特性的绘制及控制系统稳定性和动态性能的频域分析。

5.1 频率特性的概念

5.1.1 频率特性的基本概念

频率特性又称频率响应，是系统（或元件）对不同频率正弦输入信号的响应特性。

设某线性系统结构图如图 5-1 所示。若在该系统的输入端加上一正弦信号，设该正弦信号为 $r(t) = A\sin\omega t$，如图 5-2（a）所示，则其输出响应应为 $c(t) = MA\sin(\omega t + \varphi)$，即振幅增加到 M 倍，相位超前（滞后）了 φ 角。响应曲线如图 5-2（b）所示。

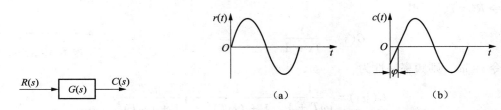

图 5-1 线性系统的结构图　　图 5-2 线性系统的输入、输出曲线

这些特性表明，当线性系统输入信号为正弦量时，其稳态输出信号也将是同频率的正弦

量,只是其幅值和相位均不同于输入量,并且其幅值和相位都是频率 ω 的函数。对于一个稳定的线性系统,其输出量的幅值与输入量的幅值对频率 ω 的变化被称为幅值频率特性,用 $A(\omega)$ 表示;其输出相位与输入相位对频率 ω 的变化被称为相位频率特性,用 $\varphi(\omega)$ 表示。两者统称为频率特性或幅相频率特性。

对于线性定常系统,也可定义系统的稳态输出量与输入量的幅值之比为幅频特性;定义输出量与输入量的相位差为相频特性。即

幅值频率特性:$A(\omega) = |G(j\omega)|$

相位频率特性:$\varphi(\omega) = \angle G(j\omega)$

将幅值频率特性和相位频率特性两者写在一起,可得频率特性或幅相频率特性为

$$G(j\omega) = A(\omega)e^{j\varphi(\omega)} = |G(j\omega)| \cdot e^{j\angle G(j\omega)}$$

频率特性是一个复数,可以表示为指数形式、直角坐标和极坐标等几种形式。频率特性的几种表示方法如下。

$$G(j\omega) = U(\omega) + jV(\omega) \quad (直角坐标表示式)$$
$$= |G(j\omega)| \cdot e^{j\angle G(j\omega)} \quad (极坐标表示式)$$
$$= A(\omega)e^{j\varphi(\omega)} \quad (指数表示式)$$

式中,$U(\omega)$ 称为实频特性;$V(\omega)$ 称为虚频特性;$A(\omega)$ 称为幅频特性;$\varphi(\omega)$ 称为相频特性;$G(j\omega)$ 称为幅相频率特性。其中:

$$A(\omega) = |G(j\omega)| = \sqrt{U^2(\omega) + V^2(\omega)}$$

$$\varphi(\omega) = \angle G(j\omega) = \arctan \frac{V(\omega)}{U(\omega)}$$

5.1.2 频率特性与传递函数的关系

对于同一系统(或元件),频率特性与传递函数之间存在着确切的对应关系。若系统(或元件)的传递函数为 $G(s)$,则其频率特性为 $G(j\omega)$。也就是说,只要将传递函数中的复变量 s 用纯虚数 $j\omega$ 代替,就可以得到频率特性。即

$$G(s)|_{s=j\omega} = G(j\omega)$$

例1 RC 电路如图 5-3 所示,已知 $r(t) = A\sin\omega t$,求该电路的频率特性。

解 如图可得 RC 电路的传递函数为

$$G(s) = \frac{1}{RCs + 1}$$

令 $RC = T$,可得

$$G(s) = \frac{1}{Ts + 1}$$

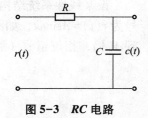

图 5-3 RC 电路

令 $s = j\omega$,则频率特性为

$$G(j\omega) = \frac{1}{j\omega T + 1} = \frac{1}{1 + (\omega T)^2} - j\frac{\omega T}{1 + (\omega T)^2}$$

幅值频率特性为

$$A(\omega)=|G(\mathrm{j}\omega)|=\frac{1}{\sqrt{1+(\omega T)^2}}$$

相位频率特性为

$$\varphi(\omega)=\angle G(\mathrm{j}\omega)=-\arctan\omega T$$

5.1.3 频率特性的性质

由以上分析可见，频率特性具有以下性质。

（1）频率特性是以线性定常系统为基础，且在假定线性微分方程是稳定的条件下推导出来的。

（2）频率特性的概念对系统、控制元件、部件、控制装置均适用。

（3）由频率特性的表达式 $G(\mathrm{j}\omega)$ 可知，其包含了系统或元、部件的全部结构和参数。

（4）频率特性和微分方程及传递函数一样，也是系统或元件的动态数学模型。

（5）利用频率特性法可以根据系统的开环频率特性分析闭环系统的性能。

5.1.4 频率特性的图形表示方法

1. 幅相频率特性曲线

幅相频率特性曲线又称为极坐标或奈奎斯特（Nyquist）曲线。它是根据频率特性的表达式 $G(\mathrm{j}\omega)=|G(\mathrm{j}\omega)|\cdot\mathrm{e}^{\mathrm{j}\angle G(\mathrm{j}\omega)}=A(\omega)\mathrm{e}^{\mathrm{j}\varphi(\omega)}$，计算出当 ω 从 $0\to\infty$ 变化时，对应于每一个 ω 值的幅值 $A(\omega)$ 和相位 $\varphi(\omega)$，将 $A(\omega)$ 和 $\varphi(\omega)$ 同时表示在复平面上所得到的图形。例 1 的 RC 电路的幅相频率特性曲线如图 5-4 所示。

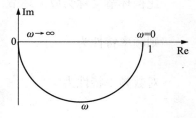

图 5-4 惯性环节的幅相频率特性曲线

2. 对数频率特性曲线

对数频率特性曲线又称为伯德（Bode）图，包括对数幅频特性和对数相频特性曲线。在介绍对数频率特性曲线之前，先给出对数频率特性的定义。

（1）定义。将幅频 $A(\omega)$ 取常用对数后再乘以 20，称之为对数幅频特性 $20\lg A(\omega)$，用 $L(\omega)$ 表示。

$$L(\omega)=20\lg A(\omega)=20\lg|G(\mathrm{j}\omega)|$$

（2）伯德图。在对数坐标里作出的 $20\lg A(\omega)$ 及 $\varphi(\omega)$ 曲线，分别称为对数幅频和相频曲线，也称伯德图。

对数幅频特性曲线的纵轴为 $L(\omega)$，以等分坐标来标定，单位为分贝（dB），其值为 $20\lg A(\omega)$。

对数幅频特性曲线的横轴标为 ω，但实际表示的是 $\lg\omega$。$\lg\omega$ 和 ω 间存在的关系：$\lg\omega$ 每变化一个单位长度，ω 将变化 10 倍（称为 10 倍频程，记为 dec）。横轴对 $\lg\omega$ 是等分的，对 ω 是对数的（不均匀的），两者的对应关系见图 5-5 的横轴对照表。例如 $\omega=1$，对应 $\lg\omega=0$；$\omega=10$，对应 $\lg\omega=1$；……

$L(\omega)$ 和 $A(\omega)$ 的对应关系如图 5-5 所示。

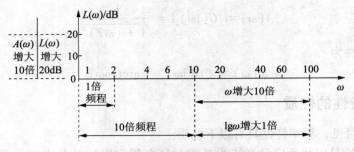

图 5-5 伯德图的横坐标和纵坐标

5.2 典型环节的伯德图

5.2.1 比例环节

比例环节又称为放大环节,其传递函数为
$$G(s) = K$$
则频率特性为
$$G(j\omega) = K$$
对数频率特性为
$$\begin{cases} L(\omega) = 20\lg K \,(\text{dB}) \\ \varphi(\omega) = 0 \end{cases}$$

根据对数频率特性可知,比例环节的对数幅频特性 $L(\omega)$ 的高度为 $20\lg K$ 的水平直线;对数相频特性 $\varphi(\omega)$ 为与横轴重合的水平直线。其对数频率特性曲线如图 5-6 所示。

比例环节的幅相频率特性为
$$G(j\omega) = K e^{j0}$$

比例环节的极坐标图如图 5-7 所示。

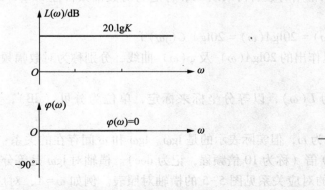

图 5-6 比例环节的对数频率特性曲线

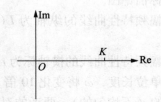

图 5-7 比例环节的极坐标图

可见，比例环节的幅频特性、相频特性均与频率 ω 无关。比例环节的特点是输出量按一定比例复现输入量，即不失真也不时滞。

5.2.2 积分环节

积分环节的传递函数为

$$G(s) = \frac{1}{s}$$

其频率特性为

$$G(j\omega) = \frac{1}{j\omega}$$

对数频率特性为

$$\begin{cases} L(\omega) = 20\lg\frac{1}{\omega} = -20\lg\omega \text{ (dB)} \\ \varphi(\omega) = -\frac{\pi}{2} = -90° \end{cases}$$

由对数频率特性可知，积分环节的对数幅频特性 $L(\omega)$ 为斜率是 -20 dB/dec 的斜直线；对数相频特性 $\varphi(\omega)$ 为一条 $-90°$ 的水平直线。其伯德图如图 5-8 所示。

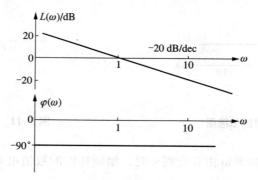

图 5-8 积分环节的伯德图

比例环节的幅相频率特性为

$$G(j\omega) = \frac{1}{j\omega} = -j\frac{1}{\omega} = \frac{1}{\omega}e^{-j\frac{\pi}{2}}$$

其极坐标图如图 5-9 所示。

由图可见，当频率 ω 由 0 变到 ∞ 时，幅频特性的数值由 ∞ 向 0 变化，而相位始终等于 $-\frac{\pi}{2}$，因此积分环节的极坐标图是沿虚线从 $-\infty$ 向 0 变化的直线。

5.2.3 微分环节

微分环节的传递函数为

$$G(s) = s$$

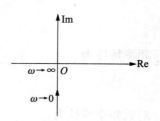

图 5-9 积分环节的极坐标图

频率特性为

$$G(j\omega) = j\omega$$

对数频率特性为

$$\begin{cases} L(\omega) = 20\lg\omega \text{ (dB)} \\ \varphi(\omega) = \dfrac{\pi}{2} = 90° \end{cases}$$

微分环节的对数频率特性与积分环节相比,两者仅差一个负号,可知微分环节的对数频率特性曲线与积分环节的对数频率特性曲线关于横轴对称。所以微分环节的对数幅频特性曲线为斜率是+20 dB/dec 的斜直线;对数相频特性 $\varphi(\omega)$ 为一条+90°的水平直线。伯德图如图 5-10 所示。

微分环节的幅相频率特性为

$$G(j\omega) = j\omega = \omega e^{j\frac{\pi}{2}}$$

其极坐标图如图 5-11 所示。

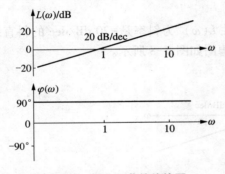

图 5-10 微分环节的伯德图

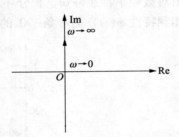

图 5-11 微分环节的极坐标图

由图 5-11 可见,当频率 ω 由 0 变到 ∞ 时,幅频特性的数值由 0 向 ∞ 变化,而相位始终等于 $\dfrac{\pi}{2}$,因此微分环节的极坐标图是沿正虚线从 0 向 ∞ 变化的直线。

5.2.4 惯性环节

惯性环节的传递函数为

$$G(s) = \dfrac{1}{Ts + 1}$$

频率特性为

$$G(j\omega) = \dfrac{1}{jT\omega + 1}$$

对数频率特性为

$$\begin{cases} L(\omega) = 20\lg\dfrac{1}{\sqrt{T^2\omega^2 + 1}} = -20\lg\sqrt{T^2\omega^2 + 1} \\ \varphi(\omega) = -\arctan T\omega \end{cases}$$

由此可以看出，惯性环节的对数幅频特性是一条曲线，若逐点描绘将很烦琐，通常采用近似的绘制方法。方法如下：

（1）先绘制低频渐近线：低频渐近线是指当 $\omega \to 0$ 时的 $L(\omega)$ 图形（一般认为 $\omega \ll 1/T$）。此时有 $L(\omega) = -20\lg\sqrt{T^2\omega^2+1} \approx -20\lg 1 = 0$，因此惯性环节的低频渐近线为零分贝线。

（2）再绘制高频渐近线：高频渐近线是指当 $\omega \to \infty$ 时的 $L(\omega)$ 图形（一般认为 $\omega \gg \dfrac{1}{T}$）。此时有 $L(\omega) = -20\lg\sqrt{T^2\omega^2+1} \approx -20\lg T\omega$，因此惯性环节的高频渐近线为在 $\omega = 1/T$ 处过零分贝线的、斜率为 $-20\ \text{dB/dec}$ 的斜直线。

（3）计算交接频率：交接频率是指高、低频渐近线交接处的频率。高、低频渐近线的幅值均为零时，$\omega = 1/T$，因此交接频率为 $\omega = 1/T$。

（4）计算修正量（又称误差）：以渐近线近似表示 $L(\omega)$，必然存在误差。分析表明，其最大误差发生在交接频率 $\omega = 1/T$ 处。在该频率处 $L(\omega)$ 的实际值为

$$L(\omega)\big|_{\omega=\frac{1}{T}} = -20\lg\sqrt{T^2\omega^2+1}\,\big|_{\omega=\frac{1}{T}} = -20\lg\sqrt{2} = -3.03\ \text{dB}$$

所以其最大误差（亦即最大修正值）约为 $-3\ \text{dB}$。由此可见，若以渐近线取代实际曲线引起的误差是不大的。

综上所述，惯性环节的对数幅频特性曲线可用两条渐近线近似，低频部分为零分贝线，高频部分为斜率为 $-20\ \text{dB/dec}$ 的斜直线，两条直线相交于 $\omega = 1/T$ 的地方。

惯性环节的对数相频特性曲线也采用近似的作图方法。当 $\omega \to 0$ 时，$\varphi(\omega) \to 0$，因此，其低频渐近线为 $\varphi(\omega) = 0$ 的水平线；当 $\omega \to \infty$ 时，$\varphi(\omega) = -\arctan(T\omega) \to -\dfrac{\pi}{2}$，因此，其高频渐近线为 $\varphi(\omega) = -\dfrac{\pi}{2}$ 水平线；当 $\omega = \dfrac{1}{T}$ 时，$\varphi(\omega) = \arctan(T\omega)\big|_{\omega=\frac{1}{T}} = -\dfrac{\pi}{4} = -45°$。

惯性环节的伯德图如图 5-12 所示。

惯性环节的幅相频率特性为

$$G(\mathrm{j}\omega) = \frac{1}{\mathrm{j}T\omega+1} = \frac{1}{T^2\omega^2+1} - \mathrm{j}\frac{T\omega}{T^2\omega^2+1} = \frac{1}{\sqrt{T^2\omega^2+1}}\mathrm{e}^{-\mathrm{j}\arctan T\omega}$$

因此，惯性环节的极坐标图如图 5-13 所示。它是一个半径为 $1/2$，圆心在 $(1/2,\ \mathrm{j}0)$ 点的半圆。由于 ω 由 0 变到 ∞，所以是半圆。

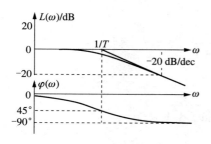

图 5-12　惯性环节的伯德图

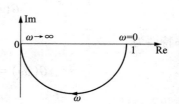

图 5-13　惯性环节的极坐标图

5.2.5 比例微分环节

传递函数

$$G(s) = \tau s + 1$$

频率特性为

$$G(j\omega) = j\tau\omega + 1$$

对数频率特性为

$$\begin{cases} L(\omega) = 20\lg\sqrt{\tau^2\omega^2 + 1} \\ \varphi(\omega) = \arctan\tau\omega \end{cases}$$

比例微分环节与惯性环节的对数幅频特性和对数相频特性仅相差一个负号，这意味着它们的图形也是对称于横轴的。因而，可采用绘制惯性环节对数频率特性的方法，绘制出比例微分环节的对数频率特性曲线，如图5-14所示。

比例微分环节的幅相频率特性为

$$G(j\omega) = j\tau\omega + 1 = \sqrt{\tau^2\omega^2 + 1}\,e^{j\arctan\tau\omega}$$

则其极坐标图如图5-15所示。

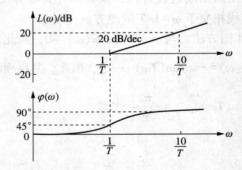

图5-14 比例微分环节的伯德图

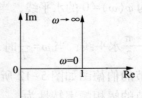

图5-15 比例微分环节的极坐标图

5.2.6 振荡环节

振荡环节的传递函数为

$$G(s) = \frac{1}{T^2 s^2 + 2\xi T s + 1}$$

频率特性为

$$G(j\omega) = \frac{1}{T^2 (j\omega)^2 + 2\xi T (j\omega) + 1}$$

对数频率特性为

$$\begin{cases} L(\omega) = -20\lg\sqrt{(1 - T^2\omega^2)^2 + (2\xi T\omega)^2} \\ \varphi(\omega) = -\arctan\dfrac{2\xi T\omega}{1 - T^2\omega^2} \end{cases}$$

由此可以看出，振荡环节的频率特性，不仅与 ω 有关，而且还与阻尼比 ξ 有关。同惯性环节一样，振荡环节的对数幅频特性也可采用近似的方法绘制，方法如下：

(1) 首先求出其低频渐近线：当 $\omega \ll 1/T$ 时，即 $T\omega \ll 1$，$1-T^2\omega^2 \approx 1$，于是

$$L(\omega) = -20\lg\sqrt{(1-T^2\omega^2)^2 + (2\xi T\omega)^2} \approx -20\lg\sqrt{1} = 0$$

振荡环节的 $L(\omega)$ 的低频渐近线是一条零分贝线。

(2) 再求出其高频渐近线：当 $\omega \gg 1/T$ 时，$T\omega \gg 1$，$1-T^2\omega^2 \approx -T^2\omega^2$，于是

$$L(\omega) = -20\lg\sqrt{(1-T^2\omega^2)^2 + (2\xi T\omega)^2}$$

$$\approx -20\lg\sqrt{(T^2\omega^2)[T^2\omega^2 + (2\xi)^2]}$$

当 $T\omega \gg 1$，且 $0 < \xi < 1$ 时，显然，$T\omega \gg 2\xi$，$[T^2\omega^2 + (2\xi)^2] \approx T^2\omega^2$。于是

$$L(\omega) \approx -20\lg\sqrt{(T^2\omega^2)^2} = -40\lg T\omega$$

可见，振荡环节的 $L(\omega)$ 的高频渐近线是一条在 $\omega = 1/T$ 处过零分贝线的、斜率为 -40 dB/dec 的斜直线。

(3) 计算交接频率：当 $\omega = 1/T$ 时，高、低频渐近线的 $L(\omega)$ 均为零，即两直线在此相接。

(4) 修正量：当 $\omega = 1/T$ 时，有

$$L(\omega) = -20\lg\sqrt{(2\xi)^2} = -20\lg(2\xi)$$

由此可见，在 $\omega = 1/T$ 时，$L(\omega)$ 的实际值与阻尼系数 ξ 有关。$L(\omega)$ 在 $\omega = \dfrac{1}{T}$ 时的实际值见表 5-1。

表 5-1 振荡环节对数幅频特性最大误差和 ξ 的关系

ξ	0.1	0.15	0.2	0.25	0.3	0.4	0.5	0.6	0.7	0.8	1.0
最大误差/dB	+14.0	+10.4	+8	+6	+4.4	+2.0	0	-1.6	-3.0	-4.0	-6.0

由表 5-1 可知，当 $0.4 < \xi < 0.7$ 时，误差小于 3 dB，这时可以允许不对渐近线进行修正。但当 $\xi < 0.4$ 或 $\xi > 0.7$ 时，误差是很大的，必须进行修正。

振荡环节的对数相频特性曲线也可采用近似的作图方法。当 $\omega = 0$ 时

$$\varphi(\omega) = -\arctan\frac{2\xi T\omega}{1-T^2\omega^2} = 0$$

即其低频渐近线是一条 $\varphi(\omega) = 0$ 的水平直线；当 $\omega \to \infty$ 时

$$\varphi(\omega) = -\arctan\frac{2\xi T\omega}{1-T^2\omega^2} \to (-\pi)$$

即其高频渐近线是一条 $\varphi(\omega) = -\pi = -180°$ 的水平直线；当 $\omega = 1/T$ 时，有

$$\varphi(\omega) = -\arctan\frac{2\xi T\omega}{1-T^2\omega^2} = -\frac{\pi}{2} = -90°$$

不同参考值时振荡环节的伯德图如图 5-16 所示。

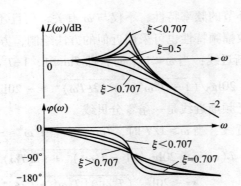

图 5-16 振荡环节的伯德图

振荡环节的幅相频率特性为

$$G(s) = \frac{1}{T^2(j\omega)^2 + 2\xi T(j\omega) + 1}$$

$$= \frac{1}{(1 - T^2\omega^2) + j2\xi T\omega}$$

$$= \frac{1 - T^2\omega^2}{(1 - T^2\omega^2)^2 + (2\xi T\omega)^2} - j\frac{2\xi T\omega}{(1 - T^2\omega^2)^2 + (2\xi T\omega)^2}$$

$$= \frac{1}{\sqrt{(1 - T^2\omega^2)^2 + (2\xi T\omega)^2}} e^{-j\arctan\frac{2\xi T\omega}{1 - T^2\omega^2}}$$

给出 ω 从 $0 \sim \infty$ 的变化量,再根据不同的 ξ 值,即可绘制出振荡环节的极坐标图,如图 5-17 所示。

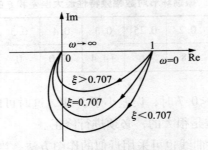

图 5-17 振荡环节的极坐标图

5.2.7 一阶不稳定环节

传递函数为

$$G(s) = \frac{1}{Ts - 1}$$

频率特性为

$$G(j\omega) = \frac{1}{Tj\omega - 1}$$

对数频率特性为

$$\begin{cases} L(\omega) = 20\lg A(\omega) = -20\lg\sqrt{(T\omega)^2 + 1} \\ \varphi(\omega) = -\arctan\dfrac{T\omega}{-1} \end{cases}$$

由一阶不稳定环节的对数频率特性知，其对数频率特性与惯性环节的对数频率特性完全相同，但相频特性大不一样，当 ω 由 $0 \to \infty$ 时，一阶不稳定环节的相频特性由 $-\pi$ 趋向 $-\dfrac{\pi}{2}$。伯德图如图 5-18 所示；极坐标图如图 5-19 所示。

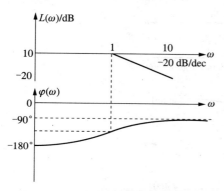

图 5-18　一阶不稳定环节的伯德图

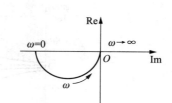

图 5-19　一阶不稳定环节的极坐标图

5.2.8　最小相位系统的概念

下面介绍一下最小相位系统的概念。

若开环传递函数中，其分母多项式的根称为极点，分子多项式的根称为零点。

若开环传递函数中所有的极点和零点都位于 s 平面的左半平面，则这样的系统称为最小相位系统。反之，若开还传递函数中含有 s 右半平面上的极点或零点，这样的系统则称为非最小相位系统。例如，前面介绍过的惯性环节属于最小相位环节，而一阶不稳定环节则属于非最小相位环节。

最小相位系统的一个重要性质是：其对数幅频特性与对数相频特性之间存在着唯一的对应关系。也就是说，如果确定了系统的对数幅频特性，则其对应的对数相频特性也就被唯一确定了，反之也一样。并且最小相位系统的相位角范围将是最小的。

例 2　已知控制系统的开环传递函数分别为 $G_1(s) = \dfrac{1+0.05s}{1+0.5s}$，$G_2(s) = \dfrac{1-0.05s}{1+0.5s}$，$G_3(s) = \dfrac{1+0.05s}{1-0.5s}$。求它们的对数幅频特性和对数相频特性。

解　由 $G_1(s)$、$G_2(s)$、$G_3(s)$ 可得它们的对数幅频特性为

$$A_1(\omega) = A_2(\omega) = A_3(\omega) = \dfrac{\sqrt{(0.05\omega)^2 + 1}}{\sqrt{(0.5\omega)^2 + 1}}$$

$$L_1(\omega) = L_2(\omega) = L_3(\omega) = 20\lg\sqrt{(0.05\omega)^2 + 1} - 20\lg\sqrt{(0.5\omega)^2 + 1}$$

其对数幅频特性曲线如图 5-20（a）所示。

它们的对数相频特性为

$$\varphi_1(\omega) = \arctan 0.05\omega - \arctan 0.5\omega$$

$$\varphi_2(\omega) = -\arctan 0.05\omega - \arctan 0.5\omega$$

$$\varphi_3(\omega) = \arctan 0.05\omega + \arctan 0.5\omega$$

对数相频特性曲线如图 5-20（b）所示。

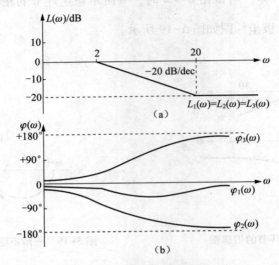

图 5-20　例 2 系统的伯德图

由图 5-20 可以看出，$G_1(s)$ 所代表的系统为最小相位系统，其 $\varphi_1(\omega)$ 最小。

例 3　已知图 5-21 为三个最小相位系统的伯德图，试写出各自的传递函数，其斜率分别为 -20 dB/dec、-40 dB/dec、-60 dB/dec，它们与零分贝线的交点均为 ω。

解　由图 5-21（a）可知，这是一个积分环节，设其传递函数为 $G(s) = K/s$，K 可以由下式求出

$$\frac{0 - 20\lg K}{\lg \omega - \lg 1} = -20 \Rightarrow K = \omega$$

即图 5-21（a）的传递函数为

$$G(s) = \frac{\omega}{s^2}$$

图 5-21（b）代表的是两个积分环节的串联，设其传递函数为 $G(s) = K/s^2$，K 可以由下式求出

$$\frac{0 - 20\lg K}{\lg \omega - \lg 1} = -40 \Rightarrow K = \omega^2$$

即图 5-21（b）的传递函数为

$$G(s) = \frac{\omega^2}{s^2}$$

图 5-21（c）代表的是三个积分环节的串联，设其传递函数为 $G(s) = K/s^3$，K 可以由下式求出

$$\frac{0-20\lg K}{\lg\omega - \lg 1} = -60 \Rightarrow K = \omega^3$$

即图 5-21（c）的传递函数为

$$G(s) = \frac{\omega^3}{s^2}$$

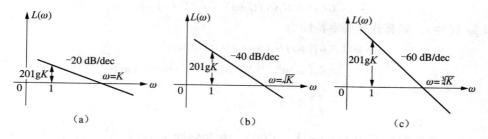

图 5-21　例 3 的三个最小相位系统的伯德图

例 4　已知某最小相位系统的开环对数幅频特性曲线如图 5-22 所示，试写出系统的开环传递函数 $G(s)$。图中：$\omega_1 = 2$，$\omega_2 = 50$，$\omega_c = 5$。

解　根据 $L(\omega)$ 在低频段的斜率和高度，可知 $G(s)$ 中含有一个积分环节和一个比例环节，再根据 $L(\omega)$ 在 $\omega_1 = 2$ 处斜率由 -20 dB/dec 变为 -40 dB/dec，表明有惯性环节存在，且此惯性环节的时间常数为转折频率的倒数。即 $T_1 = \dfrac{1}{\omega_1} = \dfrac{1}{2} = 0.5$；$L(\omega)$ 在 $\omega_2 = 50$ 处斜率由 -40 dB/dec 变为 -60 dB/dec，表明还有一个惯性环节，时间常数为 $T_2 = \dfrac{1}{\omega_2} = \dfrac{1}{50} = 0.02$。根据以上分析，$G(s)$ 可写成如下形式

$$G(s) = \frac{K}{s(0.5s+1)(0.02s+1)}$$

上式中，开环增益 K 可用已知的截止频率 $\omega_c = 5$ 来求。在图上作低频渐近线的延长线与横轴交于一点，由例 3 可知，该点的坐标值即为 K。列出下列两式

$$\frac{0-20\lg x}{\lg\omega_c - \lg\omega_1} = -40,\quad \frac{0-20\lg x}{\lg K - \lg\omega_1} = -20$$

联立消去 x，可得

$$K = \frac{\omega_c^2}{\omega_1} = \frac{5^2}{2} = 12.5$$

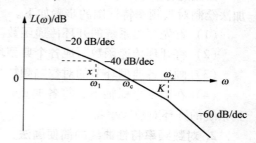

图 5-22　例 4 最小相位系统的开环对数频率特性（伯德图）

故例题中系统的开环传递函数为

$$G(s) = \frac{12.5}{s(0.5s+1)(0.02s+1)}$$

5.3 系统开环对数频率特性曲线的绘制

对于单位负反馈系统，其开环传递函数为回路中各串联传递函数的乘积，即
$$G(s) = G_1(s)G_2(s)\cdots G_n(s)$$
以 $j\omega$ 代替 s，则其开环频率特性为
$$\begin{aligned}G(j\omega) &= G_1(j\omega)G_2(j\omega)\cdots G_n(j\omega)\\ &= A_1(\omega)e^{j\varphi_1(\omega)}A_2(\omega)e^{j\varphi_2(\omega)}\cdots A_n(\omega)e^{j\varphi_n(\omega)}\\ &= \prod_{i=1}^{n}A_i(\omega)\cdot e^{j\sum_{i=1}^{n}\varphi_i(\omega)}\end{aligned}$$

所以，系统的幅频特性 $A(\omega) = \prod_{i=1}^{n}A_i(\omega)$；相频特性 $\varphi(\omega) = \sum_{i=1}^{n}\varphi_i(\omega)$。故系统的对数幅频特性为
$$L(\omega) = 20\lg A(\omega) = 20\lg\prod_{i=1}^{n}A_i(\omega) = \sum_{i=1}^{n}20\lg A_i(\omega)$$

由此可以看出，系统总的开环对数幅频特性等于各环节对数幅频特性之和；总的开环相频特性等于各环节相频特性之和。

运用"对数化"，变相乘为相加，且各典型环节的对数幅频特性又可近似表示为直线，对数相频特性又具有奇对称性，再考虑到曲线的平移和互为镜像等特点，故系统的开环对数频率特性曲线是比较容易绘制的。

5.3.1 系统开环对数频率特性曲线绘制的一般步骤

1. 利用叠加法绘制

由上述分析表明，串联环节的对数频率特性，为各串联环节的对数频率特性的叠加。叠加法绘制对数频率特性图的步骤如下。

（1）首先写出系统的开环传递函数。
（2）将开环传递函数写成各个典型环节乘积的形式。
（3）画出各典型环节的对数幅频特性和相频特性曲线。
（4）在同一坐标轴下，将各典型环节的对数幅频特性和相频特性曲线相叠加，即可得到系统的开环对数频率特性。

2. 对数频率特性曲线的简便画法

利用上述叠加法绘制系统开环对数频率特性图时，要先绘制出各典型环节的对数频率特性，再进行叠加，比较麻烦。下面介绍一种简便画法，其步骤如下。

（1）根据系统的开环传递函数分析系统是由哪些典型环节串联组成的，将这些典型环节的传递函数都化成标准形式。
（2）计算各典型环节的交接频率，将各交接频率按由小到大的顺序进行排列。
（3）根据比例环节的 K 值，计算 $20\lg K$。
（4）低频段，找到横坐标为 $\omega = 1$、纵坐标为 $L(\omega) = 20\lg K$ 的点，过该点作斜率为 $-\nu 20\,\text{dB/dec}$ 的斜线，其中 ν 为积分环节的数目。

（5）从低频渐近线开始，每经过一个转折频率，按下列原则依次改变 $L(\omega)$ 的斜率。

经过惯性环节的交接频率，斜率减去 20 dB/dec；

经过微分环节的交接频率，斜率增加 20 dB/dec；

经过振荡环节的交接频率，斜率减去 40 dB/dec。

如果需要，可对渐近线进行修正，以获得较精确的对数幅频特性曲线。

5.3.2 开环对数频率特性曲线绘制举例

例 5 试绘制下面 0 型系统的开环对数频率特性

$$G(s) = \frac{K}{(1 + T_1 s)(1 + T_2 s)} \quad (T_1 > T_2)$$

解 上式所示是由一个放大环节和两个惯性环节串联而成的。其中，第一个惯性环节的交接频率为 $1/T_1$，第二个惯性环节的交接频率为 $1/T_2$，由于 $T_1 > T_2$，所以交接频率 $\frac{1}{T_1} < \frac{1}{T_2}$。

确定了各环节的交接频率后即可着手在半对数坐标纸上绘制渐近对数幅频特性。第一步画出放大环节的对数幅频特性，即画出对数幅值为 20lg$K$ 分贝，且平行于频率轴的直线，该直线交纵轴于 A 点。第二步，找出过第一个交接频率 $1/T_1$ 且平行于纵轴的直线，与 20lg$K$ 直线的交点为 B。第三步，因为 $1/T_1$ 是惯性环节的交接频率，而惯性环节的渐近幅频特性的高频渐近线的斜率为 -20 dB/dec，所以，过 B 点作斜率为 -20 dB/dec 的直线 BC，该直线和过第二个交接频率 $1/T_2$ 且平行于纵轴的直线相交于 C。第四步，因为在第二个惯性环节的交接频率 $1/T_2$ 之前，已经有一个惯性环节存在，所以过 C 点应该作 2×（20 dB/dec），即 -40 dB/dec 的直线 CD，这样得到的折线特性 $ABCD$ 便是该系统的开环渐近对数幅频特性，如图 5-23 所示。在图 5-23 中，折线特性 $ABCD$ 与零分贝线的交点频率称为剪切频率，用 ω_c 表示。

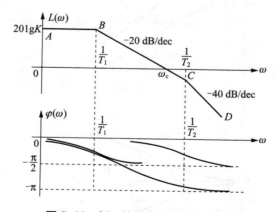

图 5-23 例 5 的对数频率特性曲线

该系统相频特性的绘制方法，是在半对数坐标纸上，分别画出两个惯性环节的相频特性，然后将这两个相频特性沿纵轴方向相加，相加后得到的特性曲线便是该系统的开环对数相频特性曲线（惯性环节的对数相频特性曲线可用自制的专用曲线板绘制）。

如果需要绘制精确的对数频率特性曲线，则可以根据相应的交接频率处的误差值进行适当的修正，最后得到精确的对数幅频特性曲线。

例6 已知某单位反馈系统的开环传递函数为 $G(s) = \dfrac{100(s+2)}{s(s+1)(s+2)}$，试利用叠加法绘制系统的开环对数频率特性曲线。

解 将系统的开环传递函数写成典型环节的标准形式，即

$$G(s) = \dfrac{10(0.5s+1)}{s(s+1)(0.05s+1)}$$

由传递函数可见，该系统包含有5个典型环节，分别为

比例环节　　　　　　　$G_1(s) = 10$

积分环节　　　　　　　$G_2(s) = \dfrac{1}{s}$

两个惯性环节　　　　　$G_3(s) = \dfrac{1}{s+1}$，$G_4(s) = \dfrac{1}{0.05s+1}$

一个一阶微分环节　　　$G_5(s) = 0.5s+1$

根据典型环节对数幅频、相频特性曲线的绘制方法，可以先分别绘制出以上五个典型环节的对数幅频特性曲线和对数相频特性曲线，如图5-24中的①②③④⑤所示。将以上环节的幅频和相频特性曲线相叠加，即可得到系统的开环对数频率特性曲线，如图5-24中的$L(\omega)$和$\varphi(\omega)$所示。

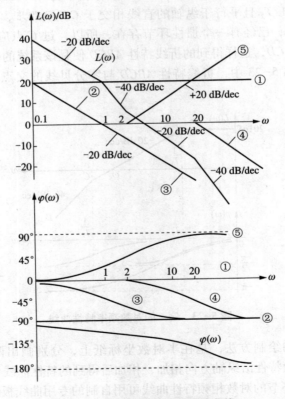

图5-24　例6的对数频率特性曲线

例 7 已知某单位反馈系统的框图如图 5-25 所示,试利用叠加法绘制该系统的开环对数频率特性曲线。

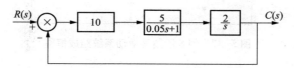

图 5-25 某单位反馈系统框图

解 由图 5-25 可见,系统的开环传递函数为

$$G(s) = 10 \times \frac{5}{0.05s+1} \times \frac{2}{s} = \frac{100}{s(0.05s+1)}$$

由上式可见,该系统包含有三个典型环节,分别为:

比例环节 $G_1(s) = 100$

积分环节 $G_2(s) = \dfrac{1}{s}$

惯性环节 $G_3(s) = \dfrac{1}{0.05s+1}$

与例 6 伯德图的绘制方法相同,先分别绘制出以上三个典型环节的对数幅频特性曲线和对数相频特性曲线,如图 5-26 中的①②③所示,然后,将以上环节的幅频和相频特性曲线相叠加,即可得到系统的开环对数频率特性曲线,如图 5-26 中的 $L(\omega)$ 和 $\varphi(\omega)$ 所示。

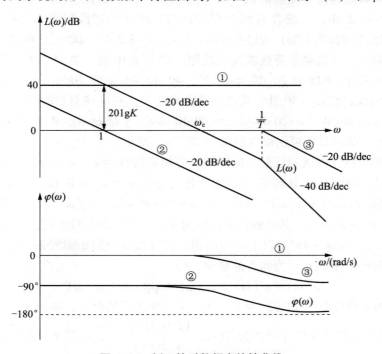

图 5-26 例 7 的对数频率特性曲线

例 8 已知某随动系统框图如图 5-27 所示,试画出该系统的伯德图。

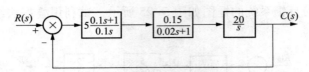

图 5-27 例 8 所述某随动系统组成框图

解 由图 5-27 可得该系统的开环传递函数为

$$G(s) = 5 \frac{0.1s+1}{0.1s} \times \frac{0.15}{0.02s+1} \times \frac{20}{s}$$

将该开环传递函数写成标准形式

$$G(s) = \frac{5 \times 0.15 \times 20}{0.1} \times \frac{0.1s+1}{s^2(0.02s+1)}$$

$$= 150 \times \frac{1}{s^2} \times \frac{1}{0.02s+1} \times (0.1s+1)$$

由上式可见,它包含五个典型环节,分别为一个比例环节、两个积分环节、一个惯性环节和一个微分环节。

(1) 计算交接频率。微分环节的交接频率为 $\omega_1 = 1/0.1 = 10$ rad/s;惯性环节的交接频率为 $\omega_2 = \frac{1}{0.02} = 50$ rad/s。

(2) 绘制对数幅频特性曲线的低频段。由于 $K=150$,所以 $L(\omega)$ 在 $\omega=1$ 处的高度为 $20\lg K = 20\lg 150 = 43.2$ dB;系统含有两个积分环节,故其低频段斜率为 $2 \times (-20 \text{ dB/dec}) = -40$ dB/dec。因此低频段的 $L(\omega)$ 为过点 $\omega=1$,$L(\omega)=43.2$ dB,斜率为 -40 dB/dec 的斜线。

(3) 中、高频段对数幅频特性曲线的绘制。在 $\omega_1 = 10$ 处,遇到了微分环节,因此将对数幅频特性曲线的斜率增加 20 dB/dec,即 -40 dB/dec + 20 dB/dec = -20 dB/dec,成为 -20 dB/dec 的斜线;在 $\omega_2 = 50$ 处,又遇到了惯性环节,则应将对数幅频特性曲线的斜率降低 20 dB/dec,即 -20 dB/dec - 20 dB/dec = -40 dB/dec,于是 $L(\omega)$ 又成为斜率为 -40 dB/dec 的斜线。因此该系统的对数幅频特性如图 5-28(a)所示。

(4) 对数相频特性曲线的绘制。比例环节的相频特性为 $\varphi_1(\omega) = 0$;两个积分环节的相频特性为 $\varphi_2(\omega) = 180°$;微分环节的相频特性为 $\varphi_3(\omega) = \arctan 0.1\omega$,其低频段渐近线为 $\varphi(\omega) = 0$,高频段渐近线为 $\varphi(\omega) = +90°$,在 $\omega = 10$ rad/s 处,$\varphi_3(\omega) = 45°$;惯性环节的相频特性为 $\varphi_4(\omega) = \arctan 0.02\omega$,其低频段渐近线为 $\varphi(\omega) = 0$,高频段渐近线为 $\varphi(\omega) = -90°$,在 $\omega = 50$ rad/s 处,$\varphi_4(\omega) = -45°$。以上环节的相频特性曲线分别如图 5-28 中的①②③④所示。该系统的对数相频特性 $\varphi(\omega)$ 为四者的叠加。即

$$\varphi(\omega) = \varphi_1(\omega) + \varphi_2(\omega) + \varphi_3(\omega) + \varphi_4(\omega)$$

故系统的相频特性曲线 $\varphi(\omega)$ 为①、②、③、④图形的叠加,如图 5-28(b)所示。

例 9 已知系统的开环传递函数为 $G(s) = \dfrac{10(0.2s+1)}{s(2s+1)}$,试绘制系统的开环对数幅频渐近特性。

解 系统的开环传递函数为 $G(s) = \dfrac{10(0.2s+1)}{s(2s+1)}$,将开环传递函数写成标准形式

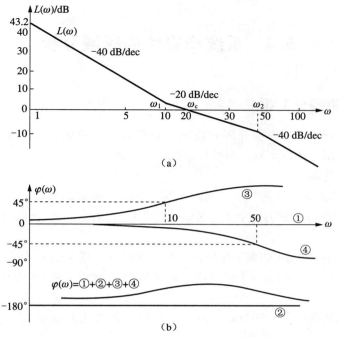

图 5-28 例 8 所示系统的开环对数频率特性（伯德图）

$$G(s) = 10 \times \frac{1}{s} \times \frac{1}{2s+1} \times (0.2s+1)$$

由上式可见，它包含四个典型环节，分别为一个比例环节、一个积分环节、一个惯性环节和一个微分环节。

计算交接频率：微分环节的交接频率 $\varphi_1 = 1/0.2 = 5$ rad/s，惯性环节的交接频率 $\varphi_2 = 1/2 = 0.5$ rad/s。

对数幅频特性曲线的绘制：

由于 $K=10$，所以 $L(\omega)$ 在 $\omega=1$ 处的高度为 $20\lg K = 20\lg 10 = 20$ dB；系统含有一个积分环节，故其低频段斜率为 -20 dB/dec。因此低频段的 $L(\omega)$ 为过点 $\omega=1$，$L(\omega) = 20$ dB点，斜率为 -20 dB/dec 的斜线。

在 $\varphi_1 = 0.5$ 处，遇到了惯性环节，因此要将对数幅频特性曲线的斜率降低 20 dB/dec，成为 -40 dB/dec 的斜线；在 $\varphi_2 = 5$ 处，又遇到微分环节，将对数幅频特性曲线的斜率增加 20 dB/dec，于是 $L(\omega)$ 又成为斜率为 -20 dB/dec 的斜线。因此该系统的对数幅频特性如图 5-29 所示。

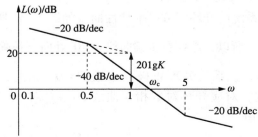

图 5-29 例 9 系统的开环对数频率特性（伯德图）

5.4 系统稳定性的频域分析

5.4.1 对数频率稳定判据

对数频率稳定判据,是根据开环对数幅频和相频曲线的相互关系来判别系统的稳定性的。因为伯德图绘制方便,所以,对数稳定判据应用较广。

首先定义两个基本概念。

正穿越:在 $L(\omega) > 0$ dB 的频率范围内,其相频特性曲线 $\varphi(\omega)$ 由下往上穿过$-\pi$线一次(相角相增加方向穿越),称为一个正穿越,正穿越用 N_+ 表示。从$-\pi$线开始往上称为半个正穿越。

负穿越:在 $L(\omega) > 0$ dB 的频率范围内,其相频特性曲线 $\varphi(\omega)$ 由上往下穿过$-\pi$线一次(相角相减小方向穿越),称为一个负穿越,负穿越用 N_- 表示。从$-\pi$线开始往下称为半个负穿越。

当开环传递函数含有积分环节时,对应在对数相频曲线上 ω 为 0^+ 处,用虚线向上补画 $\nu \dfrac{\pi}{2}$ 角。在计算正、负穿越时,应将补上的虚线看成对数相频曲线的一部分。

对数频率稳定判据叙述如下。

在开环对数幅频特性曲线 $L(\omega) > 0$ dB 的频率范围内,对应的开环对数相频特性曲线 $\varphi(\omega)$ 对$-\pi$线的正、负穿越之差等于 $P/2$,则闭环系统稳定。即

$$N = N_+ - N_- = \frac{P}{2}$$

式中,P 为开环正极点的个数。

下面举例说明对数频率稳定判据的应用。

例 10 已知某系统结构图如图 5-30 所示,试判断该系统闭环的稳定性。

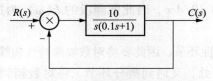

图 5-30 例 10 系统结构图

解 由传递函数绘制系统的开环对数频率特性曲线如图 5-31 所示。由于系统开环传递函数中含有一个积分环节,所以,需要在相频曲线 $\omega = 0^+$ 处向上补画 $\dfrac{\pi}{2}$ 角。

由开环传递函数可知,该系统开环正极点个数 $P = 0$。因此,由图 5-31 可看出,在 $L(\omega) > 0$ dB 的频率范围内,对应开环对数相频曲线 $\varphi(\omega)$ 对$-\pi$线没有穿越。即 $N_+ = 0$,$N_- = 0$,则根据对数稳定判据

$$N = N_+ - N_- = 0 - 0 = \frac{P}{2} = 0$$

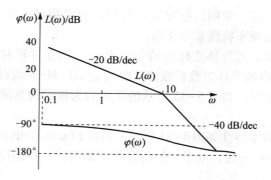

图 5-31　例 10 系统开环对数频率特性

所以闭环系统稳定。

例 11　已知系统开环传递函数为 $G(s)=\dfrac{100}{s(1+0.02s)(1+0.2s)}$，试利用对数稳定判据判断系统在闭环时的稳定性。

解　由开环传递函数绘制出系统的开环频率特性如图 5-32 所示。由于系统的开环传递函数中含有一个积分环节，所以，需要在相频曲线 $\omega=0^+$ 处向上补画 $\dfrac{\pi}{2}$ 角。

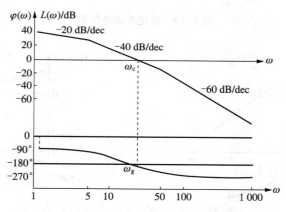

图 5-32　例 11 系统开环对数频率特性

根据系统的开环传递函数可知，该系统开环正极点个数 $P=0$。因此，由图 5-32 可知，在 $L(\omega)>0$ dB 的频率范围内，对应的开环对数相频曲线 $\varphi(\omega)$ 对 $-\pi$ 线由上往下穿过 $-\pi$ 线一次（负穿越），没有正穿越。即 $N_+=0$，$N_-=1$。则根据对数稳定判据

$$N=N_+ - N_- = 0 - 1 = -1 \neq \dfrac{P}{2}$$

故系统在闭环时不稳定。

5.4.2　稳定裕量

绘制系统必须稳定，这是它赖以正常工作的必要条件。除此之外，系统还有相对稳定性的问题，即系统的稳定程度。系统的稳定程度利用稳定裕量来进行判断，稳定裕量是衡量一

个闭环系统稳定程度的指标。常用的稳定裕量有相位稳定裕量 γ 和幅值稳定裕量 K_g。这些指标是根据系统开环对数频率特性来定义的。

从对数稳定判据可知，若开环正极点的个数 $P=0$，则在开环对数幅频特性曲线 $L(\omega)>0$ dB 的频率范围内，对应的开环对数相频特性曲线 $\varphi(\omega)$ 对 $-\pi$ 线没有穿越或正、负穿越之差等于 0，则闭环系统稳定。如图 5-33 所示的系统均为稳定的系统。而图 5-34 所示系统则均为不稳定的系统。

若系统的开环对数频率特性如图 5-35 所示，即在 $L(\omega)=0$ dB 时，对应的开环对数相频特性曲线 $\varphi(\omega)$ 正好穿越 $-\pi$ 线，则系统的稳定性又如何呢？我们说这种系统处于临界稳定状态。

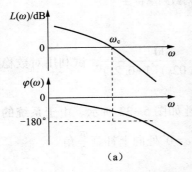

图 5-33 稳定系统分析图

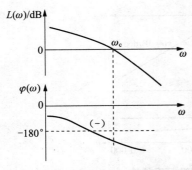

图 5-34 不稳定系统分析图

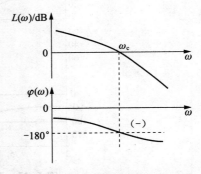

图 5-35 临界稳定系统图

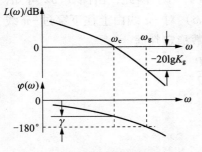

图 5-36 系统的相位稳定裕量和幅值稳定裕量

1. 相位稳定裕量 γ

在开环对数频率特性曲线上，对应于幅值 $L(\omega)=0$ 的角频率 ω 称为穿越频率，或称剪切频率，也称截止频率，用 ω_c 表示。

相位稳定裕量的描述：当 ω 等于剪切频率 ω_c（$\omega_c>0$）时，对数相频特性曲线距 $-180°$ 线的相位差叫作相位裕量，用 γ 表示。

图 5-36 所示为具有正相位裕量的系统。该系统不仅稳定，而且还有相当的稳定储备，它可以在 ω_c 的频率下，允许相位再增加 γ 度才达到临界稳定状态。

对于稳定的系统，$\varphi(\omega)$ 线必在伯德图-180°线以上，这时称为正相位裕量；对于不稳定系统，$\varphi(\omega)$ 线必在伯德图-180°线以下，这时称为负相位裕量。

因此，相位裕量的定义为

$$\gamma = \varphi(\omega_c) - (-180°) = 180° + \varphi(\omega_c)$$

利用相位稳定裕量 γ 判断系统稳定性的描述如下：

若 $\gamma<0$，相应的闭环系统不稳定；反之，$\gamma>0$，则相应的闭环系统稳定。

一般，γ 值越大，系统的相对稳定性越好。在工程中，通常要求 γ 为 30°~60°。

2. 幅值稳定裕量 K_g（又称为增益裕量）

在开环对数频率特性曲线上，对应于幅值 $\varphi(\omega) = -180°$ 时的角频率 ω 称为相位交界频率，用 ω_g 表示，如图 5-36 所示。

幅值相位裕量的描述：当 ω 为相位交界频率时，开环幅频特性的倒数，称为幅值稳定裕量，用 K_g 表示。

在对数频率特性曲线上，幅值稳定裕量 K_g 相当于 $\angle\varphi(\omega_g) = -180°$ 时，幅频值 $20\lg A(\omega_g)$ 的负值，即

$$20\lg K_g = 20\lg \frac{1}{A(\omega_g)} = -20\lg A(\omega_g) \text{ dB}$$

利用幅值稳定裕量 K_g 判断系统稳定性的描述如下。

若 $K_g<1$，相应的闭环系统不稳定；反之，$K_g>1$，则相应的闭环系统稳定。工程中，一般要求幅值稳定裕量 $K_g>6$ dB。

5.5 动态性能的频域分析

5.5.1 三频段的概念

在利用系统的开环频率特性分析闭环系统的性能时，通常将开环对数频率特性曲线分成低频段、中频段和高频段三个频段。三频段的划分并不是严格的。一般来说，第一个转折频率以前的部分称为低频段，穿越频率 ω_c 附近的区段称为中频段，中频段以后的部分（$\omega>10\omega_c$）为高频段，如图 5-37 所示。

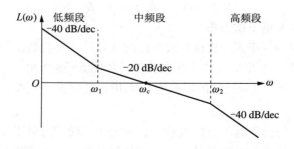

图 5-37 三频段示意图

1. 低频段

在伯德图中,低频段通常指 $L(\omega)$ 曲线在第一个转折频率以前的区段。这一频段特性完全由系统开环传递函数中串联积分环节的数目 ν 和开环增益 K 决定。积分环节的数目(型别)确定了低频段的斜率,开环增益确定了曲线的高度。而系统的型别以及开环增益又与系统的稳态误差有关,因此低频段反映了系统的稳态性能。

由此,可写出对应的低频段的开环传递函数为

$$G(s) = \frac{K}{s^\nu}$$

则低频段对数幅频特性为

$$L(\omega) = 20\lg A(\omega) = 20\lg \frac{K}{s^\nu} = 20\lg K - \nu 20\lg \omega$$

ν 为不同值时,低频段对数幅频特性的形状分别如图 5-38 所示。曲线为一些斜率不等的直线,斜率值为 $\nu \cdot -20$ dB/dec。

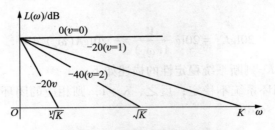

图 5-38 低频段对数幅频特性的形状

对于常见的 I 型系统,要求开环有一个积分环节串联,即 $\nu = 1$。同时,为了保证系统跟踪斜坡信号的精度,开环增益 K 应足够大,这就限定了低频段的斜率和高度,斜率应为 -20 dB,高度将由 K 值决定。

开环增益 K 和低频段高度的关系可以用多种方法确定。例如将低频段对数幅频的延长线交于 0 分贝线,则有

$$20\lg \frac{K}{\omega^\nu} = 0$$

故

$$K = \omega^\nu \quad \text{或} \quad \omega = \sqrt[\nu]{K}$$

相交点的角频率即 K 的 ν 次方根。

若 $\nu = 1$,则交点频率等于 K。故在对数坐标的 0 分贝线上找数值为 K 的 ω 点,过此点作 -20 dB 斜率的直线,即为 I 型系统的低频段特性,如图 5-38 所示。

II 型系统的 ν 值为 2,故低频段的斜率为 -40 dB,低频段延长线与 0 分贝线的交点频率为 $\sqrt{K}$。

可以看出,低频段的斜率越小、位置越高,对应于系统积分环节的数目越多、开环增益越大。故闭环系统在满足稳定性的条件下,其稳态误差越小,动态响应的最终精度越高。

2. 中频段

中频段是指开环对数幅频特性曲线在穿越频率 ω_c 附近(或 0 分贝线附近)的区段,这

段特性集中反映了系统的平稳性和快速性。下面假定闭环系统稳定的条件下,对两种极端情况进行分析。

(1) 中频段以-20 dB 过零线,而且占据的频率区间足够宽。如图 5-39 (a) 所示,我们只从系统平稳性和快速性着眼,可近似认为开环的整个特性为-20 dB 的直线,其对应的开环传递函数为

$$G(s) \approx \frac{K}{s} = \frac{\omega_c}{s}$$

对于单位反馈系统,闭环传递函数为

$$\Phi(s) = \frac{G(s)}{1+G(s)} \approx \frac{\omega_c/s}{1+\omega_c/s} = \frac{1}{s/\omega_c + 1}$$

也就是说,其闭环传递函数相当于一阶系统,其阶跃响应按指数规律变化,没有振荡,即有较高的稳定程度。其调节时间 $t_s = 3/\omega_c$,显然,截止频率 ω_c 越高,t_s 越小,系统的快速性越好。

(2) 中频段以-40 dB 过零线,而且占据的频率区间足够宽。如图 5-39 (b) 所示,若我们只从系统平稳性和快速性着眼,可近似认为开环的整个特性为-40 dB 的直线,其对应的开环传递函数为

$$G(s) \approx \frac{K}{s^2} = \frac{\omega_c^2}{s^2}$$

对于单位反馈系统,闭环传递函数为

$$\Phi(s) = \frac{G(s)}{1+G(s)} \approx \frac{\omega_c^2/s^2}{1+\omega_c^2/s^2} = \frac{\omega_c^2}{s^2 + \omega_c^2}$$

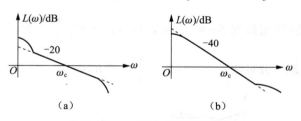

图 5-39 中频段对数幅频特性

这相当于零阻尼 ($\xi=0$) 时的二阶系统。系统处于临界稳定状态,动态过程持续振荡。因此,若中频段以-40 dB 过零线,所占的频率区间不易过宽;否则,$\sigma\%$ 和 t_s 将显著增大。且中频段过陡,闭环系统将难以稳定。

由上述分析,中频段的穿越频率 ω_c 应该适当大一些,以提高系统的响应速度;且斜率一般以-20 dB/dec 为宜,并要有一定的宽度,以期得到良好的平稳性,保证系统由足够的相位稳定裕量,使系统具有较高的稳定性。

3. 高频段

高频段是指 $L(\omega)$ 曲线在中频段以后 ($\omega>10\omega_c$) 的区段。这部分特性是由系统中时间常数很小、频率很高的部件决定。由于远离 ω_c,一般分贝值又较低,故对系统动态响应影响不大。在开环幅频特性的高频段,$L(\omega) = 20\lg A(\omega) \ll 0$,即 $A(\omega) \ll 1$,故有

$$|\varphi(j\omega)| = \frac{|G(j\omega)|}{|1+G(j\omega)|} \approx |G(j\omega)|$$

由此可见，闭环幅频特性与开环幅频特性近似相等。

系统开环对数幅频特性在高频段的幅值，直接反映了系统对输入端高频干扰信号的抑制能力。高频特性的分贝值越低，表明系统的抗干扰能力越强。

系统的三个频段的划分并没有很严格的确定性准则，但是三频段的概念为直接运用开环特性来判别稳定的闭环系统的动态性能指出了原则和方向。

5.5.2 典型系统

1. 典型 0 型系统

典型 0 型系统的传递函数为

$$G(s) = \frac{K}{Ts+1}$$

通过前面的分析表明，0 型系统在稳态时是有静差的，通常为了保证稳定性和一定的稳态精度，自动控制系统常用的是 Ⅰ 型系统和 Ⅱ 型系统。

2. 典型 Ⅰ 型系统

（1）典型 Ⅰ 型系统的开环传递函数。典型 Ⅰ 型系统的开环传递函数为

$$G(s) = \frac{K}{s(Ts+1)} = \frac{\omega_n^2}{s(s+2\xi\omega_n)}$$

式中，$\omega_n = \sqrt{\frac{K}{T}}$；$\xi = \frac{1}{2\sqrt{KT}}$。

典型 Ⅰ 型系统的伯德图如图 5-40 所示。图中 $\omega_c = K = \frac{\omega_n}{2\xi}$，为了保证对数幅频曲线以 -20 dB/dec 的斜率穿越零分贝线，必须使 $\omega_c < \frac{1}{T}$，即 $KT<1$。

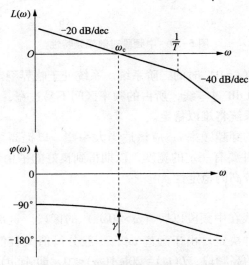

图 5-40 典型 Ⅰ 型系统的伯德图

（2）典型Ⅰ型系统参数和性能指标的关系。
①γ 和 ξ 的关系为

$$\gamma = \arctan\frac{2\xi\omega_n}{\omega_c} = \arctan\frac{2\xi}{\sqrt{\sqrt{4\xi^4+1}-2\xi^2}}$$

当 $0<\xi\leq 0.707$ 时，$\xi=0.01\gamma$。阻尼比 ξ 越大，则相位稳定裕量 γ 越大，系统稳定性越好。

②$\sigma\%$ 与 ξ 的关系为

$$\sigma\% = e^{-\xi\pi/\sqrt{1-\xi^2}} \times 100\%$$

③γ，ω_c 与 t_s 之间的关系为

$$t_s \cdot \omega_c = \frac{6}{\tan\gamma}$$

由上式可知，调整时间 t_s 与相位稳定裕量 γ 和穿越频率 ω_c 有关。γ 不变时，穿越频率 ω_c 越大，调整时间 t_s 越短。

3. 典型Ⅱ型系统

（1）典型Ⅱ型系统的开环传递函数。典型Ⅱ型系统的开环传递函数为

$$G(s) = \frac{K(\tau s + 1)}{s^2(Ts+1)}$$

典型Ⅱ型系统的伯德图如图 5-41 所示，要使对数幅频曲线以 -20 dB/dec 的斜率穿越零分贝线，必须使 $\omega_1=\frac{1}{\tau}<\omega_c<\omega_2=\frac{1}{T}$，即应有 $\tau>T$。

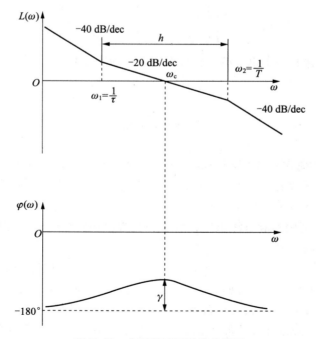

图 5-41　典型Ⅱ型系统的伯德图

(2) K 和 τ 之间的关系。为了得到 K 和 τ 之间的关系，定义中频宽 $h=\dfrac{\omega_2}{\omega_1}=\dfrac{\tau}{T}$，可得

$$K = \omega_1\omega_c = \dfrac{h+1}{2h^2T^2}$$

(3) 典型 Ⅱ 型系统参数和性能指标的关系。典型 Ⅱ 型系统在不同中频宽 h 时的跟随性能指标见表 5-2。

典型 Ⅱ 型系统是三阶系统，对于三阶及三阶以上的系统，其时域指标和频域指标之间没有确定的数学关系。

表 5-2 典型 Ⅱ 型系统在不同中频宽 h 时的跟随性能指标

中频宽 h	2.5	3	4	5	7.5	10
$\sigma\%$	58%	53%	43%	37%	28%	23%
t_r	2.5T	2.7T	3.1T	3.5T	4.4T	5.2T
t_s	21T	19T	16.6T	17.5T	19T	26T
γ	25°	30°	37°	42°	50°	55°

4. 典型高阶系统

典型高阶系统的开环传递函数为

$$G(s) = \dfrac{K\prod(\tau s+1)(b_2s^2+b_1s+1)}{s^\nu \prod(Ts+1)(a_2s^2+a_1s+1)}$$

式中，$\nu \geq 3$，当系统含有两个以上的积分环节时，系统不易稳定，所以实际应用中很少采用 Ⅱ 型以上的系统。

本 章 小 结

1. 频率特性表示的是线性定常系统在正弦信号作用下，稳态输出量与输入量之比与频率的关系。它是传递函数的一种特殊形式，即 $G(\mathrm{j}\omega)=G(s)\big|_{s=\mathrm{j}\omega}$，同传递函数和线性定常微分方程一样，频率特性也是线性定常系统的一种数学模型。

2. 频率特性可以利用实验方法求出，对于一些难以用解析方法确定性能的系统或元件，这一点具有特别重要的意义。

3. 频率特性曲线主要包括幅相频率特性曲线和对数频率特性曲线。幅相频率特性曲线又称为极坐标图或奈奎斯特曲线，对数频率特性曲线又称为伯德图。

4. 最小相位系统的特点是其开环传递函数的极点和零点均在 s 左半平面。反之，若系统又位于 s 右半平面的极点或零点，则该系统称为非最小相位系统。最小相位系统的幅频和相频特性之间有着唯一的对应关系，因此只需根据其对数幅频特性曲线就能确定其数学模型及相应的性能。

5. 利用对数稳定判据可以根据系统的开环频率特性曲线判断闭环系统的稳定性。对数稳定判据的描述：闭环系统稳定的条件是在开环对数幅频 $L(\omega)>0$ dB 的频率范围内，对应的开环对数相频曲线 $\varphi(\omega)$ 对 $-\pi$ 线的正、负穿越之差等于 $P/2$，即

$$N = N_+ - N_- = \frac{P}{2}$$

式中，P 为开环正极点的个数。

6. 系统的稳定程度利用稳定裕量来判断，常用的稳定裕量有相位稳定裕量 γ 和幅值稳定裕量 K_g。在工程中，通常要求 γ 为 $30°\sim60°$，幅值稳定裕量 $K_g>6$ dB。

7. 为了方便地绘制对数频率特性曲线并利用其来定性分析系统的性能，通常将开环频率特性曲线分为低频段、中频段、高频段三个频段。低频段反映了系统的稳态精度；中频段主要反映系统的动态性能，它决定着系统动态响应的平稳性和快速性；高频段则反映了系统的抗干扰能力。

习 题 5

5.1 已知某系统的单位阶跃响应 $c(t) = 1 - 1.8e^{-4t} + 0.8e^{-9t}$（$t \geq 0$），试求系统的频率特性表达式。

5.2 设单位负反馈控制系统的开环传递函数为 $G(s) = \dfrac{1}{s+1}$，试求当输入信号为下列函数时，系统的稳态输出。

(1) $r(t) = \sin(t + 30°)$；

(2) $r(t) = 2\cos(2t - 45°)$；

(3) $r(t) = \sin 2t$。

5.3 已知传递函数为 $G(s) = \dfrac{K}{Ts+1}$，利用实验法测得其频率响应，当 $\omega = 1\text{s}^{-1}$ 时，幅频值 $A = 12\sqrt{2}$，相频 $\varphi = -\dfrac{\pi}{4}$，试问增益 K 及时间常数各为多少？

5.4 某单位负反馈系统的开环传递函数分别为

(1) $G(s) = \dfrac{100}{s(0.2s+1)}$；

(2) $G(s) = \dfrac{10}{s(0.2s+1)(s-1)}$。

试粗略绘制出幅相频率特性曲线。

5.5 设系统的开环传递函数如下，试绘制出系统的开环对数频率特性曲线。

(1) $G(s) = \dfrac{10}{s(s+1)(s+2)}$；

(2) $G(s) = \dfrac{2}{(2s+1)(8s+1)}$；

(3) $G(s) = \dfrac{100}{s^2(s+1)(150s+1)}$;

(4) $G(s) = \dfrac{10(s+0.2)}{s^2(s+0.1)}$;

(5) $G(s) = \dfrac{10}{s(s-1)}$;

(6) $G(s) = \dfrac{100(s+1)}{s(s^2+8s+100)}$。

5.6 已知两个单位负反馈系统的开环传递函数分别为

$$G_1(s) = \dfrac{10}{s(0.1s+1)^2}; \quad G_2(s) = \dfrac{100}{s(s^2+0.8s+100)}$$

试利用对数稳定判据判别两闭环系统的稳定性。

5.7 已知一些最小相位系统的对数幅频特性曲线如图 5-42 所示,试根据对数幅频特性曲线写出它们的传递函数,并计算出各参数值。

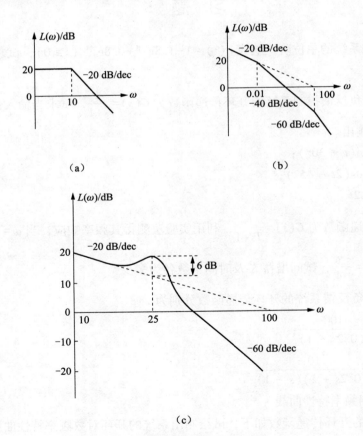

图 5-42 习题 5.7 图

5.8 已知某系统的开环对数幅频特性曲线如图 5-43 所示,试写出系统的开环传递函数。

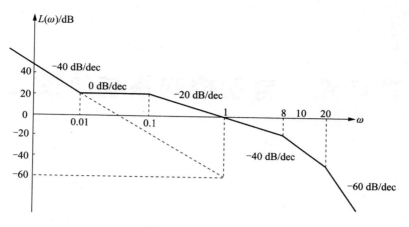

图 5-43 习题 5.8 图

5.9 已知系统的结构图如图 5-44 所示，试计算系统的相位稳定裕量 γ 和幅值稳定裕量 K_g。

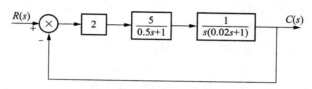

图 5-44 习题 5.9 图

5.10 某系统动态结构图如图 5-45 所示，试用两种方法判别其稳定性。

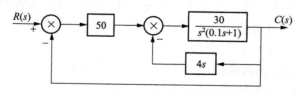

图 5-45 习题 5.10 图

第6章 自动控制系统的校正

内容提要

本章在系统性能分析的基础上，叙述系统校正的意义和方法，分析串联校正、反馈校正和顺馈补偿对系统动、静态性能的影响。

自动控制系统是根据它应完成的任务设计的，设计时需要进行大量的分析计算。系统一般由被控对象和控制装置两部分组成。设计时同时设计被控对象和控制装置是比较合理的，然而在设计时，多数是根据系统的性能指标要求，先选择和设计被控对象的基本元件，由选定和设计的基本元件再组成一个合理的控制系统。一般来说，这样组成的系统性能指标不是很理想，因此就需要调整选定的基本元件中可以调整的参数（如增益、时间常数、黏性阻尼系数等）。若通过调整参数仍然无法满足要求时，则可在原有的系统中，有目的地增添一些装置和元件，人为地改变系统的结构和性能，使之满足所要求的性能指标，我们把这种方法称为"系统校正"。增添的装置和元件称为校正元件。

根据校正装置在系统中所处的位置不同，一般分为串联校正、反馈校正和顺馈补偿校正。

在串联校正中，根据校正装置对系统开环频率特性的影响，又可分为相位超前校正、相位滞后校正和相位滞后-超前校正。

在反馈校正中，根据是否经过微分环节，又可分为软反馈和硬反馈。

在顺馈补偿校正中，根据补偿采样源的不同，又可分为输入顺馈补偿和扰动顺馈补偿。下面分别讨论各种类型校正装置对系统性能的影响。

6.1 常用校正装置

根据校正装置本身是否另接电源又分为无源校正和有源校正。校正装置本身如果接电源，称之为有源校正，否则称为无源校正。

6.1.1 无源校正装置

无源校正装置通常是由一些电阻和电容组成的两端口网络。如前所述，根据它们对系统频率特性相位的影响，又可分为相位滞后校正、相位超前校正和相位滞后-超前校正。表 6-1 中列出了几种典型的无源校正装置及其传递函数和对数幅频特性（伯德图）。

表 6-1 常见无源校正装置

校正方法	相位滞后校正装置	相位超前校正装置	相位滞后-超前校正装置
RC 网络			
传递函数	$G_1(s) = \dfrac{\tau_2 s + 1}{\tau_1 s + 1}$ 式中，$\tau_1 = (R_1 + R_2)C_2$； $\tau_2 = R_2 C_2$；$\tau_2 < \tau_1$	$G(s) = \dfrac{K(\tau_1 s + 1)}{\tau_2 s + 1}$ 式中，$K = \dfrac{R_2}{R_1 + R_2}$； $\tau_1 = R_1 C_1$； $\tau_2 = \dfrac{R_1 R_2}{R_1 + R_2} C_1$；$\tau_1 \geqslant \tau_2$	$G(s) = \dfrac{(\tau_1 s + 1)(\tau_2 s + 1)}{(\tau_1 s + 1)(\tau_2 s + 1) + R_1 C_2 s}$ $= \dfrac{(\tau_1 s + 1)(\tau_2 s + 1)}{(\tau'_1 s + 1)(\tau'_2 s + 1)}$ 式中，$\tau_1 = R_1 C_1$；$\tau_2 = R_2 C_2$； $\tau_1 < \tau_2$
伯德图			

无源校正装置线路简单、组合方便、无须外供电源，但本身没有增益，只有衰减，且输入阻抗较低、输出阻抗又较高，因此在实际应用中，常常需要增加放大器或隔离放大器。

6.1.2 有源校正装置

有源校正装置是由运算放大器组成的调节器。表 6-2 列出了几种典型的有源校正装置及其传递函数和对数幅频特性（伯德图）。

有源校正装置本身有增益，且输入阻抗高，输出阻抗低。此外，只要改变反馈阻抗，就可以改变校正装置的结构。参数调整也很方便。所以在自动控制系统中多采用有源校正装置。它的缺点是线路较复杂，需另外供给电源（通常需正、负电源）。

表 6-2 常见有源校正装置

	PD 调节器	PI 调节器	PID 调节器
RC 网络	(电路图)	(电路图)	(电路图)
传递函数	$G_1(s) = -K(\tau_d s + 1)$ 式中，$K = \dfrac{R_1}{R_2}$；$\tau_d = R_0 C_0$	$G(s) = \dfrac{K(\tau_i s + 1)}{\tau_i s}$ 式中，$K = \dfrac{R_1}{R_0}$；$\tau_i = R_1 C_1$	$G_1(s) = -\dfrac{K(\tau_1 s + 1)(\tau_2 s + 1)}{\tau_1 s}$ 式中，$K = \dfrac{R_1}{R_2}$；$\tau_1 = R_1 C_1$；$\tau_2 = R_0 C_0$
伯德图	(波德图)	(波德图)	(波德图)

6.2 串联校正

串联校正是将校正装置串联在系统的前向通道中，从而来改变系统的结构，以达到改善系统性能的方法，如图 6-1 所示。其中 $G_c(s)$ 为串联校正装置的传递函数。

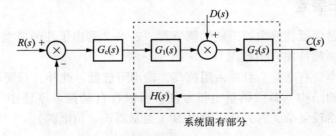

图 6-1 自动控制系统的串联校正

6.2.1 串联比例校正

比例校正也称 P 校正,其装置的传递函数为
$$G_c(s) = K$$
其伯德图如图 6-2 所示。装置可调参数为 K。

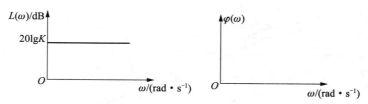

图 6-2 比例校正环节的伯德图

由系统的稳定性分析可知,系统开环增益的大小直接影响系统的稳定性,调节比例系数的大小,可在一定的范围内,改善系统的性能指标。降低增益,将使系统的稳定性得到改善,超调量下降,振荡次数减少,但系统的快速性和稳态精度变差。若增加增益,系统性能变化与上述相反。

调节系统的增益,在系统的相对稳定性、快速性和稳态精度等几个性能之间做某种折中的选择,以满足(或兼顾)实际系统的要求,这是最常用的调整方法之一。

例 1 某系统的开环传递函数为 $G_1(s) = \dfrac{35}{s(0.2s+1)(0.01s+1)}$,今采用串联比例调节器对系统进行校正,试分析比例校正对系统性能的影响。其框图如图 6-3 所示。

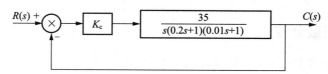

图 6-3 具有比例校正的系统框图

解 由以上参数可以画出系统的对数频率特性曲线如图 6-4 中 I 所示。图中
$$\omega_1 = \frac{1}{T_1} = \frac{1}{0.2} = 5 \,(\text{rad/s})$$
$$\omega_2 = \frac{1}{T_2} = \frac{1}{0.01} = 100 \,(\text{rad/s})$$
$$L(\omega)|_{\omega=1} = 20\lg K_1 = 20\lg 35 = 31 \,(\text{dB})$$
由图解可求得 $\omega_c = 13.5$ (rad/s)。
于是可求得系统相位裕量为
$$\gamma = 180° - 90° - \arctan\omega_c T_1 - \arctan\omega_c T_2$$
$$= 180° - 90° - \arctan 13.5 \times 0.2 - \arctan 13.5 \times 0.01$$
$$= 12.3°$$
如果采用比例校正,并使 $K_c = 0.5$。这样系统的开环增益

$$K = K_1 K_c = 35 \times 0.5 = 17.5$$
$$L(\omega) = 20\lg 17.5 = 25 \text{ (dB)}$$

则校正后的伯德图如图 6-4 中曲线 Ⅱ 所示。

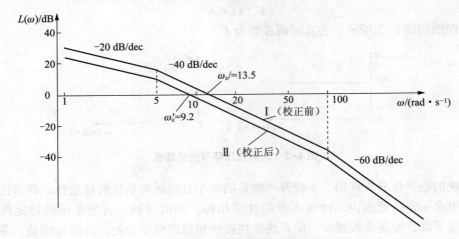

图 6-4 串联比例校正环节对系统性能的影响

由校正后的曲线 Ⅱ 可见，此时 $\omega_c' = 9.2$（rad/s），于是可得
$$\gamma' = 180° - 90° - \arctan 0.2 \times 9.2 - \arctan 0.01 \times 9.2 = 23.3°$$

由上面分析可见，降低增益，将使系统的稳定性得到改善，超调量下降，振荡次数减少，从而使穿越频率 ω_c 降低。这意味着调整时间增加，系统快速性变差，同时系统的稳态精度也变差。

6.2.2 串联比例微分校正

比例微分校正也称 PD 校正，其装置的传递函数为
$$G_c(s) = K(\tau_d + 1)$$

其伯德图如图 6-5 所示。装置可调参数为比例系数 K 和微分时间常数 τ_d。

自动控制系统中一般都包含有惯性环节和积分环节，它们使信号产生时间上的滞后，使系统的快速性变差，也使系统的稳定性变差，甚至造成不稳定。当然有时也可以通过调节增益做某种折中的选择（如上例做的分析）。但调节增益通常都会带来副作用，而且有时即便大幅度降低增益也不能使系统稳定（如含两个积分环节的系统）。这时若在系统的前向通道串联比例微分环节，可以使系统相位超前，以抵消惯性环节和积分环节使相位滞后而产生的不良后果。

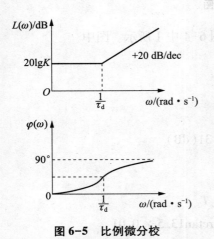

图 6-5 比例微分校正环节的伯德图

不难分析：比例微分校正将使系统的稳定性和快速性得到改善，但抗干扰能力明显下降。

由于比例微分校正使系统的相位 $\varphi(\omega)$ 前移，所以又称它为相位超前校正。

例 2 若系统的开环传递函数为 $G_1(s) = \dfrac{35}{s(0.2s+1)(0.01s+1)}$，今采用串联比例微分调节器对系统进行校正，试分析比例微分校正对系统性能的影响。其框图如图 6-6 所示。

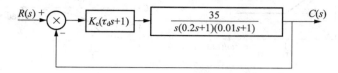

图 6-6　具有比例微分校正的系统框图

解 设校正装置的传递函数为 $G_c(s) = K_c(\tau_d s + 1)$，为了更清楚地说明相位超前校正对系统性能的影响，取 $K_c = 1$，微分时间常数取 $\tau_d = 0.2$ s，则系统的开环传递函数变为

$$G(s) = G_c(s)G_1(s) = K_c(\tau_d s + 1)\dfrac{35}{s(0.2s+1)(0.01s+1)} = \dfrac{35}{s(0.01s+1)}$$

由此可知，比例微分环节与系统的固有部分的大惯性环节的作用抵消了。这样系统由原来的一个积分和两个惯性环节变成了一个积分和一个惯性环节。它们的对数频率特性曲线如图 6-7 所示。系统固有部分的对数幅频特性曲线如图 6-7 中的曲线 Ⅰ 所示，其中 $\omega_c = 13.5$ rad/s，$\gamma = 12.3°$（由例 1 知）。校正后系统的对数幅频特性如图 6-7 中 Ⅱ 所示。由图可见，此时的 $\omega_c' = 35$ rad/s，其相位裕量为

$$\gamma' = 180° - 90° - \arctan 0.01 \times 35 = 70.7°$$

比例微分环节起相位超前的作用，可以抵消惯性环节使相位滞后的不良影响，使系统的稳定性显著改善，从而使穿越频率 ω_c 提高，改善了系统的快速性，使调整时间减少。但比例微分校正容易引入高频干扰。

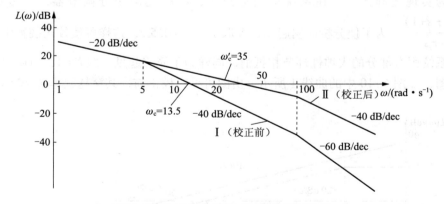

图 6-7　比例微分校正对系统性能的影响

6.2.3　串联比例积分校正

比例积分校正也称 PI 校正，其装置的传递函数为

$$G_c(s) = \dfrac{K(\tau_i s + 1)}{\tau_i s}$$

其伯德图如图 6-8 所示。装置可调参数为比例系数 K 和积分时间常数 τ_i。

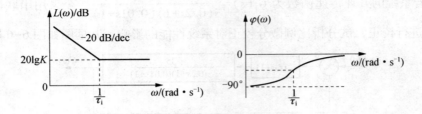

图 6-8 比例积分校正环节的伯德图

由于 PI 校正可使系统的相位 $\varphi(\omega)$ 后移,所以又称它为相位滞后校正。

例 3 若系统的开环传递函数为 $G_1(s) = \dfrac{10}{(0.5s+1)(0.01s+1)}$,今采用串联比例积分调节器对系统进行校正,试分析比例积分校正对系统性能的影响。其框图如图 6-9 所示。

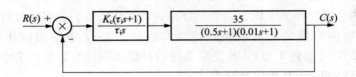

图 6-9 具有比例积分校正的系统框图

解 由 $G_1(s) = \dfrac{10}{(0.5s+1)(0.01s+1)}$ 可知,系统不含有积分环节,它显然是有静差的系统。如今为实现无静差,可在系统前向通道中,串联比例积分调节器,其传递函数为 $G_c(s) = \dfrac{K(\tau_i s+1)}{\tau_i s}$。为了使分析简明起见,今取 $\tau_i = T_1 = 0.5$ s,这样可使校正装置中的比例微分部分与系统固有部分的大惯性环节相抵消。同样为了简明起见,取 $K = 1$,可画出系统校正前的伯德图,如图 6-10 中的曲线 I 所示。由图可见,校正前,其穿越频率 $\omega_c = 25$ rad/s。

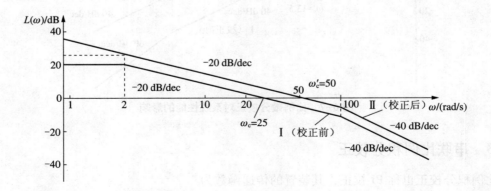

图 6-10 比例积分校正对系统性能的影响

系统固有部分的相位裕量为

$$\gamma = 180° - \arctan \omega_c T_1 - \arctan \omega_c T_2$$
$$= 180° - \arctan 25 \times 0.5 - \arctan 25 \times 0.01$$
$$= 80.6°$$

图 6-10 中曲线 II 为校正后的系统伯德图。由图可见，此时系统已被校正成典型 I 型系统，即

$$G(s) = G_c(s) G_1(s) = \frac{K(\tau_i s + 1)}{\tau_i s} \frac{10}{(0.5s + 1)(0.01s + 1)} = \frac{K'}{s(T_2 s + 1)}$$

式中，$K' = \dfrac{10 \cdot K}{\tau_i}$。此时的穿越频率为 $\omega_c' = 50$ rad/s，其相位裕量为

$$\gamma' = 180° - 90° - \arctan \omega_c' T_2$$
$$= 180° - 90° - \arctan 50 \times 0.01$$
$$= 63.4°$$

由图 6-10 可见，在低频段，$L(\omega)$ 的斜率由 0 dB/dec 变为 -20 dB/dec，系统由 0 型变为 I 型，从而实现了无静差。这样，系统稳态误差显著减小，从而改善了系统的稳态性能。在中频段，由于积分环节的影响，系统的相位稳定裕量 γ 变为 γ'。而 $\gamma' < \gamma$，相位裕量减小，系统的超调量增加，降低了系统的稳定性。在高频段，校正前后影响不大。

综上所述，比例积分校正将使系统的稳态性能得到明显改善，但使系统的稳定性变差。

6.2.4　串联比例积分微分校正

比例积分微分校正也称 PID 校正，其装置的传递函数为

$$G_c(s) = \frac{K(\tau_i s + 1)(\tau_d s + 1)}{\tau_i s}$$

其伯德图如图 6-11 所示。装置可调参数为比例系数 K、积分时间常数 τ_i 和微分时间常数 τ_d。

由图 6-11 可以看出，PID 校正使系统在低频段相位后移，而在中频段、高频段相位超前，因此又称它为相位滞后-超前校正。

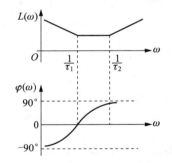

图 6-11　比例积分微分环节的伯德图

例 4　某自动控制系统的开环传递函数为 $G_1(s) = \dfrac{20}{s(0.2s+1)(0.01s+1)}$，今采用串联 PID 调节器对系统进行校正，试分析 PID 校正对系统性能的影响。

解　该系统的固有传递函数是一个 I 型系统，它对阶跃信号是无差的，但对速度信号是有差的，若要求系统对速度信号也是无差的，则应将系统校正成为 II 型系统。若采用 PI 调节器校正，则无差度可得到提高，但其稳定性变差，因此很少采用，常用的方法是采用 PID 校正。

设 PID 调节器的传递函数为

$$G_c(s) = \frac{K(\tau_i s + 1)(\tau_d s + 1)}{\tau_i s}$$

则校正后系统的开环传递函数为

$$G(s) = G_c(s)G_1(s) = \frac{K(\tau_i s + 1)(\tau_d s + 1)}{\tau_i s} \times \frac{20}{s(0.2s + 1)(0.01s + 1)}$$

若取 $\tau_i = 0.2$，为使校正后系统有足够的相位裕量，取中频段宽度为 $h = 10$，则取 $\tau_d = 0.1$，$K = 20$，将参数代入后有

$$G(s) = \frac{2000(0.1s + 1)}{s^2(0.01s + 1)}$$

系统固有部分的伯德图如图 6-12 中的曲线 I 所示，由图可知 $\omega_c = 10$ rad/s。此时系统的相位裕量为

$$\gamma = 180° - \arctan 10 \times 0.2 - \arctan 10 \times 0.01 = 20.9°$$

由上式可知，此系统相位裕量相对较小，稳定性不是很好。采用了 PID 校正后系统的伯德图为图 6-12 中曲线 II 所示，由图可见，校正后的 $\omega_c' = 20$ rad/s，其相位裕量为

$$\gamma' = 180° - 180° + \arctan 20 \times 0.1 - \arctan 20 \times 0.01 = 74.7°$$

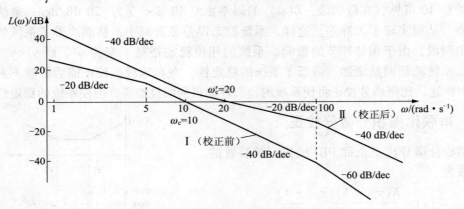

图 6-12 比例积分校正对系统性能的影响

由校正后的伯德图可见：

（1）在低频段，由 PID 调节器积分部分的作用，$L(\omega)$ 的斜率减小了 -20 dB/dec，系统增加了一阶无静差度，从而显著地改善了系统的稳态性能。

（2）在中频段，由于 PID 调节器的微分部分的作用，使系统的相位裕量增加，这就意味着超调量减小，振荡次数减少，从而改善了系统的动态性能。

（3）在高频段，由于 PID 调节器的微分部分起作用，使高频段增益有所增大，会降低系统的抗干扰能力。但这可通过选择适当的 PID 调节器来解决，使 PID 调节器在高频段的斜率为 0 dB/dec 便可避免这个缺点。

综上所述，比例积分微分调节器校正兼顾了系统的动态性能和稳态性能，因此在要求较高的场合，多采用 PID 校正。PID 调节器的形式有多种，可根据系统的具体情况和要求选用。

6.3 反馈校正

在自动控制系统中,为了改善系统的性能,除了采用串联校正外,反馈校正也是常采用的校正形式之一。它在系统中的形式如图 6-13 所示。

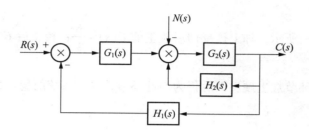

图 6-13 反馈校正结构图

在反馈校正方式中,校正装置 $H_2(s)$ 反馈包围了系统的部分环节,它同样可以改变系统的结构、参数和性能,使系统的性能达到所要求的性能指标。

通常反馈校正又可分为硬反馈和软反馈。

硬反馈校正装置主体是比例环节,它在系统的动态和稳态过程中都起反馈作用。

软反馈校正装置的主体是微分环节,它的特点是只在动态过程中起校正作用,而在稳态时,如同开路,不起作用。

反馈校正的主要作用如下。

(1) 负反馈可以扩展系统的频带宽度,加快响应速度。

(2) 负反馈可以及时抑制被包围在反馈环内的环节,及由于参数变化、非线性因素以及各种干扰对系统性能的不利影响。

(3) 负反馈可以消除系统不可变部分中不希望的特性,该局部反馈回路的特性取决于校正装置。

(4) 局部正反馈可以提高系统的放大系数。

例 5 对比例环节进行反馈校正。

①如图 6-14 (a) 所示,加上硬反馈后 $G(s)=K$;校正后 $G'(s)=\dfrac{K}{1+\alpha K}$。

上式说明,比例环节加上硬反馈后仍为一个比例环节,但其增益为原先的 $\dfrac{1}{1+\alpha K}$。这对于那些因增益过大而影响系统性能的环节,采用硬反馈校正是一种有效的方法。反馈还可抑制反馈回路扰动量对系统输出的影响。

②如图 6-14 (b) 所示,加上软反馈后校正前 $G(s)=K$;校正后 $G'(s)=\dfrac{K}{\alpha Ks+1}$。

上式说明,比例环节加上软反馈后变成一个惯性环节,其惯性时间常数为 $T=\alpha K$。校正后的稳态增益为 K,但动态性能却变得平缓,稳定性提高。

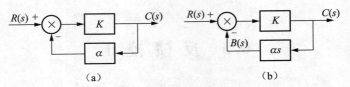

图 6-14 对比例环节进行反馈校正

例 6 对积分环节进行反馈校正。

①如图 6-15（a）所示，加上硬反馈后校正前 $G(s)=\dfrac{K}{s}$；校正后 $G'(s)=\dfrac{\dfrac{1}{\alpha}}{\dfrac{1}{\alpha K}s+1}$。

上式表明，积分环节加上硬反馈后仍为惯性环节，这对系统的稳定性有利，但系统的稳态性能变差。

②如图 6-15（b）所示，加上软反馈后校正前 $G(s)=\dfrac{K}{s}$；校正后 $G'(s)=\dfrac{\dfrac{K}{(1+K\alpha)}}{s}$。上式表明，积分环节加上软反馈后仍为积分环节，但其增益为原来的 $\dfrac{1}{1+K\alpha}$。

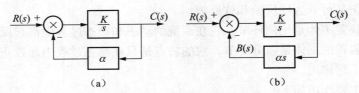

图 6-15 对积分环节进行反馈校正

在图 6-13 中，局部反馈回路的传递函数为

$$G'_2(s)=\dfrac{G_2(s)}{1+G_2(s)H_2(s)}$$

也可写成

$$G'_2(s)=\dfrac{G_2(s)H_2(s)}{1+G_2(s)H_2(s)}\cdot\dfrac{1}{H_2(s)}$$

一般可用下面方法求出局部反馈的曲线。

设 $G_2(s)$ 曲线如图 6-16 中 Ⅰ 所示，$\dfrac{1}{H_2(s)}$ 曲线如图 6-16 中的曲线 Ⅱ 所示。

当 $|G_2(s)H_2(s)|\leqslant 1$ 时，取

$$G_2'(s)=G_2(s)$$

当 $|G_2(s)H_2(s)|\geqslant 1$ 时，取

$$G_2'(s)=\dfrac{1}{H_2(s)}$$

当 $|G_2(s)H_2(s)|=1$ 时，误差最大，即 $20\lg|G_2(s)H_2(s)|=0$ 时，有

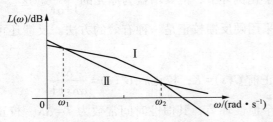

图 6-16 反馈校正近似对数幅频特性

$$20\lg|G_2(s)| = 20\lg\left|\frac{1}{H_2(s)}\right|$$

上式只有在 $G_1(s)$ 和 $\frac{1}{H_2(s)}$ 的对数幅频特性相交处才成立。

假设 $G_1(s)$ 和 $\frac{1}{H_2(s)}$ 的对数幅频特性如图 6-16 所示，在 ω_1，ω_2 处相交，则在 $\omega \leq \omega_1$ 和 $\omega \geq \omega_2$ 时有

$$20\lg|G_2(s)H_2(s)| \leq 0$$

则
$$G_2'(s) = G_2(s)$$

在 $\omega_1 \leq \omega \leq \omega_2$ 时有

$$20\lg|G_2(s)H_2(s)| \geq 0$$

则有

$$20\lg|G_2(s)| = 20\lg\left|\frac{1}{H_2(s)}\right|$$

即可得到满足性能指标要求的频率特性。

6.4　前馈控制的概念

通过前面的分析我们已经看到串联校正和反馈校正都能有效地改善系统的动态和稳态性能，因此在自动控制系统中获得普遍的应用。此外，在自动控制系统中还有一种能有效地改善系统性能的方法，这就是前馈控制。通常把前馈控制与反馈控制相结合的控制方式称为复合控制。前馈控制又可分为输入顺馈补偿和扰动顺馈补偿两类。

1. 输入顺馈补偿

输入顺馈补偿可采用图 6-17 所示的复合控制方式实现。

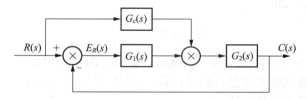

图 6-17　输入顺馈补偿控制系统结构图

系统的闭环传递函数为

$$G(s) = \frac{C(s)}{R(s)} = \frac{[G_1(s) + G_c(s)]G_2(s)}{1 + G_1(s)G_2(s)}$$

系统的误差传递函数为

$$G_{ER}(s) = \frac{E_R(s)}{R(s)} = \frac{R(s) - C(s)}{R(s)} = \frac{1 - G_c(s)G_2(s)}{1 + G_1(s)G_2(s)}$$

则系统由输入信号引起的误差为

$$E_R(s) = \frac{1 - G_c(s)G_2(s)}{1 + G_1(s)G_2(s)}R(s)$$

如果补偿器的传递函数为

$$G_c(s) = \frac{1}{G_2(s)}$$

则

$$E_R(s) = 0$$

这时系统的误差为零，输出量完全复现输入量。这种将误差完全补偿的方式称为全补偿。$G_c(s) = \frac{1}{G_2(s)}$ 是对输入量实现全补偿的条件。

2. 扰动顺馈补偿

当作用于系统的扰动量可以直接或间接测量时，可通过如图6-18所示的扰动补偿复合控制进行补偿。

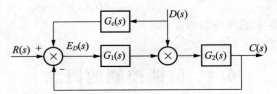

图 6-18 扰动顺馈补偿控制系统结构图

系统由扰动引起的误差为

$$E_D(s) = -\frac{G_2(s)}{1 + G_1(s)G_2(s)}D(s) - \frac{G_c(s)G_1(s)G_2(s)}{1 + G_1(s)G_2(s)}D(s)$$

$$= -[1 + G_c(s)G_1(s)]\frac{G_2(s)}{1 + G_1(s)G_2(s)}D(s)$$

当取 $1 + G_c(s)G_1(s) = 0$，即

$$G_c(s) = -\frac{1}{G_1(s)}$$

可使系统的 $E_D(s) = 0$。这就是说，因扰动量而引起的扰动误差已经全部被前馈环节补偿了，此称为全补偿。当然要实现全补偿是比较困难的，但可实现近似的全补偿，从而大幅度地减小扰动误差，改善系统的性能。

本 章 小 结

1. 所谓系统的校正就是在原有系统中，有目的地增添一些元部件，人为地改变系统的结构和参数，使系统的性能获得改善，以满足系统性能指标。

2. 系统的校正可分为串联校正、反馈校正和顺馈补偿。

在串联校正中，根据校正装置对系统开环频率特性的影响，又可分为相位超前校正、相位滞后校正和相位滞后-超前校正。

在反馈校正中，根据是否经过微分环节，又可分为软反馈和硬反馈。

在顺馈补偿中，根据补偿采样源的不同，又可分为输入顺馈补偿和扰动顺馈补偿。

3. 无源校正装置电路简单，无须外加电源。但它本身没有增益，其负载效应将会减弱校正作用，有源校正装置是由运算放大器组成的调节器，其参数调节方便，并可克服无源校正的缺陷，因而得到广泛的应用。

4. 比例校正，若降低增益，可提高系统的相对稳定性，但使系统的快速性和稳态精度变差；增大增益，则与上述结果相反。

5. 比例微分校正，它具有"预报"作用，能在误差信号变化前给出校正信号，能够减小系统的惯性作用，有效地增强系统的相对稳定性和快速性，但削弱了系统的抗干扰能力。

6. 比例积分校正，它可以提高系统的无差度，提高系统的响应速度，但使系统的稳定性变差。

7. 比例积分微分校正，它可以兼顾改善系统的动态、静态特性。

8. 反馈校正可以改变被包围环节的参数、性能，可以抵消环内各种干扰对系统性能的影响，可以扩展系统的频带宽度，加快响应速度，甚至可以取代局部环节。

习 题 6

6.1 试说明什么是相位超前校正、相位滞后校正和相位滞后-超前校正，并说明它们对系统性能的影响。

第7章 直流调速系统

内容提要

研究自动控制理论的最终目的是应用。本章将从理论联系实际的角度,介绍电力拖动系统中的典型代表——直流调速系统。首先简要介绍了此类系统的基本概念、性能指标、调速方式、机械特性和调速要求,然后重点介绍了单闭环直流调速系统和双闭环直流调速系统的基本原理、动静态特性和一些相关的技术问题,同时讨论了对调速系统工程的设计方法,并结合经典自动控制理论的典型应用,给出了一个实际系统的设计实例。最后还介绍了基本的多环直流调速系统。

7.1 直流调速系统概述

7.1.1 直流调速系统的基本概念

在自动控制系统中,电力拖动系统是最重要的应用系统之一,而电动机又是电力拖动系统的核心部件,它是将电能转化为机械能的一种有力工具。根据电动机供电方式的不同,它可分为直流电动机和交流电动机。由于直流电动机具有良好的启、制动性能,而且可以在较大范围内平滑地调速,因此,在轧钢设备、矿井升降设备、挖掘钻探设备、金属切削设备、造纸设备、电梯等需要高性能可控电力拖动的场合得到了广泛的应用。但直流电动机本身有着一些不可避免的缺陷,譬如存在换相问题、结构复杂、维修较困难、成本较高等因素,制约了直流拖动系统的发展。近年来,随着计算机控制技术和电力电子技术的发展,也推动了交流拖动技术的迅猛发展,有代替直流拖动系统的趋势。然而,直流拖动系统在理论和实践等方面发展比较成熟,从控制角度考虑,它又是交流拖动系统的基础,故应先很好地学习直流拖动系统。

从生产设备的控制对象来看,电力拖动控制系统有调速系统、位置随动系统、张力控制系统等多种类型,而各种系统基本上都是通过控制转速(实质上是控制电动机的转矩)来实现的。因此,直流调速系统是最基本的拖动控制系统。

直流电动机的转速方程式为

$$n = \frac{U - IR}{K_e \Phi} \quad (7.1)$$

式中，n 为转速，单位为 r/min；U 为电枢电压，单位为 V；I 为电枢电流，单位为 A；R 为电枢回路总电阻，单位为 Ω；Φ 为励磁磁通，单位为 Wb；K_e 为由电动机结构决定的机电系数。

由上式可知，调节直流电动机转速的方法有改变电枢供电电压 U；改变励磁磁通 Φ 和改变电枢回路电阻 R 三种。

以下对这三种方式分别予以简要介绍和比较，从而引出应用最广泛的调速方式：调节电枢电压来调速的方式，即 V（电压）-M（电机）系统，并予以重点介绍。

7.1.2 直流调速的三种方式

1. 改变电动机电枢电压的调速方式

由式（7.1）可知，改变直流电动机的电枢电压 U 时，其理想空载转速 n_0 也改变，当电动机电枢电流（即负载电流）I 不变时，转速降 Δn 不变。所以，直流电动机的机械特性的硬度不变，其机械特性是一簇以 U 为参数的平行线。改变电动机电枢电流，其机械特性基本上是平行上下移动，转速随之改变，这种调速方式称为改变电枢电压调速方式。其机械特性如图 7-1 所示。考虑到电动机的绝缘性能，电枢电压的变化只能在小于额定电压的范围内适当调节，在这种调速方式下，转速上限为电动机的额定转速，转速下限受低速时运转不稳定性的限制。对于要求在一定范围内无级平滑调速的系统来说，此调速方式较好。改变电枢电压调速（简称调压调速）是直流调速系统的主要调速方式。

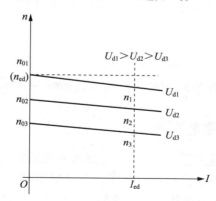

图 7-1 改变电枢电压调速的机械特性

2. 改变励磁电流调速方式

改变电动机励磁回路的励磁电压大小，可改变励磁电流大小，从而改变励磁磁通大小而实现调速，此种调速方式称为改变励磁电流调速方式。其机械特性如图 7-2 所示。

这种调速方案属于恒功率调速。调磁调速的调速范围不大，一般只是配合调压调速方式，在电动机额定转速之上作小范围的升速。将调压调速和调磁调速复合起来则构成调压调磁复合调速系统，可得到更大的调速范围，额定转速以下采用调压调速，额定转速以上采用调磁调速。

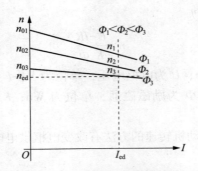

图 7-2 改变励磁电流调速的机械特性

3. 电枢回路串电阻调速方式

在电动机电枢回路串接附加电阻,改变串接电阻的阻值,也可调节转速,此种调速方式称为电枢回路串电阻调速方式。

这种调速方式只能进行有级调速,且串接电阻有较大能量损耗,电动机的机械特性较软,转速受负载影响大,轻载和重载时转速不同。另外,该调速方式中的调速电阻损耗大,经济性差,一般只应用于少数性能要求不高的小功率场合。其机械特性如图 7-3 所示。

综上所述,调压调速是综合性能较好、应用最广泛的调速方式,下面我们予以重点讨论。

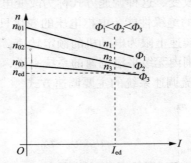

图 7-3 电枢回路串电阻调速的机械特性

7.1.3 调压调速的三种主要形式

由上面讨论可知,调压调速在工程应用上是调速系统的主要方式。该调速方式需要有专门的、连续可调的直流电源供电。根据系统供电形式的不同,调压调速系统可分为以下三种:旋转变流机组系统、晶闸管可控整流系统和直流脉宽调速系统。

1. 旋转变流机组系统

如图 7-4 所示为旋转变流机组供电的直流调速系统原理图。

以旋转变流机组作为可控电源的供电的直流调速系统称为发电机-电动机系统,该系统的主要部件为直流发电机 G,直流电动机 M,故简称 G-M 系统,国际上通称为 Wand-Leonard 系统。

直流发电机 G 由原动机 M(交流异步电动机或同步电动机)拖动,Φ_G 和 Φ_M 分别是发电机和电动机励磁回路的磁通。系统由原动机拖动直流发电机,改变发电机励磁回路的磁通 Φ_G 即可改变发电机的输出电压 U_G,也就改变了直流电动机的电枢电压 U_d,从而实现调压调速的目的。如图 7-5 所示为该系统的机械特性，从图中可知其机械特性曲线为一簇相互平行的直线，特性较硬。

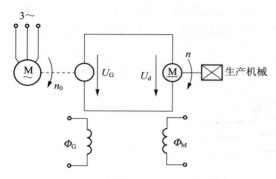

图 7-4 旋转变流机组供电的调速系统

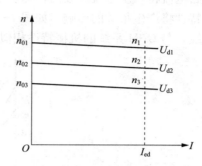

图 7-5 G-M 系统的机械特性

G-M 系统的特点是，以"旋转"机组实现供电和"变流"，所以称之为旋转变流机组，曾在 20 世纪 50 年代广泛使用，至今还在一些未进行设备更新的厂矿企业中沿用。这种系统的缺陷是明显的，至少包含两组与调速系统容量相当的旋转电动机组（即原动机和直流发电机）和一台容量稍小的励磁发电机，因而设备多、体积大、费用高、效率低、机组安装需要基础、运行噪声大、维护麻烦。随着电子技术的飞速发展，在 20 世纪 60 年代以后逐渐被不"旋转"的静止调速系统所取代，从而直流调速系统进入静止变流装置的时代。

这种系统虽然即将被淘汰，但了解其原理对理解当前广泛应用的"静止"式变流装置仍有重要意义。

2. 晶闸管脉冲相位控制系统（晶闸管-电动机系统）

为了克服旋转变流机组的缺点，20 世纪 50 年代开始采用汞弧整流器作为变流装置的主要部件，形成所谓的离子拖动系统，首次实现了静止变流，且缩短了响应时间，但由于汞弧整流器造价较高，体积仍然很大，维护困难，特别是如果水银泄漏，会造成人身伤害和环境污染，因此应用时间不长。

1957 年，大功率半导体可控整流器件晶闸管问世，使变流技术出现了根本性的变革。采用晶闸管变流装置供电的直流调速系统很快成为直流调速的主流，特别是在大功率的场合。

由晶闸管可控整流电路给直流电动机供电的系统称为晶闸管-电动机系统，简称 V-M 系统，又称静止的 Wand-Leonard 系统，其原理框图如图 7-6 所示。这类系统通过改变给定电压 U_{gn} 来改变晶闸管整流装置的触发脉冲的相位，从而可改变晶闸管整流器的输出电压 U_d 的平均值，进而达到改变直流电动机转速的目的。其机械特性如图 7-7 所示。

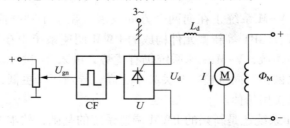

图 7-6 晶闸管-电动机系统的原理框图

在晶闸管-电动机系统中，当主回路串接了电感量足够大的电抗器，且电动机负载电流 I_d 足够大时，主回路电流是连续的。当电动机空载或轻载时，即电动机负载电流 I_d 较小时，主回路电流将产生电流断续的特殊现象。主回路电流连续与否对晶闸管-电动机系统的开环机械特性将产生很大的影响。如图 7-7 所示，在电流连续区，该特性曲线也是一簇互相平行的直线，与 G-M 系统的机械特性相似。

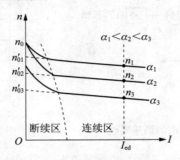

图 7-7　V-M 系统的机械特性

晶闸管-电动机系统（V-M 系统）与上述发电机-电动机系统（G-M）相比较，不仅在经济性和可靠性上都有很大提高，而且在技术性能上也有更大的优势，功率放大倍数可达 $10^4 \sim 10^5$，控制功率小，有利于将微电子技术引入强电领域，与旋转变流机组和汞弧整流器相比，具有控制灵敏、响应快、占地面积小、能耗低、效率高、噪声小、维护方便等优点，因而得到了广泛应用。过去数十年来，直流电动机调速系统绝大部分都采用晶闸管-电动机系统。

但这种传统的晶闸管-电动机系统，限于晶闸管的性能，也有它的缺点，主要表现在：

（1）晶闸管一般是单向导电器件，可逆运行比较困难，实现四象限运行需采用开关切换或使用正反两组整流器供电，后者所用的变流设备要增加一倍。

（2）晶闸管器件对于过电压、过电流以及过高的 du/dt 和 di/dt 十分敏感，其中任一值超过允许值都可能在瞬间使器件失效，因此必须有可靠的保护装置和符合要求的散热条件，这大大增加了设备的复杂性和不可靠因素。

（3）晶闸管的控制原理决定了只能滞后触发，因此晶闸管整流器对交流电源来说相当于一个感性负载，吸取滞后的无功电流，因此功率因数低，特别是深调速状态，即系统在较低速运行时，晶闸管的导通角很小，功率因数更低，并产生较大的高次谐波电流导致电网电压畸变。

（4）晶闸管的调相还会导致强烈的电磁辐射，这与越来越高的电磁兼容要求是不相适应的。

为克服上述缺点，V-M 系统正在向两个方向发展，在中小功率应用领域，由大功率晶体管、大功率场效应管、IGBT 等新型元件构成的 PWM 调速系统正在逐步取代晶闸管-电动机系统；在大功率应用领域，V-M 调速系统仍有优势，进入 21 世纪以来，晶闸管的性能也在不断提高，已经可以做到双向全控，开关频率更高，导通压降更低，从而使得 V-M 系统在相当长的时期内还具有实用价值。

更重要的是，V-M 系统还是新兴的 PWM 调速系统的基础，故本章仍基于此类系统介绍直流调速系统的基本调速原理。

3. 直流脉宽调速系统

直流脉宽式调速系统，核心是脉冲宽度调制器（Pulse Width Modulation，PWM），它是通过改变脉冲宽度的控制方式对直流电源进行调制，从而改变输出电压平均值的方法，是在 V-M 调速系统的基础上，以脉宽调制式直流可调电源取代晶闸管相控整流电源后构成的直流电动机速度调节系统，其原理结构如图 7-8 所示。它采用了全控型电力电子器件作为功率开关元件，并按脉宽调制方式对电动机的电枢电压进行调节，主电路结构简单，性能优越，是 100 kW 以下直流电机调速的首选方案。该系统的闭环控制方式、分析综合方法均与晶闸管-直流电动机系统相同。

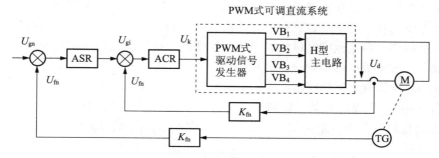

图 7-8 PWM 直流脉宽调制式调速系统原理结构示意图

由于 PWM 直流调速系统卓越的综合性能，在直流调速系统中稳居统治地位，并且应用领域越来越广，发展空间越来越大，本书将在下一章中予以详细论述。

7.1.4 直流调速系统的性能指标

衡量一个系统性能的优劣，除了定性分析外，还必须有定量的指标；此外，应用领域对系统的要求也必须进行量化，以作为设计、生产、调试的依据。那么，究竟有哪些具体的指标来衡量直流调速系统呢？

在工业、工程应用领域，许多工艺要求都依赖于对速度的控制。例如，精密机床要求的加工精度达百分之几毫米；重型铣床的进给机构需要在很宽的范围内调速，其最高进给速度可达 600 mm/min，而精加工时最低进给速度只有 2 mm/min；又如，巨型轧钢设备，需要轧钢机的轧辊在不到一秒的时间内就得完成从正转到反转的全部过程，而且操作频繁；轧制板材的轧钢机的定位系统，其定位精度要求不大于 0.01 mm；又如，高速造纸机，造纸速度可达到 1 000 m/min，要求稳速误差小于±0.01%。这些例子不胜枚举。这些工艺过程对速度控制方面的要求归纳起来有以下三个方面。

（1）调速。在一定的范围之内有级或无级的调节转速。调速系统的旋转方向允许正、反向的，称之为可逆系统；只能单方向运行的则称之为不可逆系统。

（2）稳速。以一定的精度在要求的转速上稳定运行。对各种可能的干扰，都不允许有过大的转速变化，从而保证产品质量。

（3）启动、制动性能。频繁启、制动的设备为提高效率，需要尽快地加、减速；不适合快速改变转速的设备，则要求启、制动尽可能地平稳。

上述三个方面的要求可具体转化为调速系统的稳态（静态）性能指标和动态性能指标。

1. 稳态性能指标

稳态性能指标也称静态指标，是指系统稳定运行时的性能指标，具体指调速系统稳定运行时的调速范围、静差率，位置随动系统的定位精度和速度跟踪精度，张力控制系统的稳态张力误差等。下面分别予以介绍。

（1）调速范围 D。电力拖动控制系统的调速范围是指电动机在额定负载下，运行的最高转速 n_{max} 与最低转速 n_{min} 之比，用 D 表示，即

$$D = \frac{n_{max}}{n_{min}} \tag{7.2}$$

对于单纯的调压调速系统来说，电动机的最高转速 n_{max} 即为其额定转速 n_{ed}。D 值越大，系统的调速范围越宽。对于少数负载很轻的机械，例如精密磨床，也可以用实际负载时的转速来定义调速范围。调速范围又称作调速比。根据这个指标，电力拖动系统可分为：调速范围小的系统，一般指 $D \leq 3$；调速范围中等的系统，一般指 $3 \leq D \leq 50$；调速范围宽的系统，一般指 $D \geq 50$。现代电力拖动控制系统的调速范围可以做到 $D \geq 10\ 000$。

（2）静差率 s。当系统在某一转速下运行时，负载由理想空载增加到额定负载所引起的转速降落 Δn_{ed} 与理想空载转速 n_0 之比，称作静差率，用 s 表示，即

$$s = \frac{\Delta n_{ed}}{n_0} = \frac{n_0 - n_{ed}}{n_0} \tag{7.3}$$

或用百分数表示为

$$s = \frac{\Delta n_{ed}}{n_0} \times 100\% \tag{7.4}$$

由上式可知，静差率是用来表示负载转矩变化时电动机转速变化程度的，它和机械特性的硬度有关，特性越硬，静差率越小，转速的变化程度越小，稳定度越高。

然而静差率和机械特性硬度又是有区别的。例如有 a、b 两条调压调速系统的机械特性，两者的硬度相同，即额定速降 $\Delta n_{eda} = \Delta n_{edb}$，如果理想空载转速不相同，那么它们的静差率肯定不同。根据定义式，如果 $n_{0a} < n_{0b}$，则 $s_a > s_b$，这就是说，对于同样硬度的机械特性，理想空载转速越低，静差率越大，转速的相对稳定度也就越差。也就是说，在电力拖动系统中，如果能满足最低转速运行时静差率 s 的要求，则高速时就不成问题了。所以一般所说静差率的要求是指系统最低速时能达到的静差率指标。

调速范围和静差率这两项指标是相互联系的，例如，额定负载时的转速降落 $\Delta n_{ed} = 50$ r/min，当 $n_0 = 1\ 000$ r/min 时，转速降落占 5%；当 $n_0 = 500$ r/min 时，转速降落占 10%；当 $n_0 = 50$ r/min 时，转速降落占 100%，电动机就停止转动了。可见离开了对静差率的要求，调速范围便失去了意义。由此看来，一个调速系统的调速范围，是指在最低速时满足静差率要求下所能达到的最大范围。脱离了对静差率的要求，任何调压调速系统都可以得到极高的调速范围；脱离了调速范围，要获得满足要求的静差率也是容易的，但没有实际意义。所以，一定不能孤立地、静止地看待这两个指标。

（3）D、s、Δn_{ed} 三者之间的关系。在单纯的调压调速系统中，n_{max} 就是指电动机的额定转速 n_{ed}，即 $n_{max} = n_{ed}$。而调速系统的静差率是指系统最低速时的静差率，即

$$s = \frac{\Delta n_{ed}}{n_{0min}} \tag{7.5}$$

又因为

$$n_{\min} = n_{0\min} - \Delta n_{ed} = \frac{\Delta n_{ed}}{s} - \Delta n_{ed} = \frac{(1-s)\Delta n_{ed}}{s}$$

代入调速范围的表达式 $D = \frac{n_{\max}}{n_{\min}} = \frac{n_{ed}}{n_{\min}}$，得

$$D = \frac{n_{ed} \cdot s}{\Delta n_{ed}(1-s)} \tag{7.6}$$

式（7.6）表示了调速范围 D、静差率 s 以及额定转速降 n_{ed} 之间应当满足的关系。对于同一个调速系统，n_{ed} 可由电动机的出厂数据给出，D 和 s 由生产机械的要求确定，当系统的特性硬度或 Δn_{ed} 值一定时，如果对静差率 s 的要求越小，则系统能够达到的调速范围 D 越小。当对 D、s 都提出一定的要求时，为了满足要求就必须使 Δn_{ed} 小于某一值。一般来讲，调速系统要解决的问题就是如何减少转速降落 Δn_{ed} 的问题。

电力拖动系统的另一项静态指标是调速平滑性，它用调速时可以得到的相邻转速之比来表示。无级调速时，该比值接近于1，即转速可以连续平滑调节。

2. 动态性能指标

电力拖动控制系统在动态过程中的性能指标称作动态指标。由于实际系统存在电磁和机械惯性，因此转速调节时总有一个动态过程；同时，系统总会受到一些不期望的扰动。衡量系统动态性能的指标分为跟随性能指标和抗扰性能指标两类。

这些指标的定义与性质在前面章节关于对自动控制系统的一般要求中已经学习过，在此仅作简要回顾。

（1）跟随性能指标。在给定信号（或称参考输入信号）$R(t)$ 的作用下，系统输出量 $C(t)$ 的变化情况可用跟随性能指标来描述。通常以输出量的初始值为零时的阶跃响应过程作为典型的跟随过程。一般希望在阶跃响应中输出量 $C(t)$ 与其稳态值 C_{∞} 的偏差越小越好，达到稳态值 C_{∞} 的时间越快越好。

在直流调速系统中，跟随性能指标主要有以下各项：

①上升时间 t_r。输出量从零起第一次上升到稳态值 C_{∞} 所经过的时间称为上升时间。它表示动态响应的快速性。

②超调量 σ。输出量超过其稳态值的最大偏离量与稳态值之比，用百分数表示称为超调量，即

$$\sigma = \frac{c_{\max} - c_{\infty}}{c_{\infty}} \times 100\% \tag{7.7}$$

超调量反映系统的相对稳定性。在调速系统中，超调量越小，意味着速度稳定性越好。

③调节时间 t_s。输出量达到并不再超出稳态值的某个区域（通常取±2%～±5%）所需的最短时间定义为调节时间，也称过渡过程时间。它用于衡量系统整个调节过程的快慢。

此外，分析和设计系统经常在频率域进行，对最小相位系统而言，在频率域常用开环对数幅频特性和闭环幅频特性来评价系统动态性能的好坏。这部分内容可参考前面章节，在此不再赘述。

（2）抗扰性能指标。一般以系统稳定运行中突然加一个使输出量降低的扰动 N 以后的过渡过程作为典型的跟随过程。抗扰性能指标主要有下述两项。

①动态降落 $\Delta C_{max}\%$。系统稳定运行时，突然加一个约定的标准扰动量，在过渡过程中所引起的输出量最大降落值 ΔC_{max}，用输出量原稳态值 $C_{\infty 1}$ 的百分数表示，称为动态降落，即

$$\Delta C_{max}\% = \frac{\Delta C_{max}}{C_{\infty 1}} \times 100\% \tag{7.8}$$

输出量在动态降落后逐渐恢复，达到新的稳态值 $C_{\infty 2}$，差值 $C_{\infty 1} \sim C_{\infty 2}$ 是系统在该扰动作用下的稳态降落。

②恢复时间 t_v。从阶跃扰动作用开始到输出量恢复到不再超过新稳态值的某个区域（通常取 $\pm 2\% \sim \pm 5\%$）所需的最短时间。在调速系统中，t_v 越小，意味着失稳时间越短。

动态降落 $\Delta C_{max}\%$ 越小，恢复时间 t_v 越短，系统的抗干扰性能越好。实际控制系统对于各种动态性能指标的要求各异。有的对系统的动态跟随性能和抗扰性能要求都较高；而有的则要求有一定的抗扰性能，跟随性能好坏问题不大。一般来说，调速系统的动态指标以抗扰性能为主，而随动系统的动态指标则以跟随性能为主。

7.2 单闭环直流调速系统

开环调速系统能达到一定的调速性能，但对性能指标要求稍高一点的工作机械，采用开环系统就不能满足要求，此时可以采用反馈控制技术构成闭环系统。在介绍闭环调速系统之前，首先介绍电气传动控制用调节器。

7.2.1 闭环调速系统常用调节器

带强负反馈的集成电路运算放大器具有高稳定度的电压放大能力，它可以很方便地实现信号的叠加（综合）、微分和积分等运算，它有着很高的输入阻抗和较低的输出阻抗，容易实现线路的匹配。在模拟控制的电气传动系统中，多采用线性集成运算放大器作为系统的调节器。

1. 调节器的传递函数

运算放大器做调节器使用时，多数接成反相放大器，如图 7-9 所示。其中 Z_0 为输入阻抗；Z_1 为反馈阻抗；Z_{bal} 为同相输入端的平衡阻抗，用以降低放大器失调电流的影响。由于运算放大器的开环放大倍数很大，不论输入和反馈阻抗为何形式，放大器的反相输入端（图 7-9 中 A 点）的电位近似于零，称 A 点为虚地点。于是有

$$i_0 = U_{in}/Z_0$$
$$i_1 = U_{ex}/Z_1$$

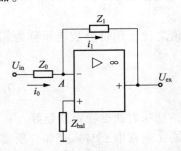

图 7-9 运算放大器构成的调节器

又由于放大器的输入电阻很大，经过 A 点输入放大器的电流也接近于零，因此调节器的传递函数 $W(s)$ 可写成

$$W(s) = \frac{U_{ex}(s)}{U_{in}(s)} = \frac{i_1 Z_1}{i_0 Z_0} = \frac{Z_1}{Z_0} \tag{7.9}$$

应该注意的是，运算放大器使用反相输入时，输入电压 U_{in} 和输出电压 U_{ex} 的极性是相反的，在实际线路的设计中应予考虑。当运算放大器的反相输入端有两个输入信号时，如图 7-10（a）所示，由于 A 点的 $\sum I = 0$，可得

$$\frac{U_{in1}(s)}{Z_{01}} + \frac{U_{in2}(S)}{Z_{02}} = \frac{U_{ex}(s)}{Z_1}$$

此时，输出量为

$$\begin{aligned} U_{ex}(s) &= \frac{Z_1}{Z_{01}} U_{in1}(s) + \frac{Z_1}{Z_{02}} U_{in2}(s) \\ &= \frac{Z_1}{Z_{01}} \left[U_{in1}(s) + \frac{Z_{01}}{Z_{02}} U_{in2}(s) \right] \end{aligned}$$

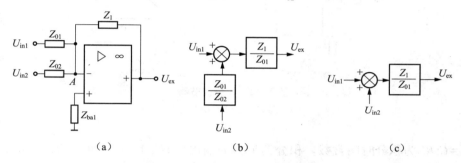

图 7-10 综合多个信号的调节器

（a）原理图；（b）结构图 $Z_{01} \neq Z_{02}$；（c）结构图 $Z_{01} = Z_{02}$

当 $Z_{01} = Z_{02}$ 时，有

$$U_{ex}(s) = \frac{Z_1}{Z_{01}} [U_{in1}(s) + U_{in2}(s)]$$

其结构图如图 7-10（b）和（c）所示。可见，运算放大器具有信号综合的作用。

2. 常用的典型调节器

典型调节器就是前面章节中讨论过的典型环节，这里不再详细论述，只给出结论和应用注意事项。

（1）比例（P）调节器。比例调节器的原理图如图 7-11（a）所示。其传递函数 $W_P(s)$ 为

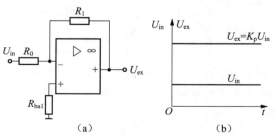

图 7-11 比例调节器

（a）原理图；（b）阶跃响应

$$W_P(s) = \frac{U_{ex}(s)}{U_{in}(s)} = \frac{R_1}{R_0} = K_P \tag{7.10}$$

这是一个纯比例调节器，输出信号以一定比例复现输入信号，当输入信号 U_{in} 为阶跃函数时，输出信号 U_{ex} 也是阶跃函数，其幅值是 U_{in} 的 K_P 倍，如图 7-11（b）所示。

（2）积分（I）调节器。图 7-12（a）所示为积分调节器原理图，其传递函数 $W_I(s)$ 为

$$W_I(s) = \frac{U_{ex}(s)}{U_{in}(s)} = \frac{1/(C_1 s)}{R_0} = \frac{1}{C_1 R_0 s} = \frac{1}{\tau_1 s} \tag{7.11}$$

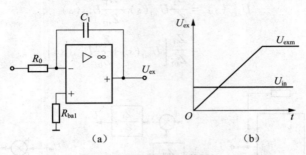

图 7-12　积分调节器
(a) 原理图；(b) 阶跃响应

式中，$\tau_1 = C_1 R_0$ 为积分时间常数。积分调节器的输出为 $|U_{ex}| = \frac{1}{\tau_1}\int |U_{in}|dt$，其阶跃响应为 $U_{ex} = (t/\tau_1) \cdot U_{in}$，是一条随时间线性增长的直线，但积分调节器的输出量不可能无限制地增长，它要受到电源电压或输出限幅电路的限制，输出响应如图 7-12(b) 所示。

积分调节器的输出特性有以下特点。

①在线性区，只要 $U_{in} \neq 0$，U_{in} 总要逐渐增长；

②只有 $U_{in} = 0$ 时，U_{in} 才不增长，并保持为某一固定值；

③当 U_{in} 变极性后，U_{ex} 才能减小。输出达到饱和值时，必须等输入信号 U_{in} 变极性后，输出 U_{ex} 才能减小，调节器才能退饱和，即积分调节器有积累和记忆作用。只要输入端有信号，积分就会进行，直至输出达到饱和值。在积分过程中，如果突然使输入信号为零，其输出将保持在输入信号为零瞬间前的输出值。

（3）比例积分（PI）调节器。比例积分调节器如图 7-13（a）所示。传递函数 $W_{PI}(s)$ 为

$$W_{PI}(s) = \frac{U_{ex}(s)}{U_{in}(s)} = \frac{R_1 + 1/(C_1 s)}{\rho R_0} = \frac{R_1}{\rho R_0} + \frac{1}{\rho R_0 C_1 s}$$

$$= K_P + \frac{1}{\tau_1 s} = K_P + \frac{K_P}{\tau s} = K_P\left(1 + \frac{1}{\tau s}\right) \tag{7.12}$$

式中，τ_1 为 PI 调节器的积分时间常数，$\tau_1 = \rho R_0 C_1$；τ 为 PI 调节器的超前时间常数，$\tau = R_1 C_1$；K_P 为 PI 调节器比例部分放大系数，$K_P = R_1/\rho R_0$。

比例积分器的输出为

$$|U_{ex}| = K_P|U_{in}| + \frac{K_P}{\tau}\int |U_{in}|dt$$

阶跃响应为 $U_{ex} = (K_P + t/\tau_1) \cdot U_{in}$，如图 7-13（b）所示。输出由比例和积分两部分组

成，当输入信号加入时，调节器的输出先跳变到 $K_p U_{in}$，再按积分作用，随时间线性增长。同样，当调节器深饱和后，必须等输入信号变号，才能使调节器退饱和。

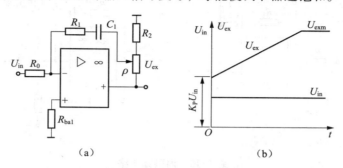

图 7-13　比例积分调节器
（a）原理图；（b）阶跃响应

在电气传动系统中，还可使用比例/积分/微分（PID）调节器、比例/微分/惯性（PDT）调节器等，设计分析时可参考前面章节及有关书籍，在此就不一一赘述。

3. 调节器辅助电路

（1）输出限幅电路。调节器在实际应用中往往带有输出限幅电路，以满足电气传动系统的某些要求。比如，可逆系统中最小触发角 α_{min} 和最小逆变角隔 β_{min} 的限制等，这些将在本章以后各节中详细分析。输出限幅电路有外限幅和内限幅两类。

图 7-14 是利用二极管钳位的外限幅电路，或称输出限幅电路，其中二极管 VD_1 和电位器 R_{P1} 提供正限幅，VD_2 和 R_{P2} 提供负限幅，电阻 R_{lim} 是限幅时的限流电阻。正限幅电压 $U_{exm}^+ = U_M + \Delta U_D$，负限幅电压 $|U_{exm}^-| = |U_N| + \Delta U_D$，其中 U_M 和 U_N 分别表示电位器滑动到 M 点和 N 点的电位，ΔU_D 是二极管的正向压降。

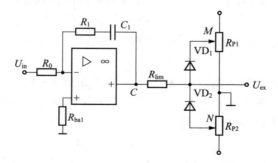

图 7-14　二级管钳位的外限幅电路和封锁电路

调节电位器 R_{P1} 和 R_{P2}，可以任意改变正、负限幅值。外限幅电路只保证对外输出限幅，对集成电路本身的输出电路（C 点电压）并没有限制住，只是把多余的电压降在电阻 R_{lim} 上而已。这样，当调节器输出达到限幅时，PI 调节器电容 C_1 上的电压继续上升，直到集成电路内的输出级晶体管饱和为止。一旦控制系统需要调节器的输出电压从限幅值降低下来，电容上的多余电压还需要一段放电时间，这将影响系统的动态过程。这是外限幅电路的缺点。

要避免上述缺点可采用内限幅电路，或称反馈限幅电路。最简单的内限幅电路是利用两个对接稳压管的电路，如图 7-15（a）所示。

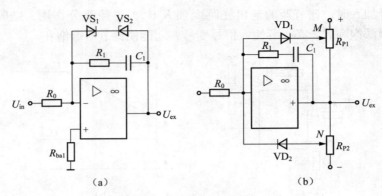

图 7-15 内限幅电路
（a）稳压管钳位的内限幅电路；（b）二极管钳位的内限幅电路

正限幅电压 U_{exm}^+ 等于稳压管 VS_1 的稳压值，负限幅电压 U_{exm}^- 等于 VS_2 的稳压值。当输出电压 U_{ex} 要超过限幅值时，马上击穿该方向的稳压管，对运算放大器产生强烈的反馈作用，使 U_{ex} 回到限幅值。稳压管限幅电路虽然简单，但要调整限幅值时必须更换稳压管，是其不足之处。为了克服这个缺点，可以采用如图 7-15（b）所示的二极管钳位的内限幅电路。当输出电压达到限幅时，电位器 M 点或 N 点基本上等于虚地电位，因此正电源和 VD_1、R_{P1} 提供负限幅，而用负电源和 VD_2、R_{P2} 提供正限幅。用电位器可以方便地调节输出限幅值。用二极管钳位时，流经二极管的限幅电流要流过电位器，为了使它不太影响限幅值，电位器的电阻需选得小些，当然，电位器的损耗也就大了。用晶体管来代替二极管可以克服这个缺点。

（2）封锁电路。带有积分环节的调节器在实际应用中，在零输入条件下往往出现漂移，引起传动系统"爬行"。为了防止漂移输出引起传动系统的误动作，常在积分反馈支路上并联一个场效应开关管 VT。在停车状态下，栅极 G 加正信号，使源极 S 和漏极 D 导通，将调节器封锁，使其输出为零。在工作状态下，栅极 G 加负信号，场效应管 VT 被夹断，使调节器投入正常工作。

（3）输入滤波电路。含输入滤波电路的 PI 调节器如图 7-16（a）所示。现在推导一下这类调节器的传递函数。图中 A 点是虚地，可以认为它和电容 C_0 的接地端是连在一起的。用拉氏变换式表示流入 A 点的电流 i_A 为

$$i_A(s) = \cfrac{1}{\cfrac{R_0}{2} + \cfrac{\cfrac{R_0}{2} \cdot \cfrac{1}{C_0 s}}{\cfrac{R_0}{2} + \cfrac{1}{C_0 s}}} \cdot \cfrac{\cfrac{1}{C_0 s}}{\cfrac{R_0}{2} + \cfrac{1}{C_0 s}}$$

$$= \cfrac{U_{in}(s)}{R_0 \left(\cfrac{R_0}{4} C_0 s + 1\right)} = \cfrac{U_{in}(s)}{R_0 (T_0 s + 1)}$$

式中定义了滤波时间常数

$$T_0 = \frac{1}{4} R_0 C_0$$

于是，图 7-16（a）中虚地点 A 的电流平衡方程为

$$\frac{U_{\text{in}}(s)}{R_0(T_0 s+1)} = \frac{U_{\text{ex}}(s)}{R_1 + 1/C_1 s}$$

或

$$\frac{U_{\text{in}}(s)}{(T_0 s+1)} = \frac{U_{\text{ex}}(s)}{K_P (\tau s+1)/(\tau s)}$$

其中，$K_P = R_1/R_0$；$\tau = R_1/C_1$

传递函数为

$$\frac{U_{\text{ex}}(s)}{U_{\text{in}}(s)} = K_P \frac{\tau s+1}{\tau s} \cdot \frac{1}{T_0 s+1} \tag{7.13}$$

结构图如图 7-16（b）所示。

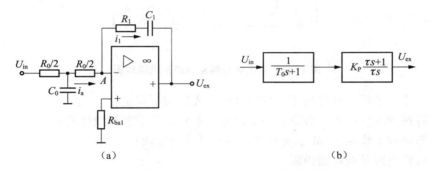

图 7-16 含滤波输入的 PI 调节器
（a）原理图；（b）结构图

7.2.2 单闭环直流调速系统

开环调速系统可实现一定范围的无级调速，而且开环调速系统的结构简单。但在实际中许多要求无级调速的工作机械常具有较高的调速性能指标。开环调速系统往往不能满足高性能工作机械对性能指标的要求。下面以一个实例予以说明。

某龙门刨床工作台拖动系统采用直流电机：Z_2-93 型、60 kW、220 V、305 A、1 000 r/min，要求 $D=20$，$S \leqslant 5\%$。如果采用 V-M 系统，已知主回路总电阻 $R=0.18\ \Omega$，电机的 $C_e \Phi = 0.2$ V/(r·min^{-1})，则当电流连续时，在额定负载下的转速降为

$$\Delta n_{\text{ed}} = I_{\text{ed}} R / C_e \Phi = 305 \times 0.18/0.2 = 275 (\text{r/min})$$

而开环系统机械特性连续段在额定转速时的静差率为

$$s_{\text{ed}} = \Delta n_{\text{ed}} / (n_{\text{ed}} + \Delta n_{\text{ed}})$$
$$= 275/(1\ 000 + 275) = 0.216 = 21.6\%$$

可见，额定转速时的静差率已大大超过 5% 的要求，调速范围在低速区时更不能满足要求。

开环系统不能满足静态指标的原因是静态速降太大，即负载变化时，转速变化太大。根

据反馈控制原理,要稳定哪个参数,就引入哪个参数的负反馈,与恒值给定相比较,构成闭环系统,因此必须引入转速负反馈,构成闭环调速系统。

1. 单闭环有静差直流调速系统组成及静特性

要引入转速负反馈,必须要有转速测定装置,因此首先在电机轴上安装一台测速发电机 TG,从而引出与转速成正比的负反馈电压 U_n,与转速给定电压 U_n^* 相比较后,得到偏差电压 ΔU_n,经过放大器产生触发装置 GT 的控制电压 U_{ct},用以控制电机转速。这就组成了反馈控制的闭环系统,其原理图如图 7-17 所示。由于被调量、反馈量都是转速,所以称这种系统为闭环转速调节系统。

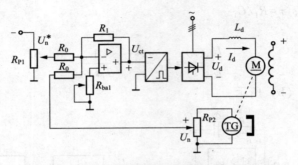

图 7-17 单闭环有静差调速系统原理图

为了突出主要矛盾,在分析系统静特性时,先做如下假定:
①忽略各种非线性因素,假定各环节的输入、输出关系都是线性的;
②假定系统只工作在 V-M 系统开环机械特性的连续段;
③忽略直流电源及电位器内阻。
这样图 7-17 所示系统中各环节的关系如下。

电压比较环节 $\quad\quad\quad\quad\quad\quad \Delta U_n = U_n^* - U_n$
放大器 $\quad\quad\quad\quad\quad\quad\quad\quad U_{ct} = K_p \Delta U_n$
晶闸管触发整流装置 $\quad\quad\quad\quad U_d = K_s U_{ct}$
V-M 系统开环机械特性 $\quad\quad n = (U_d - I_d R)/C_e \Phi$
测速发电机 $\quad\quad\quad\quad\quad\quad U_n = a_n n$

以上各关系式中,K_P 为比例调节器放大系数;K_s 为晶闸管触发整流装置的放大系数;a_n 为测速反馈系数,单位为 $V/(r \cdot min^{-1})$。

由上述关系式,可得闭环系统的静态结构图,如图 7-18 所示。由静态结构图可求得转速负反馈闭环调速系统的静特性方程式为

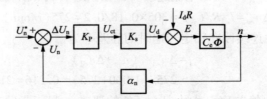

图 7-18 单闭环有静差调速系统静态结构图

$$n = \frac{K_P K_s U_n^* - I_d R}{C_e \Phi(1+K_P K_s a_n/C_e \Phi)} = \frac{K_P K_s U_n^*}{C_e \Phi\ (1+K)} - \frac{RI_d}{C_e \Phi\ (1+K)}$$

式中，$K = K_P K_s a_n / (C_e \Phi)$，为闭环系统的开环放大倍数，是系统各环节放大倍数的乘积。

下面比较一下开环系统的机械特性和闭环系统的静特性。如果断开图 7-20 所示系统的反馈回路，则相应的开环机械特性为

$$n = \frac{U_d - I_d R}{C_e \Phi} = \frac{K_P K_s U_n^*}{C_e \Phi} - \frac{I_d R}{C_e \Phi} = n_{0OP} - \Delta n_{OP}$$

而闭环系统的静特性可写成

$$n = \frac{K_P K_s U_n^*}{C_e \Phi\ (1+K)} - \frac{RI_d}{C_e \Phi\ (1+K)} = n_{0CL} - \Delta n_{CL}$$

式中，n_{0OP}，n_{0CL} 为开环和闭环系统的理想空载转速；Δn_{OP}，Δn_{CL} 为开环和闭环系统的静态速降。

比较上面两式可以得到结论：闭环系统的静特性比开环系统的机械特性的硬度大大提高；对于相同理想空载转速的开环和闭环两种特性，闭环系统的静差率要小得多；由于闭环系统静特性的静差率小，所以当要求的静差率指标一定时，闭环系统可以大大提高调速范围。但是要取得上述优点，闭环系统必须设置放大器。

在本节开始给出的龙门刨床工作台的例子中，要满足 $D = 20$，$s \leq 5\%$ 的要求，须有

$$\Delta n_{CL} = \frac{n_{nom} s}{D(1-s)} \leq \frac{1000 \times 0.05}{20 \times (1-0.05)} = 2.63\ (r/min)$$

则

$$K = \Delta n_{OP}/\Delta n_{CL} - 1 = 103.6$$

若已知 V-M 系统参数为 $C_e \Phi = 0.2\ V/(r \cdot min^{-1})$，$K_s = 30$，$a_n = 0.015\ V/(r \cdot min^{-1})$，则

$$K_P = \frac{K}{K_s a_n \div C_e \Phi} \geq \frac{103.6}{30 \times 0.015 \div 0.2} = 46$$

即只要放大器的放大系数大于或等于 46，闭环系统就能满足所提的静态性能指标。

调速系统的稳态压降是由电枢回路电阻压降引起的，系统闭环后这个电阻并没有减少，那么闭环系统静特性变硬的实质是什么呢？

闭环系统装有反馈装置，转速稍有降落，转速反馈电压就感觉出来了，通过比较和放大提高晶闸管装置的输出电压 U_d，使系统工作在新的机械特性上，因而转速又有所回升，如图 7-19 所示，设原来工作点为 A，负载电流为 I_{d1}，当负载增大到 I_{d2}，由于 $I_{d2} > I_{d1}$，$\frac{dn}{dt} < 0$，由于转速要下降，开环系统的速度必然降到 A' 点对应的速度上；而对于闭环系统，由于转速下降，转速反馈电压 U_n 也要下降，使 ΔU_n 增大，通过放大后，使 U_d 增大到 U_{d2}，于是电机工作在 B 点。而当负载电流由 I_{d1} 变为 I_{d2} 后，开环调速系统的转速却要沿电压 U_{d1} 对应的特性降落到 A' 对应的转速值。显然，静态速降比开环时小得多。这样，在闭环系统中，每次增加一点负载，就相应地自动提高一点整流电压，因而就改变一条机械特性；反之亦然。闭环系统的静特性就是这样在许多开环机械特性上各取一个相应的工作点（A、B、C、D），再由这些点连接而成的，如图 7-19 所示。所以，闭环系统静特性变硬的实质是闭环系统的自动调节作用，即闭

环系统通过改变 U_d 的输出来补偿因负载变化引起的速降。

该转速闭环调速系统具有以下三个基本特征。

①具有比例调节器的反馈闭环系统是有静差的。由于比例调节器的放大倍数不可能无穷大，比例调节器的输出是靠输入偏差来维持的，不可能消除静差。这样的调速系统叫作有静差调速系统。实际上，这种系统正是依靠被调量偏差的变化才实现自动调节作用的。

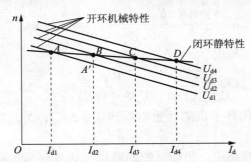

图 7-19 闭环系统静特性和开环机械特性的关系

②反馈闭环控制系统具有良好的抗干扰性能，它对于被负反馈环包围的前向通道上的一切扰动作用都能有效地加以抑制。

除给定信号外，作用在控制系统上的一切会引起被调量变化的因素都叫"扰动作用"。前面只分析了负载变化引起转速降这样一种扰动作用，实际上，在图 7-20 中，作用在前向通道上的任何一种扰动作用的影响都会被测速发电机测出来，通过反馈作用，减小它们对静态转速的影响。所以在设计系统时，一般只考虑一种主要扰动作用，例如在调整系统中只考虑负载扰动作用，按照克服负载扰动的要求进行设计，则其他扰动也就自然都受到抑制了。

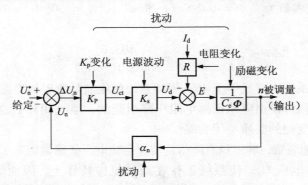

图 7-20 闭环调速控制系统的给定和扰动作用

③反馈闭环控制系统对给定信号和检测装置中的扰动无能为力。如果给定信号发生了不应有的波动，则被调量也要跟着变化，反馈控制系统无法判别是正常的调节给定电压还是给定信号的扰动。因此，闭环调速系统的精度依赖于给定信号的精度。另外，如果反馈检测元件本身有误差，反馈电压 U_n 也要改变，通过调节作用，会使电机转速偏离原应保持的数值。因为实际转速变化引起的反馈电压 U_n 的变化与其他因素（如测速机励磁变化、换向纹波等）引起的反馈电压 U_n 的变化，反馈控制系统是区分不出的。因此，闭环系统的精度还依赖于反馈检测装置的精度。

2. 单闭环有静差直流调速系统的动态特性

根据系统原理图 7-17 和静态结构图 7-18，可得出系统的动态结构图如图 7-21 所示。它是一个三阶系统，由动态结构图可求得闭环调速系统的闭环传递函数为

$$\Phi(s) = \frac{n(s)}{U_n^*} = \frac{\dfrac{k_p k_s c_e \Phi}{1+k}}{\dfrac{T_m T_1 T_s}{1+k}s^3 + \dfrac{T_m(T_1+T_s)}{1+k}s^2 + \dfrac{T_m+T_s}{1+k}s + 1} \tag{7.14}$$

闭环调速系统的特征方程为

$$\frac{T_m T_1 T_s}{1+k}s^3 + \frac{T_m(T_1+T_2)}{1+k}s^2 + \frac{T_m+T_s}{1+k} + 1 = 0$$

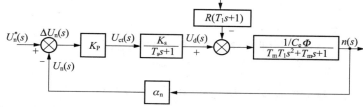

图 7-21 单闭环有静差调速系统的动态结构图

根据三阶系统的劳斯-古尔维茨判据，系统稳定的条件是

$$\frac{T_m(T_1+T_s)}{1+k} \cdot \frac{T_m+T_s}{1+k} - \frac{T_m T_1 T_s}{1+k} > 0$$

整理后得

$$K < \frac{T_m(T_1+T_s) + T_s^2}{T_1 T_s} \tag{7.15}$$

对于本节开始提出的实例，若 $T_m = 0.075$ s，$T_1 = 0.017$ s，采用三相桥式电路取 $T_s = 0.00167$ s，代入式（7.15），可算得 $K < 49.4$。也就是说，要保证系统动态稳定，K 必须小于 49.4。然而，根据所要求的静态性能指标计算，满足静态性能指标时 $K \geq 103.6$，可见静态精度和动态稳定性的要求是矛盾的，可以采用动态校正的方法加以解决。

现在再来分析一下单闭环有静差调速系统的启动过程。突然加给定电压 U_n^* 时，由于电机惯性，转速不可能立即建立起来，转速反馈电压仍为零，相当于偏差电压 $\Delta U_n = U_n^*$，差不多是稳态工作值的 $(1+K)$ 倍。这时，由于放大器和触发整流装置的惯性都很小，整流电压 U_d 一下子就达到它的最高值。对电机来说相当于全压启动，会产生很大的冲击电流，这是不允许的。

综上所述，单闭环有静差调速系统，静特性变硬，在一定静差率要求下调速范围变宽，而且系统具有良好的抗干扰性能。但该系统存在两个问题，一是系统的静态精度和动态稳定性的矛盾，二是启动时冲击电流太大，如何解决这两个问题，将在以下的章节中进一步讨论。

3. 其他单闭环有静差直流调速系统

引入被调量的负反馈是闭环控制系统的基本形式，对调速系统来说，意味着引入转速负反馈。但是要实现转速负反馈必须有转速检测装置，在模拟控制中就是用测速发电机。测速

发电机的安装、维护都比较麻烦，不仅增加了成本，还有可靠性和寿命的问题。那么，可否省去测速发电机呢？

我们知道，如果忽略电枢压降，则直流电机的转速近似与电枢电压成正比，所以，对调速要求不高的系统来说，可以采用电压负反馈的调速系统，其原理图和静态结构图如图 7-22（a）、(b) 所示。

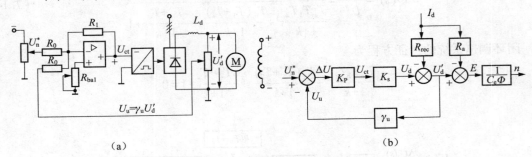

图 7-22　电压负反馈调速系统
(a) 原理图；(b) 静态结构图

电压负反馈取自电枢端电压 U'_d，为了在结构图上把 U'_d 显示出来，须把电阻 R 分成晶闸管整流装置内阻（含平波电抗器电阻）R_{rec} 和电机电枢电阻 R_a 两部分，图中 γ_u 为电压反馈系数，它等于电压反馈电压和电枢电压的比，即 $\gamma_u = U_u / U'_d$，由静态结构图可以看出，扰动量 $I_d R_a$ 不在反馈环包围之内，所以，电压反馈对由它引起的速降是无能为力的。因此，电压负反馈调速系统的静态速降比同等放大系数的转速负反馈系统要大一些，静态性能要差一些。

为了弥补电压负反馈静态速降相对较差的不足，在采用电压负反馈的基础上，再增加电流正反馈，其原理图和静态结构图如图 7-23（a）、(b) 所示。在主回路中串入取样电阻 R_s，由 $I_d R_s$ 取电流正反馈信号，图中 β_i 为电流反馈系数。

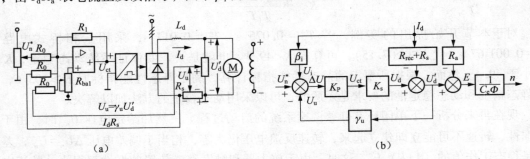

图 7-23　带电流正反馈的电压负反馈调速系统
(a) 原理图；(b) 静态结构图

由静态结构图可以看出，当负载增大使静态速降增加时，电流反馈信号也增大，通过正反馈作用使整流电压 U_d 增加，从而补偿了转速的降落。如果参数选择得合适，可以使静差非常之小，甚至无差。

这种控制称为"补偿控制"，由于电流的大小反映了负载扰动，又叫作负载扰动量的补偿控制。它只能补偿负载扰动，对于其他扰动，它所起的作用可能是坏的。而负反馈控制对一切包在负反馈环内前向通道上的扰动都起抑制作用。另外，补偿控制完全依赖于参数的配合，当参数受温度等因素的影响而发生变化时，补偿作用就会受影响。因此全面地看，补偿控制不如反馈控制好。

7.2.3 无静差调速系统概述及积分控制规律

前面常用调节器中曾分析了积分调节器，积分调节器的输出等于输入量的累积，当输入量等于零时，输出量维持为某一值，也就是说积分调节器的稳态输出不靠输入量来维持。如果将图 7-11 中的比例调节器改用积分调节器，其输入量为给定值与反馈值的偏差 ΔU_n，输出量为控制电压 U_{ct}，则构成积分控制系统。由于积分控制不仅靠偏差本身，还靠偏差的累积，其积分为

$$U_{ct} = \frac{1}{\tau_1} \int \Delta U_n \mathrm{d}t$$

只要有 ΔU_n，即使 $\Delta U_n = 0$，其积分仍然存在，仍能产生控制电压，并保证系统在稳态下运行。即稳态时控制电压可以不靠偏差来维持，因而积分控制的系统是无静差调速系统。但是积分控制的系统，在动态时是有误差的。

事物总是有其两面性，积分调节器固然能使系统在稳态时无静差，但它的动态响应却太慢了。如图 7-12（b）所示，积分调节器在阶跃信号的作用下，其输出逐渐增长，控制作用也逐渐表现出来。与此相反，采用比例调节器虽然有静差，动态反应却较快。如果既要静态准，又要响应快，可以将两者结合起来，采用比例-积分调节器。

比例-积分调节器的输出电压由比例和积分两部分相加而成，由图 7-13 可见，突加输入信号时，由于电容 C_1 两端电压不能突变，相当于电容两端瞬时短路，调节器变成放大系数为 K_P 的比例调节器，在输出端立即呈现电压 $K_P U_{in}$，实现快速控制，发挥了比例控制的长处，而 K_P 的取值是保证系统稳定的。此后，随着电容 C_1 被充电，输出电压 U_{ex} 开始积分，其数值不断增长，直到稳态。稳态时，C_1 两端电压等于 U_{ex}，R_1 已不起作用，又和积分调节器一样了，这时又能发挥积分控制的长处，实现静态无差。在由动态到静态的过程中，比例-积分调节器相当于自动改变放大倍数的放大器，动态时小，静态时大，从而解决了动态稳定性、快速性和静态精度之间的矛盾。PI 调节器的单闭环无静差调速系统如图 7-24 所示。

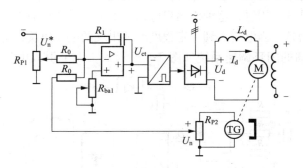

图 7-24 PI 调节器的单闭环无静差调速系统原理图

下面分析一下比例-积分调节器构成的无静差调速系统的抗负载扰动过程。当负载突然增大，电机轴上转矩失去平衡，转速下降，使调节器的输入电压 $U_n^* - U_n = \Delta U_n > 0$，这时调节器的比例部分首先起作用，使整流电压 U_d 增加，阻止转速进一步减小，使转速回升。随着

转速的回升，转速偏差减小，调节器的积分部分起主要作用，最后由调节器的积分作用保证转速恢复到原来的稳态转速，做到静态无差，而整流电压却提高了 ΔU_d，以补偿由于负载增加所引起的那部分主回路压降 $\Delta I_d R$。如图 7-25 给出了无静差系统的抗负载扰动过程。

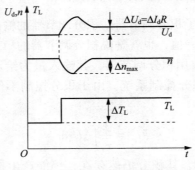

图 7-25 无静差系统的抗扰动过程

最后要说明两点：无静差系统动态仍是有差的；严格来说"无静差"只是理论上的。因为积分或比例积分调节器在稳态时电容两端电压不变，相当于开路，这时的放大系数是运算放大器本身的开环放大系数，其数值很大，但还是有限的，因此仍然存在着很小的 ΔU_n，也就是说，仍有很小的静差 Δn，只是在一般精度要求下可以忽略不计而已。

7.3 带电流截止负反馈的闭环调速系统

7.3.1 电流截止负反馈的引入

前面已经讨论过，单闭环调速系统存在的另一个问题是启动电流过大，为了解决这个问题，系统中必须有自动限制电枢电流的环节。根据反馈控制原理，要维持哪一个物理量基本不变，就应该引入哪个物理量的负反馈。那么，引入电流负反馈应该能够保持电流基本不变，使它不超过允许值，但是从应用看，这种作用只应该在电流比较大时存在，在正常运行时又得取消，让电流随着负载增减。当电流大到一定程度时才出现的电流负反馈称为电流截止负反馈。

带电流截止负反馈的闭环调速系统如图 7-26 所示。为了引入电流反馈，在主电路交流

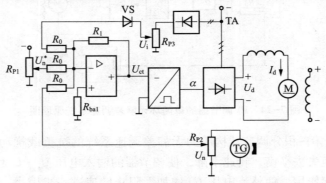

图 7-26 带电流截止负反馈的闭环调速系统

侧用电流互感器 TA 测得与 I_d 成比例的信号，再将其整流成与电流 I_d 成正比例的电流反馈电压 U_i，两者关系为 $U_i/I_d=\beta_i$，β_i 为电流反馈系数。电流反馈信号转换成电压信号经稳压管 VS 后送入调节器的输入端，这样当电流反馈电压 U_i 小于稳压管稳压值 U_{VS} 时，电流负反馈不起作用；而当 $U_i>U_{VS}$ 时，稳压管 VS 击穿，电流负反馈起作用。临界截止电流 $I_{dc}=U_{VS}/\beta_i$。

7.3.2 带电流截止负反馈的闭环调速系统静特性

电流截止负反馈环节的输入、输出特性如图 7-27 所示。

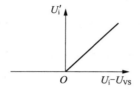

图 7-27 电流截止负反馈环节的输入、输出特性

当输入信号 U_i-U_{VS} 为正时，输入和输出相等；当 U_i-U_{VS} 为负值时，输出 U_i' 为零。这是一个由两段线性环节组成的非线性环节，将其画在方框中，再和系统其他部分连接起来，即可得到带电流截止负反馈的闭环调速系统静态结构图，如图 7-28 所示。

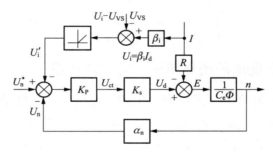

图 7-28 带电流截止负反馈的闭环调速系统静态结构图

由静态结构图可以推导出该系统的静态特性方程式。当 $I_d \leqslant I_{dcr}$ 时，电流负反馈截止，此时有

$$n=\frac{K_P K_s k_n^*}{C_e\Phi(1+k)}-\frac{RI_d}{C_e\Phi(1+k)} \tag{7.16}$$

当 $I_d>I_{dcr}$ 时，电流负反馈起作用

$$n=\frac{K_P K_s U_n^*}{C_e\Phi(1+k)}-\frac{K_P K_s}{C_e\Phi(1+k)}(\beta_i I_d-U_{VS})-\frac{RI_d}{C_e\Phi(1+k)}$$

$$=\frac{K_P K_s(U_n^*+U_{VS})}{C_e\Phi(1+k)}-\frac{(R+K_P K_s \beta_i)}{C_e\Phi(1+k)}I_d \tag{7.17}$$

将上面两式画成静态特性曲线，如图 7-29 所示。

电流负反馈被截止时相当于图中 n_0A 段，它就是闭环调速系统本身的静态特性，显然是比较硬的。电流负反馈起作用时相当于图中的 AB 段，此时由于电流负反馈的作用，相当于在电枢回路中串入一个大电阻 $K_P K_s\beta_i$，因而稳态速降极大，特性急剧下垂，而电流变化却较

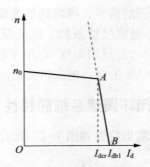

图 7-29 带电流截止负反馈的闭环调速系统静态特性

小。这两段静态特性常被称作下垂特性或挖土机特性。当挖土机遇到坚硬的石块而过载时，电机停下来，这时的电流称为堵转电流 I_{dbl}，在式（7.17）中，令 $n=0$，得

$$I_{dbl} = \frac{K_P K_s (U_n^* + U_{VS})}{R + K_P K_s \beta_i}$$

一般 $K_P K_s \beta_i \gg R$，因此

$$I_{dbl} \approx \frac{U_n^* + U_{VS}}{\beta_i}$$

堵转电流 I_{dbl} 的取值应小于电机允许的最大电流 $(1.5 \sim 2) I_{nom}$。另一方面，临界电流 I_{dcr} 应大于电机的额定电流，以保证电机在额定负载下能正常运行。

7.3.3 带电流截止负反馈的闭环调速系统启动过程

由于系统中有电流限制环节，所以可以突加给定电压 U_n^* 启动，启动过程如图 7-30 （a）所示。启动时，转速、电流逐渐增加，当电流超过临界电流 I_{dcr} 值以后，电流负反馈起作用，限制电流的冲击。最后，电流为负载电流 I_{dL}，转速为给定转速，系统达到稳态。为了缩短启动过程，在电机最大电流（转矩）受限的条件下，希望充分利用电机的允许过载能力。最好是在动态过程中始终保证电流（转矩）为允许的最大值，使传动系统尽可能用最大的加速度启动；到达稳态转速后，又让电流立即降低下来，使转矩马上与负载转矩相平衡，从而转入稳态运行。这就是理想的启动过程，波形如图 7-30（b）所示。比较图 7-30（a）和（b）可以看出，带电流截止负反馈的闭环调速系统的启动过程并不理想，它没有充分利用电机的过载能力来完成动态过程。

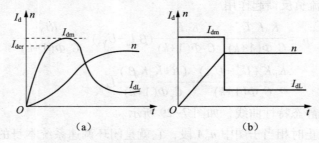

图 7-30 调速系统启动过程的电流和转速波形
（a）带电流截止负反馈的单闭环调速系统启动过程 （b）理想快速启动过程

综上所述，带电流截止负反馈的闭环调速系统，具有一定的调速范围和稳态精度，同时又能限制启动电流和堵转工作，线路简单，调整方便，很有实用价值，但是系统的启动过程不理想。

7.4 闭环调速系统设计实例

设计一个反馈控制系统，首先应该进行总体设计、基本部件选择和静态参数计算，从而形成基本的控制系统。然后，建立基本系统的动态数学模型，分析基本系统的稳定性和动态性能。如果基本系统不满足性能指标的要求，则应加入适当的动态校正装置，使校正后的系统全面地满足要求。

动态校正方法有许多种，而且对于一个系统来说能符合要求的校正方案也不是唯一的。在调速系统中常用串联校正和反馈校正，它们可以很容易地利用由运算放大器构成的有源校正调节器来实现。通常采用经典控制理论中的频率特性法来设计校正环节，基本思路是：根据工作机械和工艺要求确定系统的动态、静态性能指标；然后，根据性能指标求得相应的预期开环对数频率特性；最后，比较预期开环频率特性和基本系统的频率特性，从而确定校正环节的结构和参数。这里将通过一个例子介绍调速系统的常用设计方法。

还是以前面所举的龙门刨床为例，其工作台拖动系统采用 V-M 直流调速系统。其中，直流电机的额定参数为 60 kW、220 V、305 A、1 000 r/min，电枢电阻 $R_a = 0.066\ \Omega$，电机过载系数为 $\lambda = 1.5$。晶闸管变流装置采用三相桥式电路，其放大系数为 $k_s = U_d/U_{ct} = 30$，V-M 系统主回路总电阻为 $R = 0.18\ \Omega$，总电感为 2.16 mH。测速发电机为永磁式直流测速发电机，额定参数为 23.1 W、110 V、0.21 A、1 900 r/min。旋转系统总飞轮矩 $GD^2 = 78\ \mathrm{N \cdot m^2}$，控制电路采用 ±15 V 电源。

试设计闭环调速控制系统，使系统达到静态指标 $D = 20$，$s \leqslant 5\%$，动态性能指标 $\gamma = 60°$，并使系统可以在阶跃给定信号下直接启动。

1. 静态设计

作为有静差系统，在阶跃给定信号下可直接启动，故先考虑采用比例调节器的带电流截止负反馈的单闭环系统。由于该系统在稳定运行时，电流负反馈不作用，因此设计时先不考虑电流截止环节，求满足静态性能指标要求的调节器参数，再设计电流截止负反馈环节。

（1）根据性能指标要求，求系统允许的速降。系统允许的速降为

$$\Delta n_{\mathrm{CL}} = \frac{n_{\mathrm{nom}} s}{D(1-s)} = \frac{1\ 000 \times 0.05}{20 \times (1-0.05)} = 2.63\ \mathrm{r/min}$$

（2）根据 Δn_{CL} 求开环放大倍数 K。开环系统降 Δn_{OP} 和闭环系统速降 Δn_{CL} 的关系为

$$\frac{\Delta n_{\mathrm{OP}}}{\Delta n_{\mathrm{CL}}} = 1 + K$$

先求 Δn_{OP}，根据开环机械特性

$$\Delta n_{\mathrm{OP}} = \frac{R I_{\mathrm{nom}}}{C_e \Phi}$$

而其中

$$C_e\Phi = \frac{U_{nom} - I_{nom}R_s}{n_{nom}} = \frac{220 - 305 \times 0.066}{1\ 000} = 0.2\ (V/(r \cdot min^{-1}))$$

于是有

$$\Delta n_{OP} = \frac{I_{nom}R_a}{C_e\Phi} = \frac{305 \times 0.18}{0.2} = 275\ (r/min)$$

所以

$$K = \frac{\Delta n_{OP}}{\Delta n_{CL}} - 1 = \frac{275}{2.63} - 1 = 103.6$$

因为 $K = K_P K_s a_n / C_e\Phi$，为了求调节器放大系数 K_P，须先求转速反馈系数 a_n。

（3）转速反馈环节参数计算。由图 7-26 可知，转速反馈电压 U_n 是经过测速发电机 TG 和电位器 R_{P2} 得到的，于是测反馈系数为

$$a_n = U_n/n = a_{RP2} \cdot K_{TG}$$

式中，a_n 为测速反馈系数；a_{RP2} 为电位器电阻比值；K_{TG} 为测速发电机传递系数，它是测速发电机额定电压和额定转速的比值，即

$$K_{TG} = 110/1\ 900 = 0.057\ 9\ (V/(min \cdot r))$$

若取 $a_{RP2} = 0.2$，则电机运行在额定转速 1 000 r/min 时，对应的转速反馈电压 U_n 为

$$U_n = n_{nom} \cdot a_{RP2} \cdot K_{TG}$$
$$= 1\ 000 \times 0.2 \times 0.057\ 9$$
$$= 11.58\ (V)$$

对于闭环系统，转速给定电压 U_n^* 应稍大于转速反馈电压 U_n。由于给定的控制电源为 ±15V，若取 $a_{RP2} = 0.2$，计算额定转速下的转速反馈电压为 11.58 V。因此，这样的选择系统可在额定转速下稳定运行，并可在额定转速以下实现无级调速。此时，转速反馈系数为

$$a_n = 0.2 \times 0.057\ 9 = 0.011\ 6\ (V/(min \cdot r))$$

所以

$$K_P = \frac{KC_e\Phi}{K_s a_n} = \frac{103.6 \times 0.2}{30 \times 0.011\ 6} = 59.5$$

取 $K_P = 60$。

（4）电流截止环节设计。根据前面对电流截止负反馈闭环系统的分析，稳压管的稳压值 U_{VS} 决定了临界截止电流对应的电流反馈电压 U_{dcr}，而 $U_{dcr} = \beta_i I_{dcr}$。取临界截止电流 $I_{dcr} = 1.2 I_{nom}$。电流反馈系数 $\beta_i = U_i/I_d$，调节电位器 R_{P3}，可以调节 β_i。由于控制电源电压为 ±15V，电枢电流为最大值（即堵转电流）时，电流反馈电压 U_i 应该小于电源电压。假设调节电位器 R_{P3}，使 $I_d = I_{db1}$ 时，$U_i = 10\ V$，则电流反馈系数为

$$\beta_i = U_i/I_{db1} = U_i/\lambda I_{nom} = \frac{10}{1.5 \times 305} = 0.022\ (V/A)$$

于是稳压管的稳压值为

$$U_{VS} = I_{dcr} \cdot \beta_i = 1.2 \times 305 \times 0.022 = 8\ (V)$$

2. 动态设计

（1）系统的稳定性分析。考虑负反馈闭环系统的动态结构如图 7-21 所示，根据劳斯判据，可得闭环系统稳定的条件为式（7.15），即

$$K < \frac{T_m(T_1+T_s)+T_s^2}{T_1 T_s} = \frac{T_m}{T_s}+\frac{T_m}{T_1}+\frac{T_s}{T_1}$$

而所设计系统中机电时间常数 T_m、电枢回路电磁时间常数 T_1、晶闸管变流装置平均滞后时间 T_s 分别为

$$T_m = \frac{GD^2 R}{375 C_e \Phi C_m \Phi} = \frac{78 \times 0.18}{375 \times 0.2 \times 9.55 \times 0.2} = 0.098 \text{（s）}$$

$$T_1 = \frac{L}{R} = \frac{0.00216}{0.18} = 0.012 \text{（s）}$$

$$T_s = 0.00167 \text{（s）}$$

于是系统稳定运行的条件为

$$K < \frac{0.098}{0.00167} + \frac{0.098}{0.012} + \frac{0.00167}{0.012} \approx 67$$

根据第一步静态设计中的分析，要满足 $D=20$，$s<5\%$ 的静态性能指标，K 必须大于 103.6。显然静态设计中根据 $K>103.6$ 设计比例调节器所构成的系统是不稳定的，必须做动态校正。

（2）系统的动态校正。这里将采用开环对数频率特性设计串联校正调节器。由图 7-21 可知，经过静态设计后满足静态性能指标的负反馈闭环系统的开环传递函数为

$$W(s) = \frac{K_P K_s a_n / C_e \Phi}{(T_s s+1)(T_m T_1 s^2 + T_m s +1)}$$

$$= \frac{K}{(T_s s+1)(T_m T_1 s^2 + T_m s +1)}$$

而 $T_m T_1 s^2 + T_m s + 1 = 0.098 \times 0.012 s^2 + 0.098 s + 1$

$= (0.084 s +1)(0.014 s +1)$

$= (T_1 s +1)(T_2 s +1)$

于是闭环系统的开环传递函数为

$$W(s) = \frac{103.6}{(0.00167s+1)(0.014s+1)(0.084s+1)}$$

相应的开环对数幅频特性如图 7-31 中曲线①所示。

其中三个转折频率分别为

$$\omega_1 = \frac{1}{T_1} = \frac{1}{0.084} = 11.9 \text{（s}^{-1}\text{）}$$

$$\omega_2 = \frac{1}{T_2} = \frac{1}{0.014} = 71.4 \text{（s}^{-1}\text{）}$$

$$\omega_3 = \frac{1}{T_3} = \frac{1}{0.00167} = 600 \text{（s}^{-1}\text{）}$$

而 $20\lg K = 20\lg 103.6 = 40.3$ dB，由图 7-31 可以求出截止频率 $\omega_{cl} = 296.8 \text{ s}^{-1}$，相角裕量为

$$\gamma = 180° - \arctan \omega_{cl} T_1 - \arctan \omega_{cl} T_2 - \arctan \omega_{cl} T_s$$

$$\approx -10.6°$$

由此也可得出系统不稳定的结论。

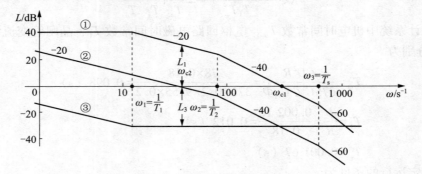

图 7-31 闭环系统的串联校正

①被校正系统的开环对数幅频特性；
②校正后系统的开环对数幅频特性；
③校正环节的对数幅频特性

在负反馈闭环调速系统中实现串联校正常用 PI（或滞后）、PD（或超前）、PID（或滞后-超前）之类的调节器。由 PI 调节器构成滞后校正，可以保证稳态精度，但以牺牲快速性换取系统的稳定性；用 PD 调节器构成超前校正可以提高稳定裕量，并获得足够的快速性，但会影响稳态精度；用 PID 调节器实现滞后-超前校正则兼有二者的优点，可以全面提高系统性能，但调节器线路相对复杂，调试比较麻烦。一般的调速系统要求以稳定性和准确性为主，对快速性要求不高，经常采用 PI 调节器构成串联滞后校正，其传递函数为

$$k_{PI}\frac{\tau s+1}{\tau s}$$

调节器设计方法灵活多样，有时需要反复试凑才能得到满意的结果。针对本例静态设计所得的闭环系统，由于系统不稳定，要设法将截止频率减下来，以使系统有足够的稳定裕量。因此，将校正环节的转折频率 $1/\tau$ 设置在远小于被校正系统截止频率 ω_{c1} 处。为了方便起见，通常令 $\tau = T_1$，被校正系统中时间常数大的惯性环节为

$$\frac{1}{T_1 s+1}$$

即在传递函数上使校正装置的比例微分项（$\tau s+1$）与该惯性环节相对消，以此来确定校正环节的转折频率。

校正环节的比例系数 K_{PI}，可以根据所要求的系统稳定裕量来求得。为了使校正后系统具有足够的稳定裕量，校正后系统的开环幅频特性应以 -20 dB/dec 的斜率穿越零分贝线，必须将图 7-31 中被校正系统的对数幅频特性曲线①压下来，使校正后系统的截止频率 $\omega_{c2} < 1/T_2$。校正后系统的开环传递函数为

$$W_{obj}(s) = \frac{K}{(T_1 s+1)(T_2 s+1)(T_s s+1)} \times \frac{K_{PI}(\tau s+1)}{\tau s}$$

$$= \frac{KK_{PI}}{\tau s(T_2 s+1)(T_s s+1)} \tag{7.18}$$

校正后系统的稳定裕量为

$$\gamma = 180° - 90° - \arctan\omega_{c2}T_2 - \arctan\omega_{c2}T_s \tag{7.19}$$

式中，ω_{c2} 为校正后系统开环对数幅频特性的截止频率。

若要求 $\gamma = 60°$，利用式（7.19）可以求出 $\omega_{c2} = 35.7\ \text{s}^{-1}$，可以取 $\omega_{c2} = 35\ \text{s}^{-1}$。校正后系统的开环对数幅频特性如图 7-31 中的曲线②。

比较图 7-31 中的曲线①和曲线②，在 ω_{c2} 处，被校正系统的 $L_1 = 30.9\ \text{dB}$，校正后系统的 $L_2 = 0\ \text{dB}$。因此，校正环节的 L_3 应与 L_1 正负相抵，即 $L_3 = -L_1 = -30.9\ \text{dB}$。这样确定的校正环节的对数幅频特性如图 7-31 中的曲线③所示，由该曲线可以看出

$$L_3 = -20\lg\frac{1/\tau}{K_{PI}/\tau} = -20\lg\frac{1}{K_{PI}}$$

所以

$$20\lg\frac{1}{K_{PI}} = 30.9\ \text{dB}$$

求得 $K_{PI} = 0.0285$。

于是，串联校正环节的传递函数为

$$W_{c1}(s) = \frac{0.0285 \times (0.084s + 1)}{0.084s}$$

该调节器与被校正系统中的比例系数为 $K_P = 60$ 的比例调节器串联。将比例调节器的比例系数综合考虑到比例积分调节器，则调速系统中所串联比例积分调节器的传递函数为

$$W_{c2}(s) = \frac{0.0285 \times 60 \times (0.084s + 1)}{0.084s} = \frac{1.17 \times (0.084s + 1)}{0.084s}$$

若取调节器输入电阻 $R_0 = 20\ \text{k}\Omega$，则调节器反馈网络中的参数为

$$R_1 = 1.17 \times R_0 = 34.2\ （\text{k}\Omega）$$

$$C_1 = \tau/R_1 = 0.084/34.2 \times 10^3 = 2.45\ （\mu\text{F}）$$

调节器的电路图如图 7-32 所示。

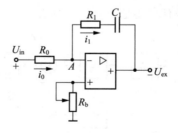

图 7-32　比例积分调节器结构图

本 章 小 结

1. 直流调速有三种方案，即改变电枢电压、电枢串电阻和减弱磁通。其中以调压调速方式性能较好，应用最广。但它只能从基速向下调速，有必要时可以调压调磁相结合，以扩大调速范围。

2. 调速系统的主要技术指标包括静差率 s、调速范围 D 和调速平滑性要求。调速范围和

静差率这两个指标是相互联系的，不能脱离对静差率的要求谈调速系统的调速范围。一个调速系统，如果机械特性硬度不变，要求静差率越高，则允许的调速范围就越小。或者说，要求调速范围越大，就越不容易满足静差率的要求。

3. 多数调速系统采用无级调速方式，以满足调速平滑性要求。

4. 闭环调速系统优于开环调速系统，其机械特性硬度很高，可以获得更大的调速范围和更小的静差率。

5. 无静差转速负反馈调速系统的静特性理论是一条水平直线。但实际上仍有微差。

6. 调速系统的被测量主要有电压、电流和转速。转速检测常用测速发电机，电流检测常用交流直流互感器，电压检测常用各种电压转换器。高精度的调速系统必须使用高精度的检测元件，因为闭环系统也无法克服由检测不准引起的系统误差。

7. PI 调节器是调速系统中最常用的调节器。因为它能同时改善系统的动、静态性能。

8. 有许多生产机械都要求电动机能实现正、反转，由此需要采用可逆调速系统，可逆调速系统有电枢可逆控制和磁场可逆控制两种方案，前者更为常见。可逆调速系统不但能实现电动机的正、反转，还能实现电能回馈。

习 题 7

7.1 试回答下列问题

（1）在转速负反馈单闭环有静差调速系统中，突减负载后进入稳定运行状态，此时晶闸管整流装置的输出电压 U_d 较之负载变化前增加、减少还是不变？

（2）在无静差调速系统中，如果突加负载，到稳态时，转速 n 和整流装置的输出电压 U_d 增加、减少还是不变？

7.2 在图 7-33 所示的单闭环有静差调速系统中，在 U_n^* 不变的条件下，调节反馈电位计使转速反馈系数 α_n 增加一倍，试问电机转速 n 是升高还是下降，系统稳态速降比原来增加还是减少？对系统的稳定性是有利还是不利？为什么？

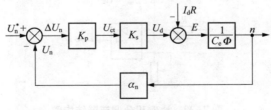

图 7-33 习题 7.2 图

7.3 某调速系统的调速范围是 150~1500 r/min（即 $D=10$），要求静差率为 $s=2\%$，那么系统允许的稳态速降是多少？

7.4 有一 V-M 系统，电机铭牌参数为

$P_{nom} = 2.5$ kW，$U_{nom} = 220$ V，$I_{nom} = 15$ A，$n_{nom} = 1\ 500$ r/min，$R_a = 2\ \Omega$，整流装置内阻 $R_a = 2\ \Omega$，触发整流环节的放大倍数为 $K_s = 30$，要求调速范围 $D = 20$，静差率 $s = 10\%$。试求

（1）计算开环系统的稳态速降和调速要求所允许的稳态速降。

（2）采用转速负反馈组成闭环系统，试画出系统的稳态结构图。

（3）调整该系统，使当 $U_n^* = 20$ V 时，转速 $n = 1\ 000$ r/min，则转速反馈系数应为多少？

（4）计算所需的放大器放大倍数。

（5）若主电路电感 $L = 60$ mH，系统飞轮惯量 $GD^2 = 1.8$ N·m²，整流电路为三相零式，则所设计的转速负反馈系统是否稳定？为了保证稳定，允许的最大开环放大系数是多少？

7.5 为什么积分控制的调速系统是无静差的？积分调节器的输入偏差电压为零时，输出电压取决于哪些因素？

第 8 章　PWM 直流脉宽调速系统

内 容 提 要

本章主要介绍脉宽调制的基本原理、包括直流脉宽调速的原理与特点、可逆和不可逆 PWM 交换器的基本结构及其控制规律；直流脉宽调速系统的控制电路（包括各种脉冲宽度调制器、逻辑延时及限流保护电路、驱动电路）；并给出了直流脉宽调速系统的实例。

晶闸管变流器构成的相控式直流调速系统，在过去的工业应用中，一直占据着主要的地位。上一章我们已论述了此类系统的明显缺陷，例如，当系统低速运行时，晶闸管的导电角很小，系统的功率因数也很低，并产生较大的谐波电流，使转矩的脉动加大，限制了调速范围，必须用电感量很大的平波电抗器来克服上述问题，但电感大又限制了系统响应的快速性。功率因数低，谐波电流大，会引起电网波形畸变的污染，设备容量大时还将造成所谓的电力公害，必须增设无功补偿和谐波滤波装置。谐波电流大还会引起强烈的电磁辐射，造成严重的电磁兼容问题。此外，由于普通晶闸管是一种只能用"门极"控制其导通，不能用"门极"控制其关断的半控型器件，所以这种晶闸管整流装置的性能受到了很大的限制。

随着电力电子器件的发展，出现了如大功率晶体管（GTR）、可关断晶闸管（GTO）和功率场效应晶体管（MOSFET）、绝缘栅双极晶体管（IGBT）、MOS 控制晶闸管（MCT）等既能控制导通又能控制关断的全控型器件。以大功率晶体管为基础组成的晶体管脉宽调制（PWM）直流调速系统，近年来在直流传动中的应用逐渐成为主流。在大功率应用领域，随着 GTO 开关频率的提高，使得晶闸管这种"古老"的器件焕发了青春，在脉宽调速方面也获得了越来越广泛的应用。

晶体管脉宽调制是利用大功率晶体管的开关作用，将直流电压转换成较高频率的方波电压，加在直流电动机的电枢上，通过对方波脉冲宽度的控制，改变电动机电枢电压的平均值，从而调节电动机的转速。直流脉宽调制电路简称为 PWM（Pulse Width Modulation）电路。其结构原理见图 8-1。

与晶闸管相控式整流直流调速系统相比，直流脉宽调制系统有以下优点。

（1）需用的功率元件少，线路简单，控制方便。

（2）由于晶体管的开关频率高，仅靠电枢电感的滤波作用，就可获得脉动很小的直流电流，电流连续容易，同时电动机的损耗和发热均较小。

第 8 章 PWM 直流脉宽调速系统

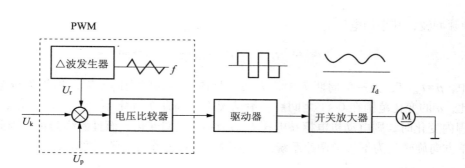

图 8-1 脉冲宽度调制器结构原理图

（3）系统频带宽，响应速度快，动态抗扰能力强。
（4）低速性能好，稳速精度高，因而调速范围宽。
（5）直流电源采用三相不可控整流，功率因数较高，对电网影响小。
（6）主电路元件工作在开关状态，损耗小，装置效率高。

从调速系统的结构上看，脉宽调速系统和晶闸管整流装置供电的调速系统基本上是一样的，主要区别在于主电路采用了脉宽调制变换器，从而使其性能有了质的飞跃。

8.1 直流脉宽调制电路的工作原理

直流脉宽调速系统的核心是脉冲宽度调制变换器，简称 PWM 变换器。PWM 变换器有不可逆和可逆两类，可逆变换器又有不同的工作方式。下面分别介绍其工作原理和特性。

8.1.1 不可逆、无制动力 PWM 变换器

不可逆 PWM 变换器就是直流斩波器，其电路原理如图 8-2 所示。它采用了全控式的电力晶体管，开关频率可达数十千赫。直流电压 U_s 由不可控整流电源提供，采用大电容滤波，二极管 VD 在晶体管 VT 关断时为电枢回路提供释放电感储能的续流回路。

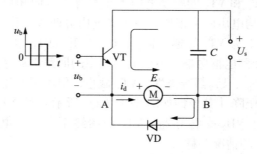

图 8-2 不可逆 PWM 变换器电路原理图

大功率晶体管 VT 的基极由脉宽可调的脉冲电压 u_b 驱动，当 u_b 为正时，VT 饱和导通，电源电压 U_s 通过 VT 的集电极回路加到电动机电枢两端；当 u_b 为负时，VT 截止，电动机电枢两端无外加电压，电枢的磁场能量经二极管 VD 释放（续流）。电动机电枢两端得到的电

压 U_{AB} 为脉冲波,其平均电压为

$$U_d = \frac{t_{on}}{T} U_s = \rho U_s \qquad (8.1)$$

式中,$\rho = t_{on}/T$,为一个周期 T 中,大功率晶体管导通时间的比率,称为负载电压系数或占空比,ρ 的变化范围在 0~1 之间。一般情况下,周期 T 固定不变,当调节 t_{on},使 t_{on} 在 0~T 范围内变化时,则电动机电枢端电压 U_d 在 0~U_s 之间变化,而且始终为正,因此,电动机只能单方向旋转,为不可逆调速系统。这种调节方法也称为定频调宽法。

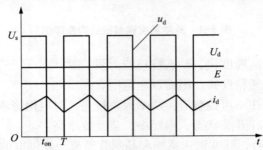

图 8-3 电压和电流波形图

图 8-3 所示为稳态时电动机电枢的脉冲端电压 u_d、电枢电压平均值 U_d、电动机反电势 E 和电枢电流 i_d 的波形。由于晶体管开关频率较高,利用二极管 VD 的续流作用,电枢电流 I_d 是连续的,而且脉动幅值不是很大,对转速和反电势的影响都很小,为突出主要问题,可忽略不计,即认为转速和反电势为恒值。

8.1.2 不可逆、有制动力 PWM 变换器

图 8-2 所示的简单不可逆电路中,电流 i_d 不能反向,因此不能产生制动作用,只能做单象限运行。需要制动时,必须具有反向电流 $-i_d$ 的通路。因此应该设置控制反向通路的第二个功率晶体管,如图 8-4(a)所示。这种电路组成的 PWM 传动系统可在一、二两个象限运行。

此时,功率晶体管 VT_1 和 VT_2 的驱动电压大小相等、方向相反,即 $U_{G1} = -U_{G2}$。当电机在电动状态下运行时,平均电压应为正值,一个周期内分两段变化。

在 $0 \leq t \leq T_{ON}$ 期间(T_{ON} 为 VT_1 导通时间),U_{G1} 为正,VT_1 饱和导通;U_{G2} 为负,VT_2 截止。此时,电源电压 U_s 加到电枢两端,电流 i_d 沿图中的回路 1 流通。

在 $T_{ON} \leq t \leq T$ 期间,U_{G1}、U_{G2} 都变极性,VT_1 截止,但由于电流 i_d 沿回路 2 经二极管 VD_2 续流。在 VD_2 两端产生的压降[其极性如图 8-4(a)所示] 给 VT_2 施加反压,VT_2 并不导通。因此,实际上是 VT_1、VD_2 交替导通,VT_2 而始终不通,其电压和电流波形如图 8-4(b)所示,波形和图 8-3 的情况一样。

如果在电动运行中要降低转速,则应该先减小控制电压,使 U_{G1} 的正脉冲变窄,负脉变宽,从而使平均电枢电压 U_d 降低。但由于惯性的作用,转速和反电动势还来不及立即变化,造成反电动势 $E > U_d$ 的局面。这时 VT_2 就在电机制动中发挥作用。

现在分析处于制动状态的工作情况。在 $T_{ON} \leq t \leq T$ 期间,U_{G2} 变正,VT_2 导通,产生的反向电流 $-i_d$ 沿回路 3 通过 VT_2 流通,产生能耗制动,直到 $t = T$ 为止。在 $T \leq t \leq T + T_{ON}$(也就是

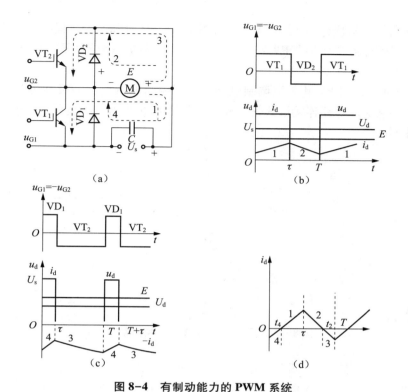

图 8-4 有制动能力的 PWM 系统
(a) 原理图；(b) 电流大于零时电压电流波形
(c) 电流小于零时电压电流波形；(d) 电流较小时电压电流波形

$0 \leq t \leq T_{ON}$）期间，VT_2 截止，$-i_d$ 沿回路 4 通过 VD_1 续流，对电源回馈制动，同时在 VD_1 上的压降使 VT_1 不能导通。在制动过程中 VT_2 和 VD_1 轮流导通，而 VT_1 始终截止，电压和电流波形如图 8-4（c）所示。反向电流的制动作用使电机转速下降，直到新的稳态。

最后应该指出，当直流电源采用半导体整流装置时，在回馈制动阶段电能不可能通过它回送电网，只能向滤波电容 C 充电，从而造成瞬间的电压升高，称"泵升电压"。如果回馈能量大，泵升电压太高，将危及功率开关器件和整流二极管，必须采取措施加以限制。

还有一种情况，在轻载电动状态下，负载电流较小，以致当 VT_1 关断后 i_d 的续流很快就衰减到零，如图 8-4（d）中 T_{ON} 到 T 期间的 t_2 时刻。这时二极管 VD_2 截止，使 VT_2 得以导通，反电动势 E 产生沿回路 3 流过的反向电流 $-i_d$，产生局部时间的能耗制动作用。到 $t=T$ 时刻，VT_2 关断，$-i_d$ 又开始沿回路 4 经 VD 续流，直到 $t=t_4$ 时 $-i_d$ 衰减到零，VT_1 才开始导通。这种情况下，一个开关周期内 VT_1、VD_2、VT_2、VD_1 四个管子轮流导通，电流波形如图 8-4（d）所示。

8.1.3 可逆 PWM 变换器

为了克服不可逆变换器的缺点，提高调速范围，使电动机在四个象限中运行，可采用可逆 PWM 变换器。可逆 PWM 变换器在控制方式上可分双极式、单极式和受限单极式三种。

1. 双极式 PWM 变换器

双极式 PWM 变换器主电路的结构形式有 H 型和 T 型两种，这里主要讨论常用 H 型变换器。如图 8-5 所示，双极式 H 型 PWM 变换器由四个晶体管和四个二极管组成，其连接形状如同字母 H，因此称为"H 型"PWM 变换器。它实际上是两组不可逆 PWM 变换器电路的组合。

"H 型"可逆输出的 PWM 脉宽调制电路，根据输出电压波形的极性可分为双极式和单极式两种方式，它们的电路连接形式是一样的，如图 8-5 所示，区别只是四个晶体管基极驱动信号的极性不同。

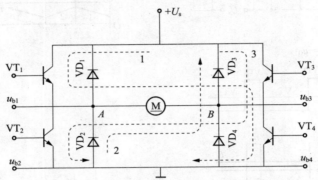

图 8-5 双极式 H 型 PWM 变换器原理图

在图 8-5 所示的电路中，四个晶体管的基极驱动电压分为两组，VT_1 和 VT_4 同时导通和关断，其驱动电压 $u_{b1}=u_{b4}$；VT_2 和 VT_3 同时导通和关断，其驱动电压 $u_{b2}=u_{b3}=-u_{b1}$，它们的波形如图 8-6 所示。

在一个周期内，当 $0 \leqslant t < t_{on}$ 时，u_{b1} 和 u_{b4} 为正，晶体管 VT_1 和 VT_4 饱和导通；而 u_{b2} 和 u_{b3} 为负，VT_2 和 VT_3 截止。这时，电动机电枢 AB 两端电压 $u_{AB}=+U_s$，电枢电流 i_d 从电源 U_s 的正极 → VT_1 → 电动机电枢 → VT_4 → 到电源 U_s 的负极。

当 $t_{on} \leqslant t < T$ 时，u_{b1} 和 u_{b4} 变负，VT_1 和 VT_4 截止；u_{b2} 和 u_{b3} 变正，但 VT_2 和 VT_3 并不能立即导通，因为在电动机电枢电感向电源 U_s 释放能量的作用下，电流 i_d 沿回路 2 经 VD_2 和 VD_3 形成续流，在 VD_2 和 VD_3 上的压降使 VT_2 和 VT_3 的集电极-发射极间承受反压，当 i_d 过零后，VT_2 和 VT_3 导通，i_d 反向增加，到 $t=T$ 时 i_d 达到反向最大值，这期间电枢 AB 两端电压 $u_{AB}=-U_s$。

由于电枢两端电压 u_{AB} 的正负变化，使得电枢电流波形根据负载大小分为两种情况。当负载电流较大时，电流 i_d 的波形如图 8-6 中的 i_{d1}，由于平均负载电流大，在续流阶段（$t_{on} < t < T$）电流仍维持正方向，电动机工作在正向电动状态；当负载电流较小时，电流 i_d 的波形如图 8-6 中的 i_{d2}，由于平均负载电流小，在续流阶段，电流很快衰减到零，于是 VT_2 和 VT_3 的 C-E 极间反向电压消失，VT_2 和 VT_3 导通，电枢电流反向，i_d 从电源 U_s 正极 → VT_2 → 电动机电枢 → VT_3 → 电源 U_s 负极，电动机处在制动状态。同理，在 $0 \leqslant t < T$ 期间，电流也有一次倒向。

由于在一个周期内，电枢两端电压正负相间，即在 $0 \leqslant t < t_{on}$ 期间为 $+U_s$，在 $t_{on} < t < T$ 期间为 $-U_s$，所以称为双极性 PWM 变换器。利用双极性 PWM 变换器，只要控制其正负脉冲电压的宽窄，就能实现电动机的正转和反转。当正脉冲较宽时（$t_{on} > T/2$），则电枢两端平均电压为正，电动机正转；当正脉冲较窄时（$t_{on} < T/2$），电枢两端

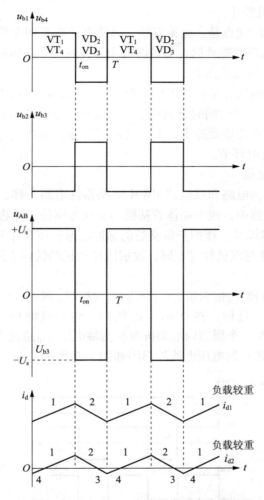

图 8-6 双极式 PWM 变换器电压电流波形图

平均电压为负,电动机反转;如果正负脉冲电压宽度相等($t_{on} = T/2$),平均电压为零,则电动机停止。此时电动机的停止与四个晶体管都不导通时的停止是有区别的,四个晶体管都不导通时的停止是真正的停止。平均电压为零时的电动机停止,电动机虽然不动,但电动机电枢两端瞬时电压值和瞬时电流值都不为零,而是交变的,电流平均值为零,不产生平均力矩,但电动机带有高频微振,因此能克服静摩擦阻力,消除正反向的静摩擦死区。

双极式可逆 PWM 变换器电枢平均端电压可用公式表示为

$$U_d = \frac{t_{on}}{T} U_s - \frac{T - t_{on}}{T} U_s = (\frac{2t_{on}}{T} - 1) U_s \tag{8.2}$$

以 $\rho = U_d/U_s$ 来定义 PWM 电压的占空比,则 ρ 与 t_{on} 的关系为

$$\rho = \frac{2t_{on}}{T} - 1 \tag{8.3}$$

调速时,ρ 的变化范围变成 $-1 \leq \rho \leq 1$。当 ρ 为正值时,电动机正转;当 ρ 为负值时,电动机

反转；当 $\rho=0$ 时，电动机停止。

双极式 PWM 变换器的优点是：电流连续，可使电动机在四个象限中运行，电动机停止时，有微振电流，能消除静摩擦死区，低速时每个晶体管的驱动脉冲仍较宽，有利于晶体管的可靠导通，平稳性好，调速范围大。

双极式 PWM 变换器的缺点是：在工作过程中，四个大功率晶体管都处于开关状态，开关损耗大，且容易发生上下两管同时导通的事故，降低了系统的可靠性。

为了防止双极式 PWM 变换器的上、下两管同时导通，可在一管关断和另一管导通的驱动脉冲之间，设置逻辑延时环节。

2. 单极式 PWM 变换器

单极式 PWM 变换器的电路和双极式 PWM 变换器的电路一样，只是驱动脉冲信号不一样。在单极式 PWM 变换器中，四个晶体管基极的驱动电压是：左边两管 VT_1 和 VT_2 的驱动脉冲 $u_{b1}=-u_{b2}$，具有与双极式一样的正负交替的脉冲波形；使 VT_1 和 VT_2 交替导通。右边两管 VT_3 和 VT_4 的驱动脉冲与双极性时不同，改成因电动机的转向不同而施加不同的直流控制信号。

如果电动机正转，就使 u_{b3} 恒为负，u_{b4} 恒为正，使 VT_3 截止，VT_4 饱和导通，VT_1 和 VT_2 仍工作在交替开关状态。这样，在 $0 \leq t \leq t_{on}$ 期间，电动机电枢两端电压 $u_{AB}=U_s$，而在 $t_{on} \leq t<T$ 期间，$u_{AB}=0$。在一个周期内电动机电枢两端电压 u_{AB} 总是大于零，所以称为单极式 PWM 变换器。电动机正转时的电压电流波形图如图 8-7 所示。

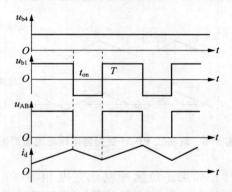

图 8-7 单极式 PWM 变换器电压电流波形图

如果希望电动机反转，就使 u_{b3} 恒为正，u_{b4} 恒为负，使 VT_3 饱和导通，VT_4 截止，VT_1 和 VT_2 仍工作在交替开关状态。这样，在 $0 \leq t \leq t_{on}$ 期间，电动机电枢两端电压 $u_{AB}=0$；而在 $t_{on} \leq t<T$ 期间，$u_{AB}=-U_s$。

由于单极式 PWM 变换器的 VT_3、VT_4 二者中总有一个常通，而另一个截止，这一对开关元件无须频繁交替导通，因而减少了开关损耗和上下管同时导通的概率，可靠性得到提高。同时，当电动机停止工作时，$U_d=0$，其瞬时值也为零，因而空载损耗也减少了。但此电路无高频微振，启动较慢，其低速性能不如双极性的好。

3. 受限单极式 PWM 变换器

在单极式 PWM 变换器电路中有一对晶体管开关元件 VT_1 和 VT_2 交替导通，仍有上下管直通的危险。如果将控制方式进行适当的改进，当电动机正转时，让 u_{b2} 恒为负，使 VT_2 一直截止，VT_1 则处于开关工作状态；当电动机反转时，让 u_{b1} 恒为负，使 VT_1 一直截止，VT_2 处于开关工作状态，其他晶体管的驱动信号与单极式电路相同，这样就不会产生上下管直通的故障了，这种控制方式称为受限单极式。

受限单极式 PWM 变换器在负载较重时，电流单方向连续变化，因而电压、电流波形与单极式电路一样；但当负载较轻时，若通过 VD 的续流电流衰减到零，电流会出现断续的现象，这时电动机电枢两端的电压 u_{AB} 跳变为 U_s。断续现象将使 PWM 调速系统的动、静态特性变差，换来的好处是系统的可靠性得到了提高。

8.2 脉宽调速系统的控制电路

8.2.1 直流脉宽调制器

在直流脉宽调速系统中，晶体管基极的驱动信号是脉冲宽度可调的电压信号。脉宽调制器实际上是一种电压-脉冲变换器，由电流调节器的输出电压 U_c 控制，给 PWM 装置输出脉冲电压信号，其脉冲宽度和 U_c 成正比。常用的脉宽调制器有以下几种。

① 用锯齿波作调制信号的锯齿波脉宽调制器。
② 用三角波作调制信号的三角波脉宽调制器。
③ 用多谐振荡器和单稳态触发电路组成的脉宽调制器。
④ 数字脉宽调制器。

下面以锯齿波脉宽调制器为例来说明脉宽调制原理。

锯齿波脉宽调制器是一个由运算放大器和几个输入信号组成的电压比较器，如图 8-8 所示。

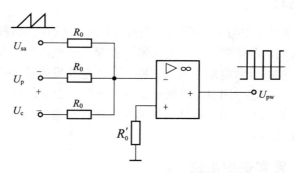

图 8-8 锯齿波脉宽调制器原理图

图 8-8 中，加在运算放大器反相输入端上的有三个输入信号，一个输入信号是锯齿波调制信号 U_{sa}，由锯齿波发生器提供，其频率是主电路所需的开关调制频率；另一个输入信号是控制电压 U_c，是系统的给定信号经转速调节器、电流调节器输出的直流控制电压，其极性与大小随时可变，U_c 与 U_{sa} 在运算放大器的输出端叠加，从而在运算放大器的输出端得到周期不变、脉冲宽度可变的调制输出电压 U_{pw}；为了得到双极式脉宽调制电路所需的控制信号，再在运算放大器的输入端引入第三个输入信号——负偏差电压 U_p，其值为

$$U_p = -\frac{1}{2}U_{samax} \tag{8.4}$$

这样，当 $U_c=0$ 时，输出脉冲电压 U_{pw} 的正负脉冲宽度相等，如图 8-9（a）所示。

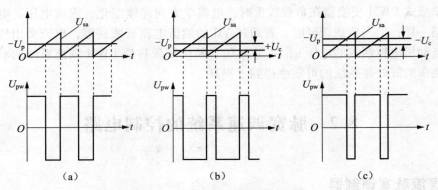

图 8-9　锯齿波脉宽调制器波形图
(a) $U_c=0$；(b) $U_c>0$；(c) $U_c<0$

当 $U_c>0$ 时，$+U_c$ 的作用和 $-U_p$ 相减，经运算放大器倒相后，输出脉冲电压 U_{pw} 的正半波变窄，负半波变宽，如图 8-9（b）所示。

当 $U_c<0$ 时，$-U_c$ 的作用和 $-U_p$ 相加，则情况相反，输出脉冲电压 U_{pw} 的正半波增宽，负半波变窄，如图 8-9（c）所示。

这样，通过改变控制电压 U_c 的极性，也就改变了双极式 PWM 变换器输出平均电压的极性，因而可改变电动机的转向。通过改变控制电压 U_c 的大小，就能改变输出脉冲电压的宽度，从而改变电动机的转速。

8.2.2　逻辑延时电路

在可逆 PWM 变换器中，由于晶体管的关断过程中有一段存储时间和电流下降时间，总称关断时间，在这段时间内晶体管并未完全关断。如果在此期间另一个晶体管已经导通，则将造成上下两管直通，从而导致电源正负极短路。为了避免发生这种情况，在系统中设置了由 RC 电路构成的逻辑延时电路 DLD，以保证在对一个管发出关闭脉冲并延时一段时间后再发出对另一个管子的开通脉冲。由于晶体管导通时也存在开通时间，所以，延时时间只要大于晶体管的存储时间就可以了。

8.2.3　基极驱动电路和保护电路

脉宽调制器输出的脉冲信号一般功率较小，不能用来直接驱动主电路的晶体管，必须经过基极驱动电路的功率放大，以确保晶体管在开通时能迅速达到饱和导通，关断时能迅速截止。基极驱动电路的每个开关过程包含三个阶段，即开通、饱和导通和关断。

在采用大功率晶体管的电机拖动电路中，电源容量很大，如果大功率晶体管损坏了，就有可能在基极回路中流过很大的电流，为了防止晶体管故障时损害基极电路，晶体管的驱动电路必须要有快速自动保护功能。现在，有专门的驱动保护集成电路，如法国汤姆逊（THOMSON）公司生产的 UAA4002 芯片，可以实现对功率晶体管的最优基极驱动，同时实现对开关晶体管的非集中保护。UAA4002 芯片的原理框图如图 8-10 所示。

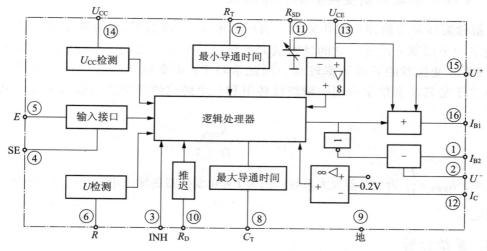

图 8-10 UAA4002 芯片的原理框图

8.3 PWM 直流调速装置的系统分析

8.3.1 总体结构

对直流调速系统而言，一般动、静态性能较好的调速系统都采用双闭环控制系统，因此，对直流脉宽调速系统，我们也将以双闭环为例予以介绍。

直流脉宽调速系统的原理图如图 8-11 所示，由主电路和控制电路两部分组成，采用转速、电流双闭环控制方案，转速调节器和电流调节器均为 PI 调节器，转速反馈信号由直流测速发电机 TG 得到，电流反馈信号由霍尔电流变换器得到，这部分的工作原理与双闭环直流调速系统相同。主电路采用 PWM 变换器，主要由脉宽调制变换器 UPW、调制波发生器 GM、逻辑延时电路 DLD 和电力晶体管基极驱动器 CD 组成，其中关键的部件是脉宽调制变换器。

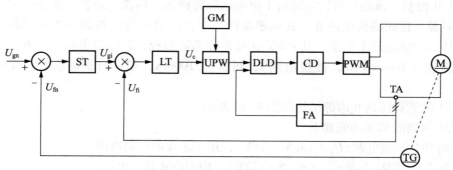

图 8-11 直流脉宽调速系统的原理图

8.3.2 PWM脉宽调制变换器的传递函数

根据脉宽调制变换器的工作原理，当控制电压 U_{ct} 改变时，PWM 变换器的输出电压要到下一个周期才改变，它的延时最大不超过一个开关周期 T。由于在脉宽调速系统中，PWM 变换器的开关频率较高，因此常将 PWM 变换器的滞后环节看作一阶惯性环节，于是其动态模型可用一阶惯性环节和一个纯比例环节的串联来描述，其传递函数为

$$W_{PWM}(s) = \frac{K_{PWM}}{Ts+1} \qquad (8.5)$$

式中，$K_{PWM} = \dfrac{U_d}{U_{ct}}$ 为变换器放大系数；U_d 为 PWM 变换器的输出电压；U_{ct} 为 PWM 变换器的控制电压。

8.3.3 系统分析

由图 8-11 可知，这是一个典型的转速、电流双闭环控制方案，这部分的工作原理与晶闸管双闭环直流调速系统相同，读者可参照分析其电流环及转速环，并得到相应的数学模型，在此不再赘述。

8.4 由 PWM 集成芯片组成的直流脉宽调速系统实例

PWM 控制系统经过十多年的发展，国外在 1980 年左右开始进入控制电路集成化阶段。市场出售的单片集成 PWM 控制电路的产品较多。例如，美国 Silicon General 公司用于电机控制的新型 SG1731 型 PWM 集成电路，SG1635 半桥驱动器，日本三菱（MITSUBISHI）电气公司的晶体管驱动模块 M 57215L 混合集成电路等。

下面简要介绍一种由 SG1731 型 PWM 集成电路构成的 PWM 速度伺服系统。

8.4.1 SG1731 芯片简介

SG1731 是美国 Silicon General 公司针对直流电动机 PWM 控制而设计的单片 IC，也可用于液压 PWM 控制。该芯片可以实现两个象限的脉宽调制，内置三角波发生器、误差运算放大器、比较器及桥式功放电路等。其原理是把一个直流电压与三角波叠加形成脉宽调制方波，加到桥式功放电路上输出。其 PWM 比较器外部可编程，其输出电路为带有续流二极管的全桥图腾柱（Totem Pole，推挽电路），可提供 100mA、32V 的驱动能力。支持单、双电源。

SG1731 的管脚排列和内部结构如图 8-12 所示。

SG1731 管脚的基本功能如下。

①16 脚和 9 脚接电源 $\pm U_s$（$\pm 3.5 \sim \pm 15V$），用于芯片的控制电路。

②14 脚和 11 脚接电源 $\pm U_o$（$\pm 2.5 \sim \pm 22V$），用于桥式功放电路。

③比较器 A_1、A_2，双向恒流源及外接电容 C 组成三角波发生器，其振荡频率 f 由外接电

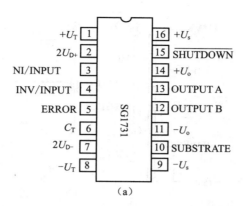

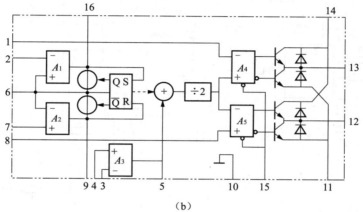

图 8-12 SG1731 的管脚排列和内部结构原理图
(a) 管脚排列；(b) 内部结构原理图

容 C 和外供正负参考电压 $2U_{\Delta+}$、$2U_{\Delta-}$（2 脚和 7 脚）决定，即

$$f = \frac{5 \times 10^4}{4\Delta uC}$$

式中，$\Delta u = 2U_{\Delta+} - 2U_{\Delta-}$。

④ A_3 为偏差放大器，3 脚为正相输入端，4 脚为反相输入端，5 脚为输出端。

⑤ A_4、A_5 为比较器，外加电压 $+U_T$、$-U_T$ 为正负门槛电压。

⑥ 15 脚为关断控制端，当该输入端为低电平时，封锁输出信号。

⑦ 10 脚为芯片片基，6 脚外接电容后接地。

8.4.2 由 SG1731 组成的直流调速系统

如图 8-13 所示为 SG1731 组成的直流调速系统。SG1731 的 12 脚、13 脚可输出 ±100mA 的电流，图中电流调节器由 SG1731 偏差放大器外接 RC 构成 PI 调节器。系统工作原理与双闭环直流调速系统类似，可自行参考有关资料进行分析。

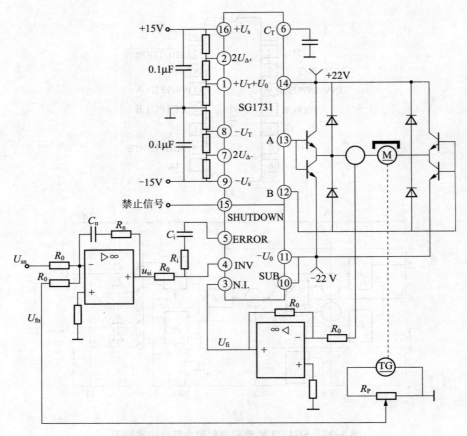

图 8-13 SG1731 组成的 PWM 直流调速系统

本 章 小 结

1. 脉宽调制（PWM）直流调速系统，是一种在晶闸管直流调速系统的基础上，以脉宽调制式可调直流电源取代晶闸管相控整流电源后构成的直流电动机转速调节系统。

2. PWM 系统与晶闸管直流调速系统都以经典自动控制理论为基础，二者的闭环控制方式和分析、综合方法均相同，不同之处在于，它采用全控型电力电子器件作为功率开关元件，并按脉宽调制方式实现电枢电压调节。

3. 晶体管脉宽调制是利用大功率晶体管的开关作用，将直流电压转换成较高频率的方波电压，加在直流电动机的电枢上，通过对方波脉冲宽度的控制，改变电动机电枢电压的平均值，从而调节电动机的转速。

4. PWM 变换器有不可逆和可逆两类。应用不可逆变换器调速时，电动机只能单方向旋转，这种方法也称为定频调宽法。而在可逆系统中，电动机既可正转也可反转，提高了系统的调速范围，使电动机能够在四个象限中运行，从而实现电动机的可逆运行。

5. 防止晶体管桥臂直通，是保证 PWM 直流调速系统能够正常工作的重要措施。

6. 与晶闸管直流调速系统相比，PWM 式直流调速系统的优点主要表现如下。

（1）主电路结构简单，所需功率开关元件数少。特别是在可逆系统中，其开关元件数仅为晶闸管三相桥式反并联电路的 1/3。

（2）克服了相控方式电压、电流波形的畸变和相移，特别是随运行速度一同下降的弊病，因而即使在极低速下运行时，系统亦能保持有较高的功率因数。

（3）系统按双极式工作时，不再需要笨重的滤波电抗器，仅依靠电枢绕组本身自感的滤波作用即可保证在轻载下电流无断续现象。不致出现电动机动态模型降阶和动态参数改变等一般反馈控制无法克服的模型干扰和参数干扰，有利于系统动态性能的改善。同时，使低速下电动机转速的平稳性提高，有利于系统调速范围的扩大。

（4）主电路开关频率高，使系统能具有更高的截止频率，有利于提高系统对于外部信号的响应速度。

（5）PWM 式直流调速系统不仅电路结构简单，而且性能优越，但由于受目前全控型开关元件容量的限制，暂时妨碍了它在大容量直流调速系统中的应用，但在 100 kW 以下的拖动领域内，此类系统的性能相对于晶闸管直流调速系统的优势是无可置疑的。

（6）PWM 系统还克服了晶闸管直流调速系统谐波辐射的缺点，具有良好的电磁兼容性。

习 题 8

8.1 简述双极式 PWM 变换器的工作原理及优缺点。

8.2 PWM 式不可逆调速系统中，当主电路处于续流状态时，电动机运行于何种状态？为什么？

8.3 试分析比较晶闸管-直流电动机可逆调速系统和 PWM 式可逆直流调速系统的制动过程，指出它们的相同点和不同点。

8.4 开关型功率放大器在单极性和双极性工作制下，主电路的导通方式有何不同？

8.5 开关型放大器工作在双极性工作制下会不会发生电流断续现象？为什么？

8.6 简述可逆和不可逆 PWM 变换器的工作原理。

8.7 简述直流脉宽调速系统控制电路的分类及其工作原理。

8.8 PWM 开关型主电路在什么情况下会出现直通？线路上可采取什么措施防止直通现象？

8.9 简述典型 PWM 电路的基本结构。

第 9 章 位置随动系统

内容提要

本章介绍位置随动系统的概念和特点;位置检测元件与检测方法、相敏整流与滤波电路、电压和功率放大电路以及作为执行机构的交直流伺服电机;位置随动系统的控制方案、基本类型、系统组成及数学模型;位置随动系统的自动调节过程、动态和稳态性能分析方法和校正设计方法,并给出了系统实例。

随动系统事实上是一种伺服系统,伺服系统最早出现于 20 世纪初。1934 年提出了伺服机构(Servomechanism)的概念,随着微电子技术、功率电子技术、检测与转换技术和计算机技术的飞速进步,伺服系统的理论与实践均趋于成熟。从国防、工业生产、交通运输到家庭生活,伺服系统的应用几乎遍及社会的各个领域。本章主要讨论位置随动系统的伺服原理与设计。

9.1 位置随动系统组成及其基本特征

9.1.1 位置随动系统的组成

位置随动系统的主要任务是控制被控对象的输出自动、连续、精确地跟踪输入信号的变化,实现所要求的机械位移。

伺服系统种类很多,位置随动系统是其中之一,但总体组成结构基本相似。位置随动系统通常是闭环控制系统,其组成一般可以用图 9-1 所示的伺服系统结构图来描述,主要包括检测装置、信号转换电路、放大装置、补偿装置、执行机构、电源装置和被控对象等部分。检测装置用来检测输入信号和系统输出;放大装置将控制信号进行功率放大;执行部件主要实现机电转换,将电信号转换成机械位移;为使各部件信号之间有效匹配,并使系统具有良好的工作品质,一般还有信号转换线路和补偿装置。此外,各部分都离不开相应的能源设备、保护装置、控制设备和其他辅助设备。

就机械运动的特征而言,位置随动系统主要考虑位置、速度和运动轨迹的控制问题,输

第 9 章 位置随动系统

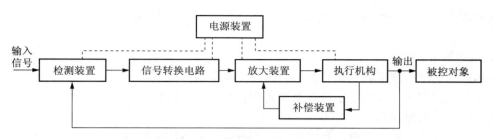

图 9-1 伺服系统的一般结构

入信号主要是位置信号、速度信号或运动轨迹，输出是机械位移。

下面通过一个简单的例子来具体说明。

图 9-2 所示是一个电位器式的小功率位置随动伺服系统的原理图。此系统由以下五个部分组成。

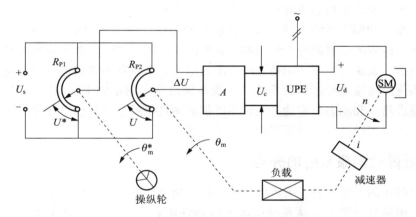

图 9-2 电位器式位置随动系统原理图

1. 位置传感器

由电位器 R_{P1} 和 R_{P2} 组成位置（角度）传感器。R_{P1} 是给定位置传感器，其转轴与操纵轮连接，发出转角给定信号 θ_m^*；R_{P2} 是反馈位置传感器，其转轴通过传动机构与负载的转轴相连，得到转角反馈信号 θ_m。两个电位器由同一个直流电源 U_s 供电，使电位器输出电压 U^* 和 U，直接将位置信号转换成电压量。偏差电压 $\Delta U = U^* - U$ 反映了给定与反馈的转角误差 $\Delta\theta_m = \theta_m^* - \theta_m$，通过放大器等环节拖动负载，最终消灭误差。

2. 电压比较放大器（A）

两个电位器输出的偏差电压 ΔU 在放大器 A 中进行放大，发出控制信号 U_c。由于 ΔU 是可正可负的，因此，放大器必须具有鉴别电压极性的能力，输出的控制电压 U_c 也必须是可逆的。

3. 电力电子变换器（UPE）

它主要起功率放大的作用（同时也放大了电压），而且必须是可逆的。在小功率直流随动系统中多采用 P-MOSFET 或 IGBT 桥式 PWM 变换器。

4. 伺服电机（SM）

在小功率直流随动系统中多采用永磁式直流伺服电机，在不同情况下也可采用其他直流或交流伺服电机。由伺服电机和电力电子变换器构成的可逆拖动系统是位置随动系统的执行机构。

5. 减速器与负载

在一般情况下负载的转速是很低的，因此，在电机与负载之间必须设有传动比为 i 的减速器。在现代机器人、汽车电子机械等设备中，为了减少机械装置，倾向于采用低速电机直接传动，可以取消减速器。

以上五个部分一般是各种位置随动系统都有的，在不同情况下，由于具体条件和性能要求的不同，所采用的具体元件、装置和控制方案可能有较大的差异。

通过分析上面的例子，可以总结出位置随动系统的主要特征如下。
①位置随动系统的主要功能是使输出位移快速而准确地复现给定位移。
②必须有具备一定精度的位置传感器，能准确地给出反映位移误差的电信号。
③电压和功率放大器以及拖动系统都必须是可逆的。
④控制系统应能满足稳态精度和动态快速响应的要求。

位置随动系统和调速系统一样，都是反馈控制系统，即通过对输出量和给定量的比较，组成闭环控制，两者的控制原理是相同的。它们的主要区别在于，调速系统的给定量一经设定，即保持恒值，系统的主要作用是保证稳定地运行；而位置随动系统的给定量是随机变化的，要求输出量准确跟随给定量的变化，系统在保证稳定的基础上，更突出快速响应能力。总体来看，稳态精度和动态稳定性是两种系统都必须具备的，但在动态性能中，调速系统多强调抗扰性，而位置随动系统则更强调快速跟随性能。

9.1.2 位置随动伺服系统的分类

随着科学技术的不断发展，组成伺服系统的新型元件也不断出现，位置随动系统的结构也日益多样，类型日益繁多。从系统组成元件的性质看，有全部由电气元件组成的电气系统；有全部由液压元件组成的液压系统；还有由电气、液压、气动元件构成的电气/液压系统、电气/气动系统等。主要的分类方法有以下几种。

1. 按组成元件分类

按随动系统组成元件的不同，可以将系统分为纯电气系统、电液系统和电气/气动系统。纯电气系统的组成元件除机械部件外，均是电磁或电子元件。根据所采用伺服电机的不同，又将纯电气系统分为直流伺服系统和交流伺服系统两类。直流伺服系统的执行元件是直流伺服电机；交流伺服系统的执行元件是交流伺服电机。电液伺服系统的误差测量装置、补偿、放大部分均为电气元件，而功率放大与执行元件则采用液压元件；电气/气动伺服系统的误差测量装置、补偿与前级放大部分为电气元件，而执行元件为气动元件。

2. 按系统信号特点分类

按照位置随动系统的信号特点的不同，又可以将系统分为连续随动伺服系统、数字随动伺服系统和脉冲/相位随动伺服系统。连续系统传递的电信号是连续的模拟信号；数字系统中传递的信号是离散的脉冲数字信号，数字信号要变成模拟信号去驱动执行元件，所以这种系统必须有模/数、数/模转换器；脉冲/相位伺服系统又称锁相伺服系统，这种系统的特点是输入信号为指令脉冲，输出也被转换成脉冲，按输入与输出脉冲的相位差来控制系统的运动。

3. 按系统部件输入、输出特性分类

根据随动伺服系统部件的输入、输出特性可以将系统分成线性伺服系统和非线性伺服系统。线性系统各部件的输入、输出特性在正常工作范围内均是线性关系,而非线性系统含有非线性输入、输出特性的部件。

严格地讲,任何一个实际的系统都是非线性的,不存在理想的线性系统。因为组成系统的某些元器件总是存在不灵敏或饱和。但只要不灵敏区处在系统允许误差范围之内,并且系统正常工作时没有进入饱和区,则称该系统是线性系统。只有系统正常工作,部件输入输出特性为非线性时,才称该系统为非线性系统。

4. 按执行元件功率大小分类

执行元件输出功率在 50 W 以下的随动系统称为小功率随动系统;执行元件输出功率在 50~500 W 的称为中功率随动系统;执行元件输出功率在 500 W 以上的称为大功率随动系统。当然,这只是一个比较粗略的分类。

9.1.3 随动伺服系统的控制方式

1. 误差控制的系统

误差控制的系统由前向通道和负反馈通道构成,如图 9-3(a)所示,相应的开环传递函数和闭环传递函数分别为

$$W(s) = G(s)F(s) \tag{9.1}$$

$$\Phi(s) = \frac{G(s)}{1 + G(s)F(s)} \tag{9.2}$$

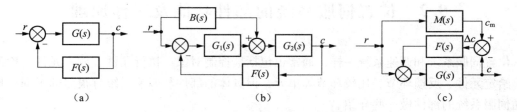

图 9-3 位置伺服系统的控制方式

(a) 误差控制;(b) 复合控制;(c) 模型跟踪控制

在以误差控制方式工作时,位置伺服系统是将被控对象输出角位移 $\varphi(s)$(或直线位移)反馈到系统主通道的输入端,同给定角位移 φ_r(或直线位移 L_r)作差运算,即 $e = \varphi_r - L_r$,按照位置误差信号来综合控制,从而控制系统运动。它的主反馈通道传递函数通常采用单位反馈,即 $F(s) = 1$。位置伺服系统通常都是可逆运转的。它的开环传递函数与闭环传递函数之间有以下关系

$$\Phi(s) = \frac{W(s)}{1 + W(s)} \tag{9.3}$$

按照误差控制方式工作的控制系统历史最长,应用也最广。要使系统输出精确地复现输入系统的动态响应品质和系统稳态精度存在矛盾,这是设计这类按照误差控制的伺服系统需要认真解决的问题。

2. 复合控制系统

复合控制系统将输入信号的微分和系统误差综合形成控制信号。它的特点是系统运动取决于输入信号的变化率和系统误差信号的综合作用，常采用负反馈与前馈相结合的控制方式，亦称开环-闭环控制系统，如图 9-3（b）所示，系统闭环传递函数为

$$\Phi(s) = \frac{B(s) + G_1(s)G_2(s)}{1 + G_1(s)G_2(s)F(s)} \tag{9.4}$$

式中，$B(s)$ ——前馈通道的传递函数。

复合控制的最大优点是引入前馈 $B(s)$ 后，能有效地提高系统精度和快速响应能力，而不影响系统闭环稳定性。

3. 模型跟踪控制

图 9-3（c）所示系统称为模型跟踪控制系统，除了前向控制主通道外，还有一条与它并行的模型通道 $M(s)$，将被控对象和模型通道的输出之差 $\Delta c = c_m - c$ 作为主反馈信号，通过 $F(s)$ 反馈到主通道的输入端，使得系统的实际输出 c 跟随模型的输出 c_m。模型跟踪系统的传递函数可表示为

$$\Phi(s) = \frac{1 + M(s)F(s)G(s)}{1 + F(s)G(s)} \tag{9.5}$$

适当选取模型通道的传递函数和反馈通道的传递函数，可以使系统获得较高的精度和良好的动态品质。

9.2 位置伺服系统的部件功能及工作原理

位置伺服系统和调速系统一样，通常也包括被控制对象、执行元件、放大元件、检测元件、给定元件、反馈环节、比较环节等单元，但具体的部件与调速系统有很多的不同，现将随动伺服系统的部件做一些介绍。

9.2.1 位置检测元件

由于检测元件的精度直接影响系统的精度，因此一般希望检测元件精度高、线性度好、灵敏度高。若对小功率系统，还要求检测元件的惯量和摩擦力矩要小。

目前常用的角位移检测元件有伺服电位器、自整角机、旋转变压器、圆感应同步器和光电编码盘等。常用的长度（线位移）检测元件有伺服电位器、差动变压器和感应同步器等。

1. 伺服电位器（R_P）

如图 9-4 所示为伺服电位器示意图，其中 R_{Ps} 为给定电位器，R_{Pd} 为检测电位器。在图 9-4 的连接中，其输出电压即偏差电压 ΔU 为

$$\Delta U = K(\theta_i - \theta_o) = K\Delta\theta$$

式中，$\Delta\theta$ 为两电位器轴的角位移之差。

伺服电位器较一般电位器精度高、线性度好，摩擦转矩也小。其特点是线路简单，惯性小，消耗功率小，所需电源也简单。

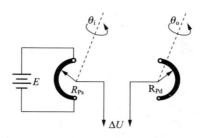

图 9-4 伺服电位器示意图

2. 自整角机（CT）

自整角机在结构上分为接触式和无接触式两类。下面通过接触式介绍其结构和工作原理。

如图 9-5 所示为接触式自整角机的结构图和示意图。

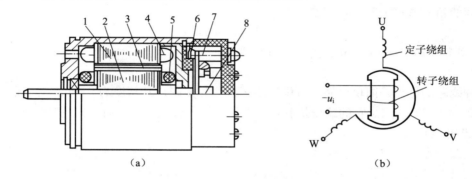

图 9-5 接触式自整角机
（a）结构图；（b）示意图
1—定子铁芯；2—转子铁芯；3—阻尼绕组；4—定子三相绕组；
5—转子单相绕组；6—电刷；7—接线柱；8—集电环

自整角机的定子和转子铁芯均为硅钢冲片压叠而成。定子绕组与交流电动机三相绕组相似，也是 U、V、W 三相分布绕组，它们彼此在空间上相隔 120°，一般连接成丫形，定子绕组称为整步绕组。转子绕组为单相两极绕组（通常做成隐极式，为直观起见，图中常画成磁极式）。转子绕组称为励磁绕组，它通过两只滑环——电刷与外电路相连，以通入交流励磁电流。

控制式自整角机是作为转角电压变换器用的。使用时，总是用一对相同的自整角机来检测指令轴（输入量）与执行轴（输出量）之间的角差。与指令轴相联的自整角机称为发送器，与执行轴相连的则称为接收器。在实际使用时，通常将发送器定子绕组的三个出线端 U_1、V_1、W_1 与接收器定子绕组的三个对应的出线端 U_2、V_2、W_2 相连，如图 9-6 所示。

工作时，发送器的转子绕组上加一正弦交流励磁电压为

$$u_f(t) = U_{fm}\sin\omega_0 t$$

式中，ω_0 称为调制角频率，与 ω_0 对应的频率 f_0 称为调制频率。f_0 通常为 400 Hz（也有 50 Hz 的）。当发送器转子绕组加上励磁电压后，便会产生励磁电流，此电流产生的交变脉动磁通将在定子的三相绕组上产生感应电动势。此电动势又作用于接收器定子的三相绕组，产生

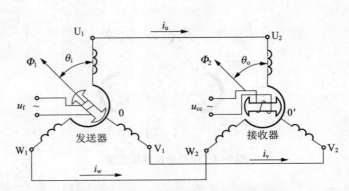

图 9-6 自整角机发送器与接收器接线图

交变的感应电流（I_u、I_v、I_w）。这些电流的综合磁通将使接收器转子绕组感应产生一个正弦交流电压 u_{ct}。可以证明，此正弦交流电压的频率与励磁电压的频率相同，其振幅与两个自整角机间的角差 $\Delta\theta$ 的正弦成正比。即

$$U_{ct} = K\sin\Delta\theta\sin\omega_0 t$$

当 $\Delta\theta$ 很小时，$\sin\Delta\theta \approx \Delta\theta$，则上式可写成

$$U_{ct} = K\Delta\theta\sin\omega_0 t$$

这种线路的优点是简单可靠，可供远距离检测与控制，其精度为 0、1、2 三级，最大误差在 0.25°~0.75°之间。它的缺点是有剩余电压、误差较大、转子有一定的惯性等。

3. 光电编码盘

光电编码盘（简称光电码盘）也是目前常用的角位移检测元件。编码盘是一种按一定编码形式（如二进制编码、循环码编码等）将圆盘分成若干等份，纵向分成若干圈，各圈对应着编码的位数，称为码道。

如图 9-7（a）所示为 16 个等份、四个码道的 4 位二进制编码盘。其中透明（白色）的部分为"0"，不透明（黑色）的部分为"1"。由不同的黑、白区域的排列组合即构成与角位移位置相对应的数码，如"0000"对应"0"号位，"0011"对应"3"号等。

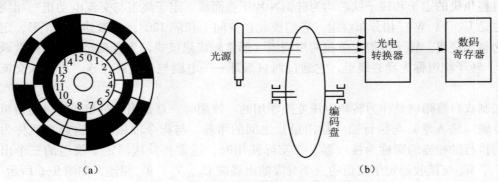

图 9-7 光电编码盘及角位移检测量示意图
(a) 二进制编码盘；(b) 应用光电码盘测量角位移示意图

应用编码盘进行角位移检测的示意图如图 9-7（b）所示。对应码盘的每一个码道，有一个光电检测元件。图 9-7（b）为四码道光电编码盘。当码盘处于不同的角度时，以透明

与不透明区域组成的数码信号由光电元件的受光与否转换成电信号送往数码寄存器,由数码寄存器即可获得角位移的位置数值。

光电码盘检测的优点是非接触检测、精度较高,可用于高速系统。目前单个码盘可做到 18 位,组合码盘可做到 22 位。其缺点是结构复杂、价格贵、安装较困难。

4. 差动变压器

差动变压器是电磁感应式位移传感器。它由一个可以移动的铁芯和绕在它外面的一个一次绕组、两个二次绕组组成。一次绕组通以 50 Hz～10 kHz 的交流电,两个二次绕组反极性相连,作为输出绕组,如图 9-8 所示。其输出电压 U_c 为两电动势之差。即 $U_c = e_1 - e_2$。

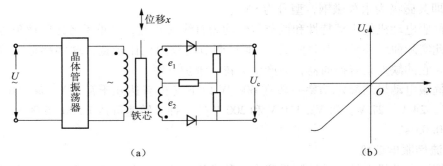

图 9-8 差动变压器
(a) 差动变压器及相敏整流电路;(b) 差动变压器输出特性

若铁芯在中央,则两个二次绕组的感生电动势相等,即 $e_1 = e_2$,由于两个二次绕组反极性相连,此时输出电压 $U_c = e_1 - e_2 = 0$。当铁芯有微小的位移后,则两个二次绕组的电动势就不再相等,其合成电压 U_c 也不再为零。而且铁芯的位移量越大,两个二次电动势的差值就越大,则 U_c 也越大,U_c 的数值与铁芯的位移量 x 成正比。若铁芯的位移方向相反,则其合成电动势的相位将反向(相位变 180°)。

为了将交流信号转换成直流信号,并且使这直流电压的极性能反映位移的方向,通常采用的方法是相敏整流(即整流后的直流电压的极性能跟随相位的倒相而改变)。图 9-8(a)中即采用由两个半波整流电路组成的相敏整流电路。由图可以看出,输出的直流电压 U_c 的极性与位移的方向相对应。差动变压器的输出特性如图 9-8(b)所示。

差动变压器无磨损部分,驱动力矩小,灵敏度高,测量精度高(0.5%～0.2%),而且线性度好,因此在检测微小位移量时常采用差动变压器,它的缺点是位移量小(为全长的 1/10～1/4)。此外,由于铁芯质量较大,故不宜使用在位移速度很快的场合。

除以上介绍的几种常用的位移检测元件外,还可采用磁栅、光栅等其他检测元件。

9.2.2 执行元件

1. 直流伺服电动机

直流伺服电动机是自动控制系统中常用的一种执行元件,它的作用是将控制电压信号转换成转轴上的角位移或角速度输出,通过改变控制电压的极性和大小能变更伺服电动机的转向和转速,而转速对时间的积累便是角位移。

直流伺服电动机实质上是一台他励式直流电动机,但它与普通直流电动机相比,有更特殊的控制性能要求。

①宽广的调速范围；

②线性的机械特性和调节特性；

③无"自转"现象，即要求控制电压为零时，电动机能自行停转；

④快速响应，即电动机的转速能迅速响应控制电压的改变。

由于上述的要求，因此直流伺服电动机与普通直流电动机相比，其电枢形状较细较长（惯量小），磁极与电枢间气隙较小，加工精度与机械配合要求高，铁芯材料好。

直流伺服电动机按照其励磁方式的不同，又可分为电磁式（即他励式，型号为 SZ）和永磁式（即其磁极为永久磁钢，型号为 SY）。

直流伺服电动机的机械特性和调节特性均为直线（当然，这里不考虑摩擦阻力等非线性因素，因此实际曲线还是略有弯曲的），而且调节的范围也比较宽，这些都是直流伺服电动机的优点。它的缺点是有换向器，会产生火花，维护不便。

直流伺服电动机的额定功率一般在 600 W 以下（也有达几千瓦的）。额定电压有 6 V、9 V、12 V、24 V、27 V、48 V、110 V 和 200 V 等几种。转速可达 1 500~6 000 r/min。时间常数低于 0.03 s。

2. 交流伺服电动机

交流伺服电动机也是自动控制系统中一种常用的执行元件。它实质上是一个两相感应电动机。它的定子装有两个在空间上相差 90°的绕组：励磁绕组 A 和控制绕组 B。运行时，励磁绕组 A 始终加上一定的交流励磁电压（其频率通常有 50 Hz 或 400 Hz 等几种）。控制绕组 B 则接上交流控制电压。常用的一种控制方式是在励磁回路串接电容 C，如图 9-9 所示，这样控制电压在相位上（亦即在时间上）与励磁电压相差 90°。

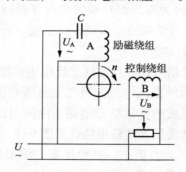

图 9-9 交流伺服电动机的电路图

交流伺服电动机的转子通常有笼型和空心杯式两种。笼型（如 SL 型）直流伺服电动机的转子与普通笼型转子有两点不同：一是其形状细而长（主要是为了减小转动惯量）；二是其转子导体采用高电阻率材料（如黄铜、青铜等），这是为了获得近似线性的机械特性。空心杯转子（如 SK 型）交流伺服电动机，它是用铝合金等非导磁材料制成的薄壁杯形转子，杯内置有固定的铁芯。这种转子的优点是惯量小，动作迅速灵敏，缺点是气隙大，因而效率低。

1）交流伺服电动机的工作原理

当定子的两个在空间上相差 90°的绕组（励磁绕组和控制绕组）里通以在时间上相差

90°角的电流时,两个绕组产生的综合磁场是一个强度不均匀的旋转磁场。在此旋转磁场的作用下,转子导体相对地切割着磁力线,产生感应电动势,由于转子导体为闭合回路,因而形成感应电流。此电流在磁场作用下,产生电磁力,构成电磁转矩,使伺服电动机的转速增加;改变控制电压极性,将使旋转磁场反向,从而导致伺服电动机反转。

2) 交流伺服电动机的机械特性与调节特性

(1) 机械特性。电动机的机械特性是控制电压不变时,转速 n 与转矩 T 间的关系。由于交流伺服电动机的转子电阻较大,因此它的机械特性为一略带弯曲的下垂斜线,即当电动机转矩增大时,其转速将下降。对于不同的控制电压 U_B,它为一簇略带弯曲的下垂斜线,如图 9-10(a) 所示。在低速时,它们近似为一簇直线,而交流伺服电动机较少用于高速,因此有时近似做线性处理。

(2) 调节性。电动机的调节特性是电磁转矩(或负载转矩)不变时,电动机的转速 n 与控制电压 U_B 间的关系。交流伺服电动机的调节特性如图 9-10(b) 所示。对不同的转矩,它们是一簇弯曲上升的斜线,转矩愈大,则对应的曲线愈低,这意味着,负载转矩愈大,要求达到同样的转速,所需的电枢电压愈大。由图可见,交流伺服电动机的调节特性是非线性的。

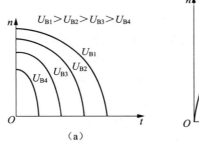
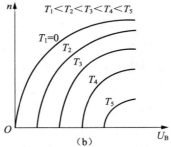

图 9-10 交流伺服电动机的机械特性与调节特性
(a) 机械特性;(b) 调节特性

综上所述,交流伺服电动机的主要特点是结构简单,转动惯量小,动态响应快,运行可靠,维护方便。但它的机械特性与调节特性线性度差,效率低,体积大,所以常用于小功率伺服系统中。国产的 SL 系列,电源频率为 50 Hz 时,额定电压有 36 V、110 V、220 V 等几种;电源频率为 400 Hz 时,额定电压有 20 V、26 V、36 V 和 115 V 等几种。

3. 高性能伺服电动机

一般的交、直流伺服电动机,在低速性能和动态指标上,往往不能满足高精度和快速随动系统的要求。因此,在后来人们又研制出了小惯量无槽直流电动机(它的特点是转动惯量小,快速性能好)和宽高速力矩电动机(它的特点是低速转矩大,运行平稳)等高性能伺服电动机。

9.2.3 相敏整流与滤波电路

由于检测获得的信号通常是很小的,一般都要经过电压放大。现在常用的是运算放大器,它是直流信号放大器。若采用的是输出交流信号电压的检测元件(如自整角机、旋转变压器等),则在输入运放以前,应通过整流电路,将检测输出的交流信号转换成直流信号,而且直流信号电压的极性还应随着检测角差 $\Delta\theta$ 的正负而改变,以保证随动系统的执行电机向着消除偏差的方向运动。因此整流电路就需要采用相敏整流电路,如图 9-11 所示为另一种由 Ⅰ、Ⅱ 两组二极管桥式整流电路组成的相敏整流电路。

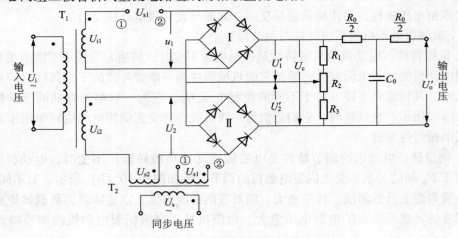

图 9-11 相敏整流与滤波电路

图中 U_i 为检测信号,$U_i = \sin\omega_0 t$,它经变压器 T_1 变换后,在两个二次侧产生两个相同的电压 U_{i1}、U_{i2},而且 $U_{i1} = U_{i2} = U_i$。图中 U_s 为同步电压,它经变压器 T_2 变换后,也在两个二次侧产生两个相同的电压 U_{s1}、U_{s2},而且 $U_{s1} = U_{s2} = U_s$,并使 $U_s > U_i$。

由图 9-11 可见,Ⅰ 组整流桥的输入电压 U_1、U_{s1} 与 U_{i1} 相加(因为它们的极性一致),所以 $U_1 = U_{s1} + U_{i1} = U_s + U_i$。Ⅰ 组整流桥输出电压为 $U'_1 = |U_s + U_i|$。Ⅱ 组整流桥的输入电压 $U_2 = U_{s2} - U_{i2} = U_s - U_i$(因为它们的极性相反),其输出电压 $U'_2 = |U_s - U_i|$。

相敏整流电路的输出电压 U_o 为两组整流桥输出的叠加。由图 9-12 可见,两组输出电压极性相反,所以 $U_o = U'_1 - U'_2$。

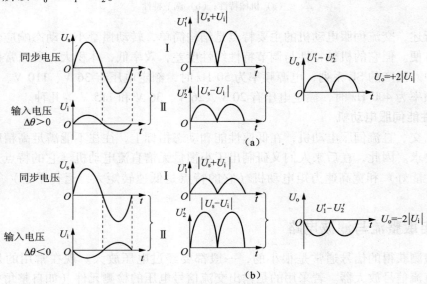

图 9-12 相敏整流电路的输入电压与输出电压波形

当角差 $\Delta\theta>0$ 时，U_s 与 U_i 同相，如图 9-12（a）所示。其中给出了 U_s、U_i、U'_1、U'_2 及 U_o 的电压波形。由图可见，此时 $U_o = U'_1 - U'_2 = +2|U_i|$。

同理，当 $\Delta\theta<0$ 时，则 U_s 与 U_i 反相，如图 9-12（b）所示。这时的 I 组电压恰与图 (a) 中 II 组的电压相同，II 组的电压与图 (a) 中的 I 组电压相同，于是 $U_o = U'_1 - U'_2 = 2|U'_i|$。

由以上的分析可见，相敏整流电路通过输入电压与一个比它大的同步电压叠加，并使一组相加而另一组相减；然后再利用两组对称但反向的整流桥的电压叠加，来达到既能把交流信号变为直流信号，又能反映出输入信号极性的要求。

由于相敏整流电路的输出电压为全波整流信号，因此还需要设置如图 9-11 所示的由 R、C 组成的 T 形滤波电路，以获得较为平稳的直流信号。

9.2.4 放大电路

1. 电压放大电路

电压放大通常采用由运算放大器组成的放大电路。有时电压放大环节与串联校正环节合在一起，采用由运算放大器组成的调节器。

2. 功率放大电路

供电给电动机的电路通常就是功率放大电路，由于随动系统需要消除可能出现的正、负两种位移偏差，需要电动机能正、反两个方向可逆运行，因此供电电路通常是可逆供电电路。目前采用较多的是由晶闸管组成的可逆供电电路或由大功率晶体管（GTR）组成的 PWM 供电电路。

关于放大电路的有关内容，在本课程前面的章节中已有叙述，在此不再重复。

9.3 位置随动伺服系统的控制特点与实例分析

要实现较高精度的位置控制，必须采用与自动调速系统一样的反馈控制。所不同的是调速系统输入量为恒值，输出为转速；而随动系统输入量是变化的，输出量为位置。位置随动系统在组成结构上有很多特点，下面通过例子来介绍随动系统的特点及性能。

9.3.1 系统组成原理图

如图 9-13 所示是一个小功率晶闸管交流调压位置随动伺服系统。该系统主要由以下部分组成。

1. 交流伺服电动机

系统的被控对象是交流伺服电动机 SM，被控变量为角位移 θ_o，A 为励磁绕组，B 为控制绕组，在励磁回路中串接了电容 C，使励磁电流和控制电流相差 90°角，励磁绕组通过变压器 T_1 由 115 V、400 Hz 的交流电源供电，控制绕组通过变压器 T_2 经交流调压电路（主电路）接于同一交流电源。

2. 主电路

随动系统的位置偏差可能为正，也可能为负。要消除位置偏差，必须要求电动机能正、反两个方向运行。因此，系统的主电路为单相双向晶闸交流调压电路，它是由 $VT_正$ 和 $VT_反$ 构成的正、反两组供电电路。连接形式如图 9-13 所示。

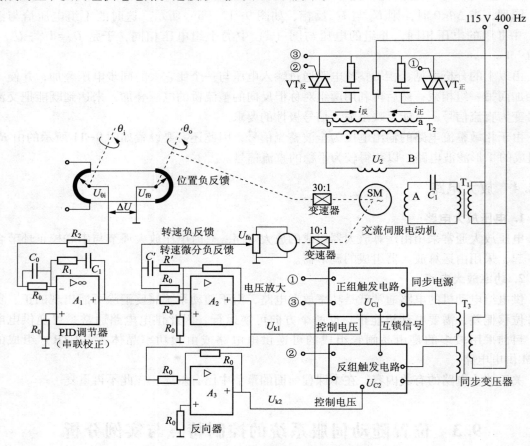

图 9-13　晶闸管交流调压位置随动伺服系统

当 $VT_正$ 组导通工作时，变压器 T_2 的一次侧 a 绕组便有电流 $i_正$ 通过，电源交流电压经变压器 T_2 变压后提供给控制绕组，使电动机转动（设为正转）；反之，当 $VT_反$ 组导通工作时，变压器 T_2 的一次侧 b 绕组将有电流 $i_反$ 流过，电源交流电压经变压器 T_2 变压后提供给控制绕组，使电动机反转。

3. 触发电路

触发电路也有正、反两组，由同步变送器 T_3 提供同步信号电压。如图 9-13 所示，引脚①、③为正组触发输出，送往 $VT_正$ 门极；引脚②、③为反组触发输出，送往 $VT_反$ 门极；引脚③为公共端。

在主电路中，$VT_正$、$VT_反$ 不能同时导通，因此，在正、反两组触发电路中要增设互锁环节，以保证在任意时刻，只可能一组发生触发脉冲。

4. 控制电路

①给定信号。位置给定量为 θ_i，通过伺服电位器转换为电压信号 $U_{\theta i}=K\theta_i$。

②位置负反馈环节。系统的输出量是 θ_o，通过伺服电位器转换为电压信号 $U_{i\theta}=K\theta_o$。

$U_{i\theta}$ 与 $U_{\theta i}$ 极性相反,因此是位置负反馈,偏差电压输入信号为
$$\Delta U = U_{\theta i} - U_{i\theta} = K(\theta_i - \theta_o)。$$

③调节器与电压放大器。A_1 为 PID 调节器,是为改善随动系统动、静态性能而设置的串联校正环节。输入信号是 ΔU,其输出信号到电压放大器 A_2,A_2 输出信号是正组触发电路的控制电压 U_{k1},增设反向器 A_3 可得到反组触发电路的控制电压 U_{k2}。

④转速负反馈和转速微分负反馈环节。为改善系统动态性能,减小位置超调量,系统中增设转速负反馈环节,U_{fn} 另一路经 C' 和 R' 反馈回输入端,形成转速微分负反馈环节,限制位置加速度过大。

⑤为避免参数之间互相影响,在系统设计时使位置负反馈构成外环,信号在 PID 调节器 A_1 输入端综合;在转速负反馈和转速微分负反馈构成内环,信号在电压放大器 A_2 输入端综合。

9.3.2 系统组成框图

位置随动系统方框图如图 9-14 所示。

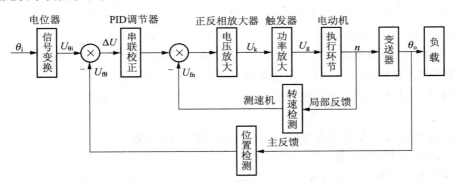

图 9-14 位置随动系统方框图

9.3.3 系统自动调节过程

在稳定时,$\theta_i = \theta_o$,$\Delta U = 0$,电动机停转。

当位置给定信号改变时,设增大,则 $U_{\theta i} = K\theta_i$ 增大,偏差电压 $\Delta U = K(\theta_i - \theta_o) > 0$,经过调节器和放大器后产生的 $U_{k1} > 0$,正组触发电路发出触发脉冲,使 $VT_{正}$ 导通,电动机正转,θ_o 增大直到 $\theta_i = \theta_o$,达到新的稳态,电动机停转。同理可知,当 θ_i 减小时,电动机反转,θ_o 减小直到 $\theta_i = \theta_o$。

综上所述,位置随动系统输出的角位移 θ_o 将随给定的 θ_i 变化而变化。调节过程如下。

$\theta_i \uparrow \to U_\theta \downarrow \to \Delta U = K(\theta_i - \theta_o) > 0 \to U_{k1} > 0 \to VT_{正}$ 导通 $\to$ 电机正转 $\to \theta_o \uparrow$

9.4 位置伺服系统的控制性能分析与校正设计

位置伺服系统的性能分析与其他自动调速系统一样,都要进行稳态分析和动态分析,然

后根据具体要求予以校正。这里只做概略回顾，并给出了两个计算实例。

9.4.1 系统的稳态性能分析

系统的稳态误差包括输入稳态误差 e_{ssr}（跟随稳态误差）和扰动稳态误差 e_{ssd} 两部分组成，与系统的结构、参数有关，而且还与作用量的大小、作用点有关。随动系统的输入量不断变化，典型输入信号有阶跃信号 $R(s) = 1/s$、等速信号 $R(s) = 1/s^2$ 和等加速信号 $R(s) = 1/s^3$，随动系统的主要稳态误差是跟随稳态误差

$$e_{ssr} = \lim_{s \to 0} \frac{sR(s)}{\left(1 + \frac{K}{s^\lambda}\right)} \approx \lim_{s \to 0} \frac{sR(s)}{\frac{K}{s^\lambda}} = \frac{s^{(\lambda+1)}}{K}R(s) \tag{9.6}$$

式中，λ 为前向通道积分环节个数；K 为开环增益。

（1）当输入信号为阶跃信号时，若前向通道不含积分环节，即 $\lambda = 0$ 时，$e_{ssr} = 1/(1+K)$。K 大则 e_{ssr} 小，意味着稳态精度高；若前向通道含有积分环节，即 $\lambda \geq 1$，则 $e_{ssr} = 0$，可以实现无静差。

（2）当输入信号为等速信号 $R(s) = 1/s^2$ 时，若系统不含积分环节，即 $\lambda = 0$，则 $e_{ssr} \to \infty$；若 $\lambda = 1$，则 $e_{ssr} = 1/K$，K 越大，稳态精度越高，要实现无静差，须 $\lambda \geq 2$。

（3）当输入信号为等加速信号 $R(s) = 1/s^3$ 时，同理，$\lambda \leq 1$，$e_{ssr} \to \infty$，无法跟随；若 $\lambda = 2$，实现有偏差的跟随；$\lambda \geq 3$，随动系统可以实现无静差的跟随。

综上所述，积分个数 λ 多，放大倍数 K 大，稳态性能好，但同时 K 增大将导致系统稳定性变差。

对于扰动性误差，分析方法相同，同样可以得到上述结论。

例1 如图 9-15 所示为一随动系统框图。其中，$K = 0.1$ V/(°) = 5.73 rad^{-1}，电压放大增益 $K_2 = 0.5$，功率放大增益 $K_3 = 30$，电动机增益 $K_4 = 4$ rad/V，齿轮速比值 $K_5 = 0.2$，滤波器时间常数 $T_X = 0.01$ s，电动机机电常数 $T_m = 0.25$ s。若系统的最大跟踪速度为每秒 200 密位（1 密位 = 0.06°），求系统的位置跃变稳态误差和速度跟随稳态误差。

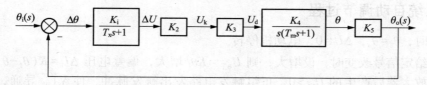

图 9-15 位置负反馈系统

解 系统的开环传递函数为

$$G_1 = \frac{k_1 k_2 k_3 k_4 k_5}{s(T_X s + 1)(T_m s + 1)} = \frac{5.73 \times 0.5 \times 30 \times 4 \times 0.2}{s(0.01s + 1)(0.25s + 1)} = \frac{68.76}{s(0.01s + 1)(0.25s + 1)}$$

由 $K = 68.76$ 可知 $20\lg K = 36.7$ dB。

$T_m = 0.25$ s，$\omega_1 = 1/T_m = 4$ rad/s；$T_X = 0.01$s，$\omega_2 = 1/T_X = 100$ rad/s

$\omega_c = \sqrt{K\omega_1} = 16.58$ rad/s，相位裕量为

$\gamma = 180° - 90° - \arctan(T_X \omega_c) - \arctan(T_m \omega_c) = 90° - \arctan(0.1658) - \arctan(4.14) = 4.2°$ 为稳定系统，但稳定裕度很小。故：

由于系统是 I 型系统（$\lambda=1$），位置跟随稳态误差 $e_{ssr}=0$。

由已知条件，速度跟随稳态误差的输入信号为 $R(s)=200/s^2$，由公式可得

$$e_{ssr}=\lim_{s\to 0}\frac{s^{(\lambda+1)}}{K}R(s)=\lim_{s\to 0}\frac{s^{(\lambda+1)}}{68.76}\times\frac{200}{s^2}=2.9\text{ 密位}=0.174°$$

9.4.2 系统的动态性能分析

对于一个系统，除了要满足稳定性和稳态性能外，还要求有较好的动态性能。对于随动系统，一般希望超调量 σ 小，调整时间 t_s 短，振荡次数 N 小。下面通过例题来分析随动系统的动态性能。

例 2 如图 9-16 所示为具有负反馈的随动系统框图。其中，$K_1=0.1$ V/(°)，$K_2=400$(r/min)/V，$T_m=0.2$ s，$K_3=0.5°$/(r/min) s。求单位阶跃作用下系统的动态性能。

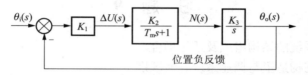

图 9-16 位置负反馈随动系统

解 系统的开环传递函数

$$G_1(s)=\frac{k_1k_2k_3}{s(T_ms+1)}=\frac{K}{s(T_ms+1)}=\frac{\omega_n^2}{s(s+2\xi\omega_n)}$$

该系统为典型的 II 阶系统，其中，$K=k_1k_2k_3=0.1\times400\times0.5=20$

$$\omega_n=\sqrt{\frac{K}{T_m}}=\sqrt{\frac{20}{0.2}}=10 \text{ rad/s}$$

$$\xi=\frac{1}{2\sqrt{T_mK}}=\frac{1}{2\sqrt{0.2\times20}}=0.25$$

由公式 $\sigma=e^{-\frac{\xi\pi}{\sqrt{1-\xi^2}}}\times100\%$ 及 $t_s=\frac{4}{\xi\omega_n}(\delta=\pm2\%)$，可求得系统的超调量 $\sigma=44.9\%$，$t_s=1.6$ s，由此可知系统的动态性能不佳，有待改进。

由公式可知，σ 与 t_s 均和系统的阻尼比 ξ 成反比，因此应该设法增大系统的阻尼比，从而降低 σ 和 t_s。

本 章 小 结

1. 在自动控制中，为了解决许多要求具有一定精度的位置控制问题，必须引入位置伺服系统。此类系统的特点是：输入量是随时间变化的函数，要求系统的输出量能以尽可能小的误差跟随输入量的变化。在位置伺服随动系统中，扰动的影响是次要的，重点是研究输出量跟随的快速性和准确性。

2. 位置随动系统的另一个特点是可以用功率很小的输入信号操纵功率很大的工作机械（只要选用大功率的功放装置和电动机即可），此外还可以进行远距离控制。

3. 随动伺服系统的组成主要包括检测元件、电压和功率放大、执行机构等部分。常用的线位移检测元件有电位器和差动变压器，常用的角位移检测元件有伺服电位器、自整角机和光电编码器等。

4. 为保证伺服系统的执行机构根据偏差方向进行动作，就需要采用相敏整流电路，目前常用由两组二极管桥式整流电路组成的相敏整流电路。

5. 电压放大采用集成运算放大器。功率放大采用大功率晶体管组成的 PWM 放大器，其基本原理是利用大功率晶体管的开关作用，将直流电源电压转换成一定频率的方波脉冲电压，加在直流电动机的电枢上面。通过对方波脉冲宽度的控制，改变电机电枢的平均电压，从而调节电机的转速。

6. 随动系统的执行机构通常由直流或交流伺服电动机和减速器构成。

习 题 9

9.1 简述随动系统的结构组成及适用场合。

9.2 随动系统在构造上与调速系统有何区别？

9.3 简述在大功率晶体管组成的功率放大电路中，如何利用控制电压的大小和极性，实现电动机的可逆控制？

9.4 简述随动系统的自动调节过程。

第10章 异步交流电动机变频调速系统

内容提要

本章介绍了交流变频调速的基本控制方式及控制方法，阐述了 U/f 比例控制方式、转差频率控制方式和矢量控制方式的工作原理及其特性，介绍了 PWM/SPWM 型调速的原理、主电路和控制电路。此外从系统应用的角度，介绍了变频器的选用原则及应用实例。

10.1 交流变频调速的基本概念

10.1.1 交流调速系统简介

1. 交流电动机调速的发展简况

异步交流电动机诞生于 19 世纪末，具有结构简单、装置坚固、运行可靠、维护便利等特点，在单机容量、供电电压和速度极限等方面均优于直流电动机，所以很快成为工业社会的核心，是传动系统的主力。

由于交流电动机的转速主要决定于输入交流电源的频率，长期以来一直作为定速传动使用，其根本原因在于交流电源的频率调整是较为困难的，特别是大功率场合。虽然在某些场合可以采用转子串电阻、定子调压等方法进行有限的调速运行，但其稳定性、可靠性及效率等方面均存在许多问题，极大地限制了交流异步电动机的使用。

随着电力电子半导体器件的发展，交流变频技术开始成熟并进入实用化，从而彻底改变了交流电动机的应用限制。各种采用新型器件的交流变频装置不断涌现，性能不断提高，交流调速系统越来越广泛地应用于国民经济的各个领域，使得电动机的调速进入了交流化的时代。

由于采用了可变频率、可调电压的交流电源供电，实现了很高精度的转速调节，并在快速性、正反转控制和制动等方面的技术难点均得到了有效的解决，使其调速性能可以和直流调速相媲美，加上交流电动机本身的优越性，使交流调速系统逐渐成为调速传动的主流。

2. 交流调速的基本方法

交流电动机的转速方程式为

$$n = \frac{60f_1}{p}(1-s) = n_1(1-s) \tag{10.1}$$

式中，n 为电动机实际转速；f_1 为定子供电电源频率；s 为转差率；p 为磁极对数；n_1 为定子旋转磁场的同步转速。

由该转速方程式可知，交流电动机有三种调速方法：

1）变极调速

通过改变磁极对数 p，来调节交流电动机的转速。此种调速属于有级调速，转速不能连续调节。

2）变转差率调速

即以改变转差率 s 来达到调速的目的。此种方法可通过以下几种途径实现。

①调压调速：即改变异步电动机端电压进行调速。

特点：调速过程中的转差功率损耗在转子里或外接电阻上，效率较低，仅用于特殊笼型和绕线转子等小容量电动机调速系统中。

②转子串电阻调速：即在转子外电路上接入可变电阻，以改变电动机的转差率实现调速。

特点：既可实现有级调速，也可实现无级调速。结构简单，价格便宜，操作方便，但转差功率损耗在电阻上，效率随转差率增加而等比下降。

③转子串附加电动势调速（串级调速）：即在异步电动机的转子回路中附加电动势，从而改变转差率进行调速的一种方式。

特点：运行效率高，广泛应用于风机、泵类等传动电动机上。

④应用电磁转差离合器（滑差电动机）调速：即在笼型异步电动机和负载之间串接电磁转差离合器，使得二者之间只有电磁联系而无机械联系，通过调节电磁转差离合器的励磁电流进行调速的一种方式。

特点：结构简单，价格便宜，但在调速过程中转差能量损耗在电磁耦合器上，效率低，仅适用于调速性能要求不高的小容量传动控制系统中。

3）变频调速

变频调速是利用电动机的同步转速随频率变化的特性，通过改变电动机的供电频率进行调速的一种方法。

特点：调速范围宽、效率高、精度高，是交流电动机比较理想的一种调速方法。

各种调速方法的性能比较和评价见表 10-1。

表 10-1 异步交流电动机各种调速方法性能指标的评价

调速方法 比较项目	变极	变频	变转差率			
			转子串电阻	串级调速	调压调速	电磁转差离合器调速
是否改变同步转速 （$n_0 = 60f_1/p$）	变	变	不变	不变	不变	不变

续表

比较项目	调速方法	变极	变频	变转差率			
				转子串电阻	串极调速	调压调速	电磁转差离合器调速
调速指标	静差率（转速相对稳定性）	小（好）	小（好）	大（差）	小（好）	开环时大 闭环时小	开环时大 闭环时小
	在一般静差率要求下的调速范围 D	较小 ($D=2\sim4$)	较大 ($D=10$)	小 ($D=2$)	较小 ($D=2\sim4$)	闭环时较大 ($D=10$)	闭环时较大 ($D=10$)
	调速平滑性	差（有级调速）	好（无级调速）	差（有级调速）	好（无级调速）	好（无级调速）	好（无级调速）
	适应负载类型	恒转矩 恒功率	恒转矩 恒功率	恒转矩	恒转矩	通风机 恒转矩	通风机 恒转矩
	设备投资	少	多	少	较多	较少	较少
	电能损耗	小	较小	大	较小	大	大
运用电机类型		多速电机（鼠笼式）	鼠笼式	绕线式	绕线式	一般为绕线式，小容量时可采用特殊鼠笼式	滑差电机

10.1.2 交流变频调速的基本控制方式

要实现交流变频调速，其基本控制方式有三种，即恒磁通控制方式、恒电流控制方式和恒功率控制方式。

1. 恒磁通控制方式及其特性

在进行电动机调速时，通常要考虑的一个重要因素是，希望保持电动机中每极磁通量为额定值，并保持不变。这样才能充分发挥电动机的能力，即充分利用铁芯材料，充分利用绕组达到额定电流，尽可能使电动机的输出达到额定转矩或最大转矩。如果磁通太弱，没有充分利用电动机的铁芯，这是一种浪费；如果过分增大磁通，又会使铁芯饱和，从而导致过大的励磁电流，严重时还会因绕组过热而损坏电动机。对于直流电动机，因为励磁是独立的，所以只要对电枢反应的补偿合适，保持 Φ_m 的不变是很容易做到的。但在交流异步电动机中，磁通是定子和转子的磁动势合成产生的，怎样才能保持磁通恒定，是需要进行认真研究的。

1）维持气隙磁通 Φ_m 的恒定

异步电动机定子绕组的感应电动势为

$$E_1 = 4.44 f_1 \omega_1 k_1 \Phi_m \tag{10.2}$$

如果略去定子阻抗电压降，则感应电动势近似等于定子的外加电压，即

$$U_1 \approx E_1 = C_1 f_1 \Phi_m \tag{10.3}$$

式中，C_1 为常数，$C_1 = 4.44 \omega_1 k_1$。

因此，若定子的供电电压 U_1 保持不变，则气隙磁通 Φ_m 将会随频率变化而变化。

一般在电动机设计中，为了充分利用铁芯材料，通常把磁通的数值选为接近磁路饱和值。如果频率 f_1 从额定值（通常为 50 Hz）往下降低，则磁通会增加，从而造成磁路过饱和，使励磁电流增加。这将使电动机带负载能力降低，功率因数变坏，铁耗损增加，电动机过热，这是不允许的。反之，如果频率从额定值往上升高，则磁通将会减少，由异步电动机的转矩公式 $T_e = C_m \Phi_m I_2 \cos\varphi_2$ 可以看出，磁通 Φ_m 的减少势必导致电动机允许输出转矩 T_e 的下降，使电动机的利用率降低，在一定的负载下有过电流的危险。为此通常要求磁通保持恒定，即 Φ_m =常数。为了保持磁通 Φ_m 恒定，必须使定子电压和频率的比值保持不变，即

$$\frac{U_1}{f_1} = \frac{U_1'}{f_1'} = C \tag{10.4}$$

式中，U_1'、f_1' 为变化后的定子电压和频率；C 为常数。

这就要求定子电压随频率成正比变化。式（10.4），就是恒磁通控制方式所要遵循的协调控制条件。在满足这个条件的前提下，由异步电动机的转矩表达式可知，$I_2 \cos\varphi_2$ 等于电动机的转子额定有功电流，当 Φ_m 维持不变时，那么电动机的输出转矩也是恒定的，可以获得恒转矩调速特性。

在 $U_1/f_1 = C$ 条件下，异步电动机调频时的机械特性曲线簇如图 10-1 所示，图中 $f_1 > f_1' > f_1'' > f_1'''$。

由图 10-1 可以看出，在定子供电电源频率较高时，电动机的最大转矩近似保持恒定，机械特性曲线斜率变化很小。若保持 $U_1/f_1 = C$ 不变，异步电动机的机械特性是一簇平行的曲线，但最大转矩将随频率 f_1 的降低而减少，当频率较低时，机械特性曲线斜率及最大转矩变化较大。从物理概念上来说，低频时机械特性斜率的加大以及最大转矩的下降，是由于定子绕组内阻上引起的电压降在低速时相对影响较大，无法保持电动机气隙磁通为恒值而造成的。故低频启动时，启动转矩也将减少，甚至不能带负载。因此，此种采用保持气隙磁通 Φ_m 恒定的交流调速系统，只适用于调速范围不大的负载。

对于要求调速范围大的恒转矩性质的负载，希望在整个调速范围中维持最大转矩不变，欲保持磁通 Φ_m 的恒定，应满足 E_1/f_1 =常数的关系。但由于电动机的感应电动势 E_1 难以测得和控制，故在实际应用中通常在控制回路加入一个函数发生器，以补偿低频时定子电阻所引起的压降影响。图 10-2 所示为函数发生器的各种补偿特性：曲线①为无补偿时 U_1 与 f_1 的关系曲线，曲线②、③为有补偿时 U_1 与 f_1 的关系曲线。实践证明这种补偿效果良好，常被采用。经补偿后所获得的恒最大转矩 T_m 变频调速的一簇机械特性曲线，如图 10-1 中虚线所示。

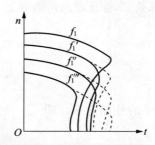

图 10-1 U_1/f_1 为常数时电动机调频的机械特性曲线

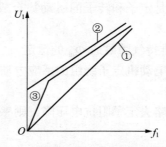

图 10-2 恒通调整时，利用函数发生器的补偿特性曲线

2) 维持转子磁通 Φ_2 的恒定

如果把 U_1 再多提高一些，将转子漏抗上的压降也补偿掉，就成了维持转子磁通 Φ_2 恒定的恒磁通控制，这正是目前异步电动机进行矢量控制所追求的目标。由

$$p_s = sp_2 = 3I_2'^2 r_2' = s\omega_1 T_e$$

式中，s 为转差率；ω_1 为定子旋转磁场角速度，它与定子供电频率 f_1 的关系为 $\omega_1 = 2\pi f_1/p$，p 为磁极对数。

异步电动机的电磁转矩可写成

$$T_e = \frac{3I_2'^2 r_2'}{s\omega_1} = \frac{3p I_2'^2 r_2'}{2\pi f_1 s}$$

因为

$$I_2' = \frac{sE_2}{r_2'}$$

所以

$$T_e = 3p\left(\frac{sE_2}{r_2'}\right)^2 \cdot \frac{r_2'}{2\pi f_1 s} = \frac{3p}{2\pi r_2'}\left(\frac{E_2}{f_1}\right)^2 \cdot sf_1$$

按电动势与磁通的关系有

$$E_2 = 4.44 f_1 \omega_1 k \Phi_2$$

所以

$$\frac{E_2}{f_1} = 4.44 \omega_1 k \Phi_2 = C' \Phi_2$$

式中，Φ_2 为转子全磁通；C' 为常数。经整理可得

$$T_e = C'' sf_1 \Phi_2^2 \tag{10.5}$$

式中，C'' 为常数。

可见维持 Φ_2 为常数时，转矩 T_e 与转差率 s 呈线性关系，即可以得到和直流电动机一样的硬特性。当 f_1 不同时，特性将平行变化。如何实现 Φ_2 恒定，则是以后要介绍的闭环变频调速系统所要解决的问题。

2. 恒电流控制方式及其特性

在电动机变频调速过程中，若保持定子电流 I_1 为一恒值，则这种变频调速的控制方式称为恒电流变频调速控制方式。它要求变频电源是一恒流源，并要求控制系统带有由 PI 调节器组成的电流闭环，使电动机在变频调速过程中始终保持定子电流为给定值（恒值）。由于变频器的电流被控制在给定的数值上，所以在换流时没有瞬时的冲击电流，调速系统的工作比较安全可靠，特性良好。图 10-3 所示为恒电流控制变频调速系统的机械特性。从特性图中可以看出，恒流控制时的机械特性形状与恒磁通变频系统是相似的，都属于恒转矩性质。但恒流变频系统的最大转矩 T_m 要比恒磁通变频系统的最大转矩小得多，故恒流变频系统的过载能力比较小，只适合于负载变化不大的场合。

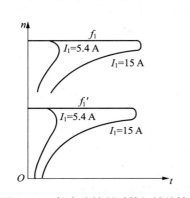

图 10-3 恒电流控制时的机械特性

3. 恒功率控制方式及其特性

当要求电动机转速超过额定转速（对应频率为 f_{1n}）调速时，此时 $f_1 > f_{1n}$，若仍维持 $U_1/f_1 = $ 常数，则定子电压就要超过电动机电压的额定

值。由于电动机绕组的绝缘是按额定电压来设计的，因此电动机电压必须限制在允许值范围内，定子电压应保持额定值。这样一来，气隙磁通就会小于额定磁通，导致转矩减小。由电动机转矩与功率之间的关系式 $P = Tn/9\,550$ 可知，当 $f_1 > f_{1n}$ 时，转矩减小，而电动机转速上升，电动机的输出功率近似维持恒定，这种调速方式可视为恒功率调速。

在异步电动机变频调速系统中，为了得到宽的调速范围，可以将恒转矩变频调速与恒功率调速结合起来使用。在电动机转速低于额定转速时（即基速之下），采用恒转矩变频调速；在电动机转速高于额定转速时（即基速之上），采用近似恒功率调速。如图10-4所示为电动机在整个调速范围的一簇机械特性曲线。

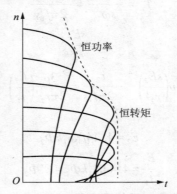

图10-4 恒转矩与恒功率相结合的机械特性曲线

10.2 标量控制的变频调速系统

要实现交流电动机的变频调速，通常需要有一个合适的变频器来改变交流电动机的供电频率。变频器是由整流器、滤波器和逆变器三大部分组成的。另外，交流变频调速还需要有一套能够按一定控制规律对变频器实行控制的控制环节，从而由控制线路和变频器一起，组成一个变频调速系统。

按照被控量的性质，可分为标量和矢量，本节简单介绍一下标量控制的几种典型的控制方法。这几种方法有一个共同的特征，控制环节所涉及的被控量都是标量，即只有大小变化而无方向变化。

10.2.1 控制输出电压的方式

交流电动机由逆变器供电运转时，近似采用恒磁通控制方式，使变频调速时电动机的最大转矩基本不变。

对输出电压的控制可分为两大类，一类是PAM（Pulse Amplitude Modulation）控制，另一类是PWM（Pulse Width Modulation）控制。PAM为脉幅调制，即通过改变逆变器输出电压的幅值来改变输出电压；PWM为脉宽调制，即输出电压的幅值不变，通过改变输出电压脉冲时间宽度来调节平均电压的大小。当然，也有同时采用PAM与PWM两种方法来调节电压的。

在实际的变频调速系统中,PAM 是一种在变频器的整流电路部分对输出电压的幅值进行控制,而在逆变电路部分对输出频率进行控制的控制方式。在这种控制方式中,对整流电路输出电压的幅值进行控制,大多是采用晶闸管整流器的相位控制,平滑直流电源使用直流电抗器和大容量电解电容器,如图 10-5(a)所示;逆变器中换流器件的开关频率即为变频器的输出频率,逆变器常采用 120°导通制和 180°导通制的六拍逆变器。这种 PAM 控制方式实际上是一种同步调速方式。

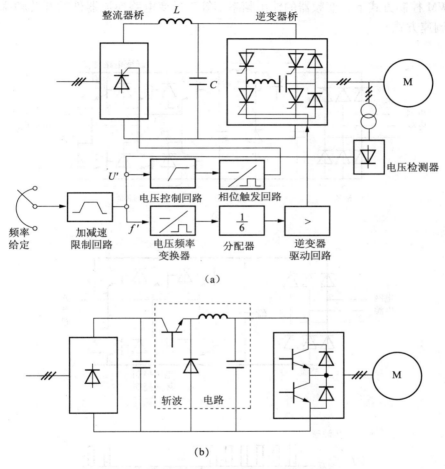

图 10-5 采用 PAM 控制的调速系统原理图
(a) 采用相位控制的电压调节;(b) 采用斩波器控制的电压调节

PAM 控制方式由于控制回路简单,易于大容量化,长期以来一直占据着主流地位。其缺点是由于有大容量电容,所以电压控制响应慢,不适于要求加、减速快的系统。另外,由于采用整流器的相位控制来调节电压,使得交流输入侧的功率因数变坏,特别是在电压低的范围内尤为严重。为了改善功率因数,可采取将交流电源以二极管整流桥进行全波整流,在直流侧采用斩波器调节电压的方法,如图 10-5(b)所示,这时的输入功率因数将变得相当好。

PWM 控制是在变频器的逆变电路部分同时对输出电压的幅值及频率进行控制的控制方

式。在这种控制方式中，是以较高频率对逆变电路的半导体功率控制器件进行开关，从而改变输出脉冲的宽度来达到控制电压的目的。

为了使异步电动机在进行调速运转时能够更加平滑，目前在变频器中多采用正弦波PWM控制方式。所谓正弦波PWM控制方式，指的是通过改变PWM输出的脉冲宽度，使输出电压的平均值接近于正弦波。正弦波PWM控制也称为SPWM控制。

PWM控制器的基本结构以及正弦波PWM的波形示意如图10-6所示。由图中波形可见，在PWM控制方式下，变频器的输出频率不等于逆变电路换流器件的开关频率，因此它属于异步调速方式。

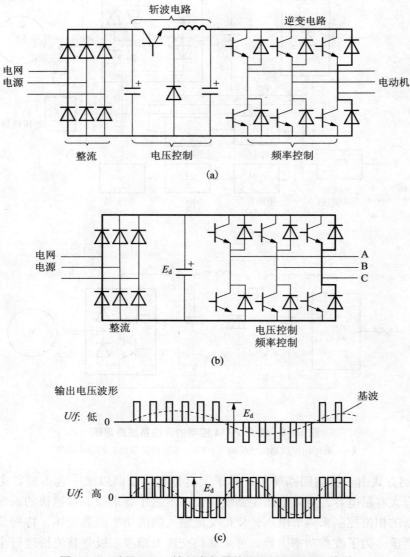

图10-6 采用PWM控制变频器的原理图及PWM波形

关于PWM控制方式的原理和电路结构，将在下一节详加讨论。

10.2.2 U/f 比例控制方式

采用 U/f 比例控制时，异步电动机在不同频率下都能获得较硬的机械特性线性段。如果生产机械对调速系统的静、动态性能要求不高，可以采用转速开环恒定压频比带低频电压补偿的控制方案，如图 10-7 所示为这种系统的结构原理图。这种控制系统结构最简单，成本也低。风机、水泵等的节能调速就常采用这种系统。

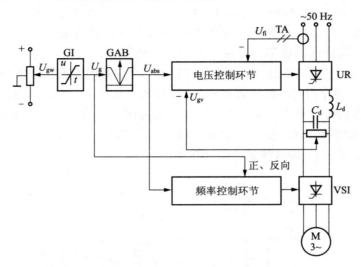

图 10-7　采用 U/f 比例控制的调速系统图

在图 10-7 中，UR 是可控整流器，用电压控制环节控制它的输出直流电压；VSI 是电压型逆变器，用频率控制环节控制它的输出频率。电压和频率控制采用同一个控制信号 U_abs，以保证两者之间的协调。由于转速控制是开环的，不能让阶跃的转速给定信号 U_gw 直接加到控制系统上，否则将产生很大的冲击电流而使电源跳闸。为了解决这个问题，设置了给定积分器 GI，将阶跃给定信号 U_gw 转变成按设定的斜率逐渐变化的斜坡信号 U_g，从而使电压和转速都能平缓地升高或降低。其次，由于 U_g 是可逆的，而电动机的旋转方向只取决于变频电压的相序，并不需要在电压和频率的控制信号上反映极性。因此，在 GI 后面再设置绝对值变换器 GAB，将 U_g 变换成只输出其绝对值的信号 U_abs。

采用模拟控制时，GI 和 GAB 都可用运算放大器构成；采用数字控制时则很容易用软件实现。电压控制环节一般采用电压、电流双闭环的控制结构，如图 10-8 所示。

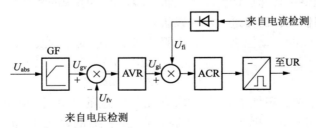

图 10-8　电压控制环节

控制系统的内环设电流调节器 ACR，用以限制动态电流，兼起保护作用。外环设电压调节器 AVR，用以控制变频器输出电压。简单的小容量系统也可用单电压环控制。电压-频率控制信号 U_{abs} 在加到 AVR 之前，应先通过函数发生器 GF，把电压给定信号 U_{gv} 相对地提高一些，以补偿定子阻抗压降，改善调速时（特别是低速时）的机械特性，提高负载能力。

频率控制环节主要由压频变换器 GVF、环形分配器 DRC 和脉冲放大器 AP 三部分组成，如图 10-9 所示。压频变换器 GVF 将电压-频率控制信号 U_{abs} 转变成具有所需频率的脉冲列，再通过环形分配器 DRC 和脉冲放大器 AP，按 6 个脉冲一组依次分配给逆变器，分别触发桥臂上相应的 6 个晶闸管。压频变换器 GVF 是一个由电压控制的振荡器，将电压信号转变为一系列脉冲信号，脉冲列的频率与控制电压的大小成正比，从而得到恒定压频比的控制作用。其频率值是输出频率的 6 倍，以便在逆变器的一个周期内发出 6 个脉冲，经过环形分配器 DRC（具有六分频作用的环形计数器），将脉冲列分成 6 个一组，相互间隔 60°的具有适当宽度的脉冲触发信号。对于可逆系统，需要改变晶闸管触发的顺序以改变电动机的转向。这时，DRC 可以采用可逆计数器，每次做"加 1"或"减 1"运算，以改变相序，控制加、减法的正、反向信号从 U_g 经极性鉴别器 DPI 获得。

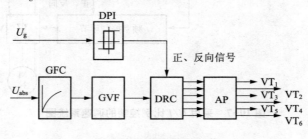

图 10-9 频率控制环节

在交流—直流—交流电压型变频器的调速系统中，由于中间直流回路有大容量电容滤波，电压的实际变化很缓慢，而频率控制环节的响应是很快的，因而在动态过程中电压和频率就难以协调一致。为此，在压频变换器前面加设一个频率给定动态校正器 GFC，它可以是一个一阶惯性环节，用以延缓频率的变化，希望能使频率和电压变化的步调一致起来。GFC 的具体参数可在调试中确定。

10.2.3 转差频率控制方式

转速开环变频调速系统可以满足一般平滑调试的要求，但静、动态性能都有限。要提高静、动态性能，首先要用转速反馈的闭环控制。转速闭环系统的静特性比开环系统强，但是如何提高系统的动态性能，需要进一步加以研究。

对于任何电气传动的自动控制系统，都服从基本的运动方程式，即

$$T_e - T_L = \frac{GD^2}{375} \cdot \frac{dn}{dt} \tag{10.6}$$

要提高调速系统的动态性能，主要依靠控制转速的变化率 dn/dt，显然，控制电磁转矩 T_e，就能控制 dn/dt。因此归根结底，调速系统的动态性能就是控制其转矩的能力。

在异步电动机变频调速系统中，需要控制的是电压（或电流）和频率，从而达到控制

电磁转矩的目的。在直流电动机中，转矩与电流成正比，即 $T_e = C_m \Phi I_d$，其气隙磁通 Φ 是由励磁电流单独产生的，当励磁电流保持恒定时，气隙磁通 Φ 可以保持恒定不变。这时，只要控制电枢电流 I_d 就能控制转矩，因此在直流双闭环调速系统中转速调节器的输出信号实际上就代表了转矩给定信号。而在交流异步电动机中，影响转矩的因素很多。异步电动机的转矩为

$$T_e = C_m \Phi_m I_2 \cos\varphi_2 \tag{10.7}$$

式中，C_m 是电动机的转矩常数。

可见气隙磁通 Φ_m、转子电流 I_2 及转子功率因数 $\cos\varphi_2$ 都影响到异步电动机的转矩，而这些量又都和转速有关，所以控制交流异步电动机转矩的问题就复杂得多。

根据异步电动机的电磁转矩

$$T_e = C'' s f_1 \Phi_2^2 \quad (C'' \text{ 为常数})$$

由 $\Phi_2 = \Phi_m \cos\varphi \approx \Phi_m$，$\omega_1 = 2\pi f_1$，$s\omega_1 = \omega_s$（转差角频率）可得

$$T_e \approx K \omega_s \Phi_m^2 \quad (K = C''/2\pi \text{ 为常数}) \tag{10.8}$$

由此可见，如果维持气隙磁通 Φ_m 不变，则异步电动机的转矩近似和转差角频率成正比。因此只要在恒磁通的条件下，控制 ω_s 也就达到了控制转矩的目的。这就是转差频率控制的基本概念。

如图 10-10 所示，为在恒磁通条件下 $T_e = f(\omega_s)$ 的曲线。图中 ω_{sm}，T_{em} 为限幅值。

上述规律是在保持 Φ_m 恒定的前提下成立的。至于如何才能保持 Φ_m 的恒定这个问题，可从分析磁通和电压的关系来着手解决。

众所周知，当忽略饱和铁损时，气隙磁通 Φ_m 与励磁电流 I_0 成正比，而励磁电流并不是独立的变量，其由下式所决定

$$\dot{I} = \dot{I}'_2 + \dot{I}_0$$

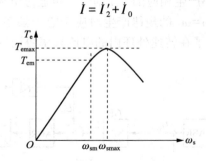

图 10-10　恒磁通条件下 $T_e = f(\omega_s)$ 的特性曲线

亦即，I_0 是定子电流 I_1 的一部分。在笼型异步电动机中，折合到定子的转子电流 I'_2 是难以直接测量的，于是只能根据负载的变化，相应地调节 I_1，从而维持 I_0 不变。

根据异步电动机的等值电路可以得到

$$\dot{I}'_2 = \frac{\dot{E}_1}{r'_2/s + jX'_2}$$

而

$$\dot{I}_0 = \frac{\dot{E}_1}{jX_m}$$

经整理可得出

$$I_1 = I_0 \sqrt{\frac{r_2'^2 + \omega_s^2(L_m + L_2')^2}{r_2'^2 + \omega_s^2 L_2'^2}} \tag{10.9}$$

根据上式可以得出,为了维持 Φ_m 恒定,定子电流 I_1 随 ω_s 而变化的规律如图 10-11 所示。

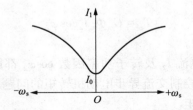

图 10-11 定子电流 I_1 随 ω_s 而变化的规律曲线

也就是说,只要使 I_1 与 ω_s 的关系符合图 10-11 所示的规律,就能保持 Φ_m 恒定。这样,用转差频率控制代表转矩控制的前提也就解决了。

实现上述转差频率控制规律的转速闭环变压变频调速系统结构原理图如图 10-12 所示。该系统有以下特点。

① 采用电流型变频器,可使控制对象具有较好的动态响应,而且便于回馈制动,实现四象限运行。这是提高系统动态性能的基础。

② 和直流电动机双闭环调速系统一样,外环是转速环,内环是电流环。转速调节器的输出是转差频率给定值 $U_{g\omega s}$,代表转矩给定,其输出最大值 $U_{g\omega s}$ 被限幅。

③ 转差频率信号分两路分别作用于可控整流器 UR 和逆变器 CSI 上。前者通过 $I_1=f(\omega_s)$ 函数发生器 GF,按 $U_{g\omega s}$ 的大小产生相应的 U_{gd1} 信号,再通过电流调节器控制定子电流,以保持 Φ_m 为恒值。另一路按 $\omega_s+\omega=\omega_1$ 的规律产生对应于定子频率 ω_1 的控制电压 $U_{\omega 1}$,决定逆变器的输出频率。这样就形成了在转速外环内的电流频率协调控制。

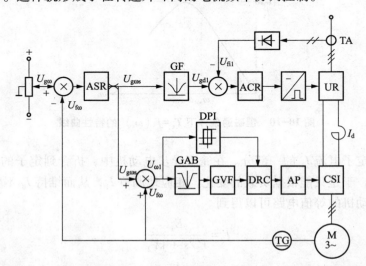

图 10-12 转差频率控制规律的转速闭环变压变频调速系统结构原理图

第10章 异步交流电动机变频调速系统

④转速给定信号 $U_{g\omega}$ 反向时，$U_{g\omega s}$、$U_{f\omega}$、$U_{\omega 1}$ 都反向。用极性鉴别器 DPI 判断 $U_{\omega 1}$ 的极性，以决定环形分配器 DRC 的输出相序，而 $U_{\omega 1}$ 信号本身则经过绝对值变换器 GAB 决定输出频率的高低。这样就可方便地实现可逆运行。

10.3 矢量控制的调速系统

异步电动机的数学模型是一个高阶、非线性、强耦合、多变量的系统，通过坐标变换可以使之降阶和解耦，但并未改变其多变量、非线性的本质。在标量控制中，动态性能不够理想，其根本原因是，其基本关系都是从稳态机械特性上推导而来的，并采用了单变量的控制思想。

矢量控制（Vector Control）又称磁场定向控制（Field-oriented Control），是20世纪70年代由美国和德国学者分别提出的。美国的 P. C. Custman 和 A. A. Clark 等人提出了"感应电机定子电压的坐标变换控制"，德国西门子公司的 F. Blaschke 等人提出了"感应电机磁场定向原理"，其本质是感应交流电动机的矢量控制，使交流变频调速技术前进了一大步。

矢量控制的基本思想是异步电动机和直流电动机均具有相同的转矩产生的机理，即电动机的转矩为磁场和与其相正交的电流的乘积。对直流电动机，转矩 $T_e = C_m \Phi I_d$，如果忽略磁路饱和，电枢反应得到全补偿，电刷置于几何中性线时，磁通 Φ 正比于直流励磁电流 I_M，与电枢电流 I_d 互成正交，是两个独立的变量，互不相关，可以分别进行调节，从而可以很方便地进行转矩、转速的调节。而对异步电动机，从矢量分析的角度看，可以把定子电流分为产生磁场的电流分量（磁场电流）和产生转矩的电流分量（转矩电流），这两个分量是互相垂直的。因此，通过控制电动机定子电流的大小和相位（即对定子电流的电流矢量进行控制），就可以分别对电动机的励磁电流和转矩电流进行控制，从而达到控制电动机转矩的目的。

目前，在变频器中得到实际应用的矢量控制方式有基于转差频率控制的矢量控制方式和无速度检测器的矢量控制方式两种，下面对这两种控制方式进行简单的介绍。

10.3.1 基于转差频率控制的矢量控制方式

矢量控制的基本原理是通过控制电动机定子电流的幅值和相位（即电流矢量），来分别对电动机的励磁电流和转矩电流进行控制，从而达到控制电动机转矩特性的目的。

如图 10-13 所示，给出了异步电动机的等效电路图和相应的电路矢量图。

在图 10-13 中，定子电流 $\dot{I}_1$ 可分为磁场电流分量 $\dot{I}_M$ 和产生转矩的转子电流 $\dot{I}_2$。从图中可看出，设原来磁场电流分量为 $\dot{I}_M$，转矩电流分量为 $\dot{I}_2$。若要改变 $\dot{I}_2$，使其幅值由 I_2 增大到 I_2'，而磁场电流 I_M 仍要保持不变时，我们不仅要改变定子电流 $\dot{I}_1$ 的幅值使其从 I_1 变为 I_1'，同时还必须改变 I_1 的相位角 θ，使其从 θ 改变为 θ'，即只有同时改变定子电流 $\dot{I}_1$ 的幅值和相位，才能改变 I_2 的大小而不改变 I_M 的大小，使转矩电流平稳变化。而在转差频率控制方式中，虽然通过对转差频率的控制达到了控制转矩电流 I_2 幅值的目的，但是并没有对电动机定子电流的相位进行控制，因此在转矩电流从 I_1 到 I_2 的过渡过程中将存在一定的波动，并造成电动机输出转矩的波动。

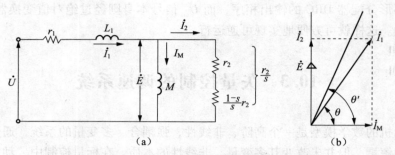

图 10-13 异步电动机的等效电路图和电路矢量图
(a) 等效电路图；(b) 电流矢量图

根据图 10-13 所示等效电路得知，定子电流 I_1、转矩电流 I_2、励磁电流 I_M 三者之间有如下关系

$$I_1 = \sqrt{I_2^2 + I_M^2}$$

$$\omega_1 M I_M = \frac{I_2 r_2}{s}$$

由于转差频率 ω_s 定义为：$\omega_s = s\omega_1$，所以从上式可得

$$\omega_s = \frac{r_2}{M} \cdot \frac{I_2}{I_M}$$

设电动机转子电路时间常数 $\tau_2 = M/r_2$，则可得

$$\omega_s = \frac{1}{\tau} \cdot \frac{I_2}{I_M} \tag{10.10}$$

与转差频率控制方式相同，基于转差频率控制的矢量控制方式同样是在进行 E/f 控制的基础上，通过检测电动机的实际转速，得到与实际转速对应的转子频率 ω_2，并根据希望得到的转矩按照上式对变频器的输出频率进行控制。因此，两者的静态特性相同。

但是基于转差频率控制的矢量控制方式中，除了按照上述方式进行控制之外，还要根据下式的条件，即

$$\theta = \arctan \frac{I_2}{I_M}$$

对电动机定子电流的相位进行控制，以消除转矩电流过渡过程中的波动。

10.3.2 无速度传感器的矢量控制方式

基于转差频率控制的矢量控制变频器在使用时，需要在异步电动机上安装速度传感器。严格地讲，这种变频器难以充分发挥异步电动机本身具有的结构简单、坚固耐用等特点。此外，在某些情况下，由于电动机本身或所在环境的原因无法在电动机上安装速度传感器，因此在对控制性能要求不是特别高的情况下往往采用无速度传感器的矢量控制方式的变频器。

无速度传感器的矢量控制方式是建立在磁场定位矢量控制理论的基础上的。由于实现这种控制方式需要在异步电动机内安装磁通检测装置，虽然该理论已得到验证，但在实践中一

直未能得到推广和应用,早期的矢量控制变频器基本上多是采用基于转差频率控制的矢量控制方式。

随着传感器技术的发展和现代控制理论在变频调速技术中的应用,即使不在异步电动机中直接安装磁通检测装置,也可以在变频器内部通过对某些变量的计算得到与磁通相应的量(即现代控制理论中所谓的"观测器"),并由此得到了所谓的无速度传感器的矢量控制方式。

无速度传感器矢量控制方式的基本控制思想是:分别对作为基本控制量的励磁电流(或者磁通)和转矩电流进行检测,并通过控制电动机定子绕组上的电压的频率使励磁电流(或者磁通)和转矩电流的指令和检测值达到一致,从而实现矢量控制。

当按照上述方式实现矢量控制时,可以根据下式对电动机的实际转速进行推算,从而实现无速度传感器的矢量控制。

因为
$$\omega = 2\pi f$$
$$\omega_s = \frac{1}{\tau_2} \cdot \frac{I_2}{I_M}$$

所以
$$f_2 = f_1 - f_s = f_1 - \frac{1}{2\pi \tau_2} \cdot \frac{I_2}{I_M} \tag{10.11}$$

由于矢量控制原理的理论推导比较复杂,这里只给出图 10-14 所示的控制系统方框图。图中的频率控制器的作用是通过按上述关系对频率的适当控制,使转矩电流的指令值与实际检测值一致。

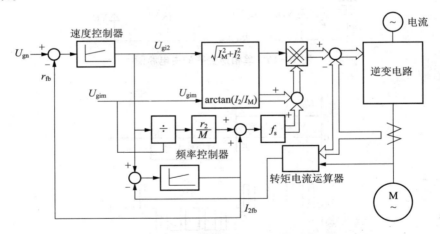

图 10-14 异步电动机的等效电路图和电路矢量图

10.4 脉宽调制型交流变频调速系统

随着高性能大容量的电力电子器件以及微型计算机控制技术的迅速发展,促进了电力变频技术新的突破性发展。20 世纪 70 年代后期发展起来的脉宽调制(PWM)变频技术就是其中的一例。目前,PWM 型变频器已进入实际应用阶段。

10.4.1 PWM 型变频器工作原理

1. 简单的 PWM 型变频器工作原理

脉宽调制式变频器电路原理示意如图 10-15 所示。它由二极管整流桥、滤波电容和逆变器组成。逆变器的输入为恒定不变的直流电压，通过调节逆变器的脉冲宽度和输出交流电压的频率，既实现调压又实现调频，变频变压都由逆变器承担。

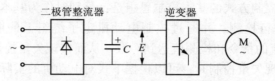

图 10-15 脉宽调制式（PWM）变频器电路原理示意图

此系统是目前采用较普遍的一种变频系统，其主电路简单，只要配上相应的控制电路就可以了。

图 10-16 所示为单相逆变器的主电路图，其波形图如图 10-17 所示。

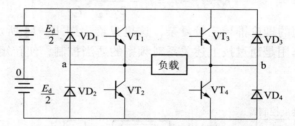

图 10-16 单相逆变器的主电路图

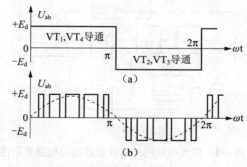

图 10-17 单相逆变器波形图
(a) 180°PWM 型输出电压波形；(b) PWM 型输出电压波形

PWM 控制方式是通过改变电力晶体管 VT_1、VT_4 和 VT_2、VT_3 交替导通的时间来改变逆变器输出波形的频率的，改变每半周期内 VT_1、VT_4 或 VT_2、VT_3 开关器件的通、断时间比，即改变了脉冲宽度，从而改变了逆变器输出电压幅值的大小。如果使开关器件在半个周期内反复通、断多次，并使每个输出矩形脉冲电压下的面积接近于对应正弦波电压下的面积，则逆变器输出电压就很接近于基波电压，高次谐波电压将大为削减。若采用快速开关器件，使逆变器输出脉冲数增多，即使输出低频时，输出波形也是比较好的。所以，PWM型逆变器很适用于作为异步电动机变频调速的供电电源，实现平滑启动、停车和高效率、宽范围的调速。

1) 系统主要优点

①简化了主电路和控制电路的结构，由二极管整流器对逆变器提供恒定的直流电压。在PWM逆变器内，变频的同时还控制其输出电压。系统仅有一个可控功率级，从而使装置的体积小、质量轻、造价低、可靠性高。

②由二极管整流器代替了晶闸管整流器，提高了变频电源对交流电网的功率因数。

③改善了系统的动态性能。PWM型逆变器的输出频率和电压，都在逆变器内控制和调节，因此调节速度快，调节过程中频率和电压的配合好，系统的动态性能好。

④有较好的对负载供电的波形。PWM型逆变器的输出电压和电流波形接近正弦波，从而解决了由于以矩形波供电引起的电动机发热和转矩降低等问题，改善了电动机运行的性能。

2) 系统主要缺点

①在调制频率和输出频率之比固定的情况下，特别是在低频时，高次谐波的影响较大，因此电动机的转矩脉动和噪声都较大。

②在调制频率和输出频率之比做有级变化的情况下，往往使控制电路比较复杂。

③器件的工作频率与调制频率有关。有些器件的开关损耗和换相电路损耗都较大，而且需要采用导通和关闭时间短的器件，而此类器件往往比较昂贵。

2. 单极性正弦波PWM调制原理

PWM型逆变器是靠改变脉宽控制其输出电压，通过改变调制周期来控制其输出频率的，所以脉宽调制方式对PWM型逆变器的性能具有根本性的影响。脉宽调制的方法很多，从调制脉冲的极性上看，有单极性和双极性之分；从载频信号和参考信号（或称基准信号）的频率之间的关系来看，又有同步式和异步式两种。

参考信号u_r为正弦波的脉宽调制叫作正弦波脉宽调制（SPWM），产生的调制波是等幅、等距而不等宽的脉冲序列，如图10-18所示。此图为单极性脉宽调制波形。SPWM调制波的脉冲宽度基本上呈正弦分布，各脉冲与正弦曲线下对应的面积近似成正比。可见SPWM比一般PWM的调制波形更接近于正弦波，因此，谐波分量大为减小。

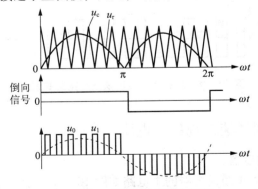

图10-18 正弦波脉宽调制波形

SPWM逆变器输出基波电压的大小和频率均由参考电压u_r来控制。当改变u_r幅值时,脉宽随之改变,从而可改变输出电压的大小;当改变u_r频率时,输出电压频率即随之改变。但正弦波最大幅值必须小于三角波幅值,否则输出电压的大小和频率就会失去所要求的配合关系。

图10-18只画出了单相脉宽调制波。对于三相逆变器,必须产生互差120°的三相调制波。载频三角波可以共用,但必须有一个三相可变频变幅的正弦波发生器,产生可变频变幅的三相正弦波参考信号,然后分别与三角波相比产生三相脉冲调制波。

若脉冲调制波在任何输出频率情况下,正、负半周始终保持完全对称,即为同步调制式。若载频三角波频率一定,只改变正弦参考信号的频率,这时正、负半周的脉冲数和相位就不是随时对称的了。这种调制方式叫作异步调制式。异步调制将会出现偶次谐波,但每周的调制脉冲数将随输出频率的降低而增多,有利于改善低频输出特性。一般地,三角波频率应比正弦参考电压频率大9倍以上,否则偶次谐波的影响就会比较明显。

3. 双极性正弦波PWM调制原理

上述单极性调制必须加倒向控制信号,而如图10-19所示的双极性调制就不需要倒向控制信号了。SPWM双极性调制和单极性调制一样,输出基波大小和频率也是通过改变正弦参考信号的幅值和频率来改变的,在用于变频调速时,要保持U/f比基本恒定。这种双极性调制方式,当然也可采用同步式或异步式的调制方法。

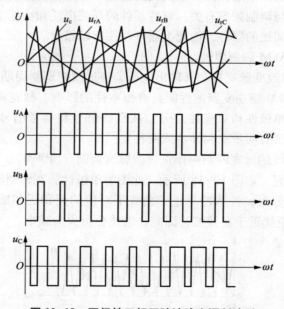

图10-19 双极性三相正弦波脉宽调制波形

10.4.2 PWM型变频调速系统的主电路

1. 三极管PWM型逆变器

三极管通用型三相PWM型逆变器的主电路如图10-20所示。逆变器由二极管三相整流桥整流的恒定直流电压供电。平波电容器C起着中间能量存储作用,使逆变器与交流电网去耦，对异步电动机等感性负载，可以提供必要的无功功率，而有功功率由电网来补充。由于直流电源是二极管整流器，所以能量只能单方向流动，不能向电网反馈能量。因此当负载工作在再生情况下时，反馈能量将经过反馈二极管 $VD_1 \sim VD_6$ 向电容 C 充电，而平波电容器容量有限，势必将直流电压抬高。为了避免直流电压过高，在直流侧接入制动（放电）电阻 R 和三极管 VT_7。当直流电压升高到某一限定值后，使 VT_7 饱和导通而接入电阻 R，将部分反馈能量消耗在电阻上，这样电动机就可以在四个象限内运行了。

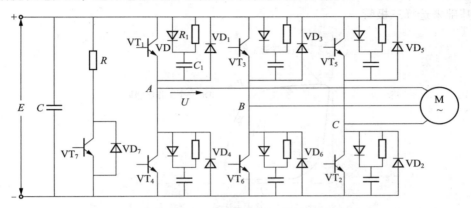

图 10-20　三极管通用型三相 PWM 型逆变器主电路

逆变器由 6 个电力晶体管开关和 6 个反馈二极管组成，可以采用前述的任何一种脉宽调制方法驱动，而且还可以进行高频调制。异步电动机为感性负载，当电流连续时，不管采用何种脉宽调制方法，逆变器每相输出的脉宽调制电压波都是双极性的，而输出电流则为带锯齿的正弦波，如图 10-21 所示。例如以 A 相为例，在输出电流正半周，当 VT_1 导通时，A 点（见图 10-20）接到直流电压正极，电流上升；当 VT_1 管截止时，感性负载电流不能突变，势必要经过二极管 VD_4 由直流电源负极续流，电压为负，电流下降，如此循环下去。

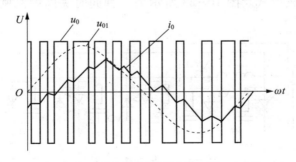

图 10-21　逆变器输出波形（电压、电流）

值得注意的是，当电动机降速或停止，系统工作在再生工况时，某些反馈二极管导通，电力晶体管仍处于调制工作状态，必将出现电动机两端线间经导通的二极管和三极管短接。对此反馈短路电流必须加以限制，办法是当电流超过允许值时由控制电路发出信号，封锁三极管以免损坏。

根据试验和分析，一般确认带感性负载工作在开关状态下的三极管，毁坏的原因 80% 是由于二次击穿引起的。三极管带感性负载由饱和导通快速转为截止的瞬间，瞬时功率可以达到正常工作时的上百倍,这对管子来说是很严酷的。因此,必须采取措施使管子集-射电压 U_{CE} 上升得慢些,而使集电极电流 I_C 下降得快些。与电力开关晶体管并联的二极管 VD 和 R、C 吸收电路,其作用就是延缓管子 U_{CE} 的上升速率,使管子截止时,在基极上加反压,尽快抽出基区积存的载流子,使 I_C 迅速下降。晶体管工作时,在任何情况下都不允许超过安全工作区。图 10-22 所示为三极管的安全工作区和开关工作区。一般来说,高频脉冲安全工作区比直流安全工作区宽一些,但管子制造厂只提供直流安全工作区,我们可以用直流安全工作区作基础来选择三极管。

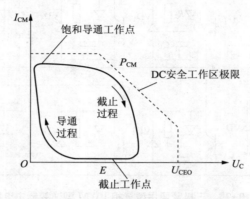

图 10-22 三极管的安全工作区和开关工作区

2. 晶闸管 PWM 型逆变器

近年来,具有自关断能力及高频开关性能的大容量门极关断晶闸管(GTO)发展很快,已经付诸实际应用。它和电力晶体管一样,很适合用作 PWM 型逆变器和开关器件。但是,目前大容量逆变器仍然采用晶闸管(包括快速和高频晶闸管)。由于晶闸管没有自关断能力,因此用在 PWM 型逆变器中必须进行强迫换相。根据换相方式的不同,晶闸管 PWM 型逆变器具有多种构成形式。图 10-23 所示为一种同时关断的晶闸管 PWM 型逆变器主电路。

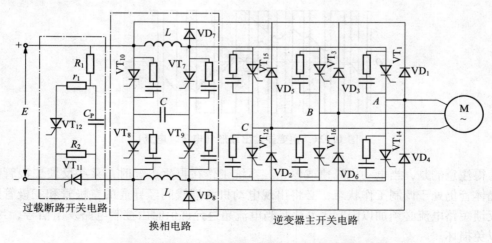

图 10-23 同时关断的晶闸管 PWM 型逆变器主电路

在图 10-23 中，逆变器由 $VT_1 \sim VT_6$ 和 $VD_1 \sim VD_6$ 组成，$VT_7 \sim VT_{10}$ 和 L、C 构成换相电路，而 VT_{11}、VT_{12} 和 C_P 及 R_1、R_2 等组成过载断路开关电路。现以常用的载频三角波与参考正弦波相比较产生调制脉冲的方法为例，来说明图 10-23 所示逆变器的工作情况。

如图 10-24 所示波形为主开关及换相晶闸管的工作模式。在波形图上出现正脉冲时表示 VT_1 或 VT_3、VT_5 导通，出现负脉冲时表示 VT_4 或 VT_6、VT_2 导通，波形最下面的 VT_7、VT_8 和 VT_9、VT_{10} 表示换相回路中被触发导通的晶闸管。现以晶闸管 VT_1 强迫关断为例来说明换相过程。

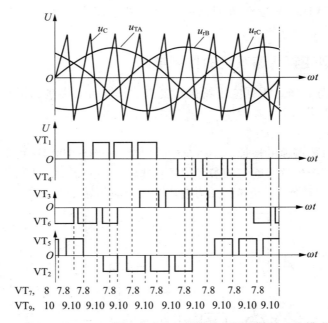

图 10-24 图 10-23 所示电路主开关及换相晶闸管的工作模式

当 VT_1 导通时，设换相电容器已经充好电，极性为左正右负，触发 VT_7、VT_8 换相晶闸管而使之导通，电容器 C 上的电压通过 VT_7、VT_8 及 VD_4 加到主晶闸管 VT_1 上，使 VT_1 受反压而关断。电容 C 放电后接着反向充电，为下一次双序号晶闸管关断做好准备。换相电流过零时，VT_7、VT_8 自行关断。其他晶闸管的关断情况与此类似，不再一一加以说明。由波形图可见，这种工作模式是单序号晶闸管 VT_1、VT_3、VT_5 作为一组，双序号晶闸管 VT_4、VT_6、VT_2 作为另一组而交替关断的。

直流电路中的电抗器 L 的作用是避免经反馈二极管 $VD_1 \sim VD_6$ 及晶闸管 $VT_1 \sim VT_6$ 的反馈电流被直接短路，并限制电流上升率。$VD_7 \sim VD_8$ 为续流二极管，防止逆变器两端出现过高电压。经分析，换相电路中 L、C 的最佳值可用下式计算

$$L = \frac{1.82 E t_q}{I_L} \quad (10.12)$$

$$C = \frac{1.47 I_L t_q}{E} \quad (10.13)$$

式中，E 为直流电源电压；I_L 为换相最大负载电流；t_q 为晶闸管关断时间。

晶闸管逆变器多采用同步式调制。为了改善低频输出特性，可以随频率的降低分频段地

适当增加每周期包含的载频三角波数。例如，在输出频率 f 为 40~50 Hz 频段内，使每周期包含 9 个三角波；在 f 为 30~40 Hz 频段内，使每周期包含 15 个三角波等。

图 10-23 最左边的过载断路开关电路，其工作比较简单。逆变器正常工作时，VT_{11} 导通，VT_{12} 处于截止状态，电容器 C_P 充满电，极性为上正下负。一旦发生过电流，VT_{12} 立即被触发导通，C_P 经 R_1、R_2 放电，给 VT_{11} 加反压而使之关断，从而切断主电路，实现过电流保护。

上述同时关断式的晶闸管逆变器，在实际应用中还应研究如何限制 VT_6、VT_{10} 的电压上升率，合理处理 L、VD_7、VD_8 续流回路的续流以及电流出现断续时输出电压升高等一些问题。

10.4.3　PWM 型变频调速系统的控制电路

PWM 型变频调速系统，根据应用场合和要求的不同可有多种组成形式，控制方式更是多种各样，现举例说明如下。

1. 系统的组成

在交流电动机变频调速的模拟控制系统中，需要一个 0~100 Hz 可变频变幅的三相正弦波参考信号。但直接产生这样的三相参考信号是非常困难的，而产生可变频的三相方波却比较容易做到。图 10-25 所示系统是利用方波产生三角波再转变为正弦波的方法。

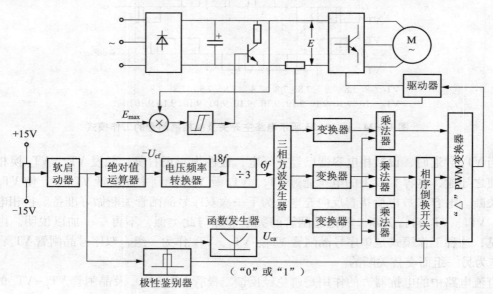

图 10-25　模拟正弦波参考信号 SPWM 型变频调速系统

图 10-25 中示出当逆变器的输出频率为 f 时，U/f 变换器输出的方波频率应为 $18f$，经三分频后，转换成频率为 $6f$ 的方波。然后经三相方波发生器产生三相频率为 f 的方波，再按相分别变换成频率为 f 的三相正弦波。改变给定信号的大小，即可改变三相正弦波参考信号的频率。把可变频的正弦波与幅值控制信号电压 U_{ca} 一起加到有象限模拟乘法器作乘法运算，输出便是三相可变频变幅的正弦波参考信号。最后经相序倒换开关输出，以控制系统正、反转。脉宽调制信号是采用"△"PWM 电路产生的（见图 10-30）。

2. 变频器的主要控制环节

U/f 变换器及三相方波发生器的实际电路如图 10-26 所示。

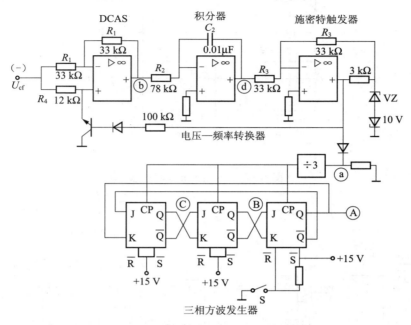

图 10‐26　U/f 变换器及三相方波发生器实际电路

U/f 变换器由数控模拟开关（DCAS）、积分器和施密特触发器组成。数控模拟开关输出方波，其频率与控制信号 U_{cf} 的大小成正比，DCAS 输出正、负对称的方波使积分器进行交替地正、反向积分而产生三角波，只要适当地选择 DCAS 的各个电阻，并使施密特触发器为单位增益，则 U_{cfmax} 与周期 T_{min} 之间符合下式关系

$$U_{cfmax} = \frac{1}{R_2 C_2} \frac{T_{min}}{2} = 2U_Z$$

这里选 $U_{cfmax} = 10\ V$，$U_Z = 10\ V$ 及 $T_{min} = 1/(18f_{max})$，根据上式即可选出电阻 R_2 和电容 C_2。电阻 R_4 是在 U_{cf} 为 U_{cfmin} 的情况下，保证晶体管饱和导通和在 U_{cf} 为 U_{cfmax} 时的集电极电流小于它的安全电流而选取的。此 U/f 变换器实验结果表明线性度是比较好的。

电压频率转换器输出频率为 $18f$ 的方波脉冲序列，经三分频后作为三相方波发生器的输入。三相方波发生器由 3 个 JK 触发器组成。三相方波发生器开始工作前，开关 S 闭合，置初始状态：$A=0$，$B=0$，$C=1$。开始工作时，断开开关 S，便形成如图 10-27 所示的工作状态。三相方波发生器的工作原理较容易理解，不再加以说明。

由控制电压 U_{cf} 和由三相方波发生器输出的一相方波控制并转换成正弦波的实际电路如图 10-28 所示，现分两部分加以说明。

1）恒幅值三角波的产生

恒幅值三角波发生器由数字控制模拟开关（DCAS）和积分器组成，它与电压-频率转换器中的 DCAS 和积分环节基本相同，所不同的是 DCAS 的无触点开关一个是由三极管 VT_1 自锁控制，一个是用场效应半导体管 FET，由来自三相方波发生器输出的一相方波控制并在

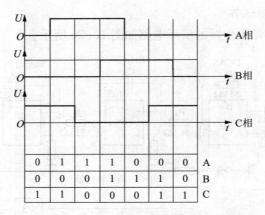

图 10-27 三相方波及其状态

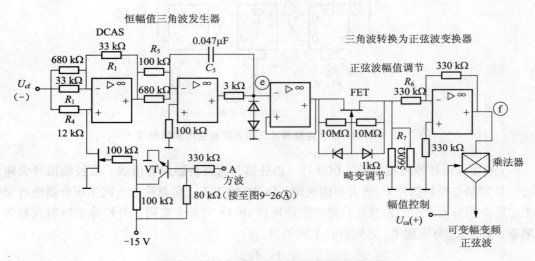

图 10-28 三角波、正弦波发生器实际电路

积分器输出限幅。这里恒幅值三角波的频率决定于它控方波的频率,因此,改变输入方波的频率即可改变三角波的频率。但是,由于积分器的积分时间常数一定,如果输入的正负方波幅值一定,三角波的幅值将随频率的升高而下降。为了获得恒幅值三角波,常把控制频率的电压-频率转换器输入信号电压 U_{cf} 作为 DCAS 的一个输入信号。这样,当输入方波频率升高时,U_{cf} 值也增大,从而使 DCAS 的输出电压提高,积分器输出电压变化率加大,以保证积分器输出三角波的幅值不变。另外,积分器输出端接上正、负向限幅稳压管,使积分运算放大器在输出三角波的幅值处接近饱和输出状态,产生的三角波波形如图 10-29 中的波形 (e) 所示。

设三角波的幅值为 U_{Tmax},要保持三角波幅值为正负 U_{Tmax} 不变,积分器的积分时间常数及 R_5、C_5 可由下式求得:

$$U_{cfmax} = \frac{1}{R_5 C_5} \frac{1}{2f_{max}} = 2U_{Tmax} \qquad (10.14)$$

图 10-28 所给电路参数,对应于 $U_{cfmax} = 10$ V。积分器输出端稳压管的稳压值应等

于 U_{cfmax}。

2) 三角波到正弦波的转换

这个转换是利用场效应晶体管的非线性进行转换的。只需调整两个电阻 R_6 和 R_7。R_6 用作正弦波幅值调节，R_7 用作变频的恒幅正弦波调节。

变频正弦波与幅值控制电压 U_{ca} 在乘法器中相乘，便可获得变频变幅的正弦波。

图 10-28 是单相正弦波发生器，因此要产生三相正弦波需要三套如图 10-28 所示的相同电路。只是每相的输入控制方波分别取自图 10-26 所示三相方波发生器的 A、B、C 三点。

图 10-26 和图 10-28 电路中各点的波形如图 10-29 所示。

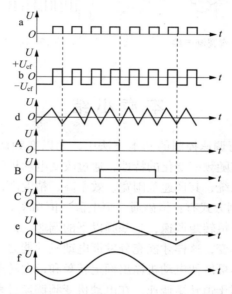

图 10-29　图 10-26、图 10-28 所示电路中各点的波形

图 10-30 是一种线路比较简单的 "△" 脉宽调制电路，它也是一种双极性正弦波 PWM 电路。只要输入一个频率可变、幅值恒定的正弦波参考电压信号 u_r，就可以在运算放大器 A1 的 I 点输出基波电压与频率之比自动维持恒定的调制波。

其工作原理为：运算放大器 A_1 作为比较器，当输入正弦电压 u_r 从零上升时，A_1 的输出 u_I 迅速上升到正饱和值 $+U_s$，经 A_2 作反向积分，其输出电压 u_F 负向线性增长，u_F 和 $+U_s$ 分别经及 R_2、R_3 加到 A_3 的反相输入端。由于参数选择 $R_3 \gg R_2$，u_F 的作用远比 U_s 大，所以 A_3 输出电压 u_K 正向上升。当 $u_K < u_r$ 时，A_1 输出继续保持 $+U_s$。一旦 u_K 上升到 $u_K > u_r$ 时，A_1 迅速翻转，输出负饱和值 $-U_s$。$-U_s$ 再经 A_2 反相积分，使 u_F 幅值线性减小，$A_输$ 出电压 u_K 也随之减小。当 $u_K < u_r$ 时，u_I 又转换为 $+U_s$，u_F 幅值又增大，u_K 再次上升，如此循环工作，便得到如图 10-31 所示的调制波形 u_I。

上述系统是开环变频调速系统。由于异步电动机在不同供电频率下的机械特性硬度变化不大，所以开环变频调速控制也获得了广泛的应用。如果调速精度要求较高，可以实行速度闭环调节。

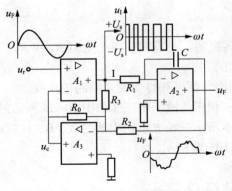 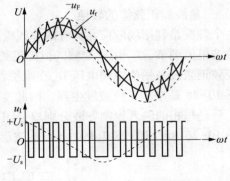

图 10-30 "Δ"脉宽调制电路　　　　图 10-31 "Δ"脉宽调制波形

本 章 小 结

1. 在对交流电动机进行调速控制的基本方法中，尤以变频调速比较理想。交流变频调速是利用电动机的同步转速随频率变化的特性，通过改变电动机的供电频率进行调速的一种方法。由变频控制组成的系统，其调速范围宽、效率高、精度高，实现较容易。

2. 交流变频的基本控制方式有：恒磁通、恒电流、恒功率。

①恒磁通控制方法属于恒转矩调速，是基频以下的调速。该调速希望保持电动机中每极磁通量为额定值，并保持不变，这样才能充分发挥电动机的能力，充分利用铁芯材料，使电动机绕组达到额定电流，尽可能使电动机输出额定转矩和最大转矩。

②恒电流控制方法也属于恒转矩调速，在电动机变频调速过程中，要求定子电流保持为一恒值。即要求变频电源是一恒流源，使电动机在变频调速过程中始终保持定子电流为给定值（恒值）。在此种控制方式下，变频器的电流被控制在给定的数值上，所以在换流时没有瞬时的冲击电流，调速系统的工作比较安全可靠，特性良好。

③恒功率控制方法是属于基频以上的调速。当要求电动机转速超过额定转速时，则定子电压就要超过电动机电压的额定值。由于电动机绕组的绝缘是按额定电压来设计的，因此定子电压应保持等于额定值。这样一来，气隙磁通就要小于额定磁通，从而使电动机转速上升，电动机的输出功率近似维持恒定，这种调速方式可视为恒功率调速。

在异步电动机变频调速系统中，为了得到宽的调速范围，可以将恒转矩变频调速与恒功率调速结合起来使用。在电动机转速低于额定转速时，采用恒转矩变频调速；在电动机转速高于额定转速时，采用近似恒功率调速。

3. 利用变频器实现变频调速时，通常采用对变频器的输出电压进行控制，即对逆变器输出电压 U_1 与输出频率 f_1 进行控制，使其基本保持不变，从而使变频调速时电动机的最大转矩大体不变。常用的控制方法有：U/f 比例控制方式、转差控制方式和矢量控制方式。

4. PWM 型变频器既可实现调压又可实现调频，变频变压都由变频器承担，因而简化了主电路和控制电路的结构。由二极管整流器对逆变器提供恒定的直流电压，提高了变频电源对交流电网的功率因数；其输出频率和电压，都在逆变器内控制和调节，因此调节速度快，调节过程中频率和电压的配合好，系统的动态性能好；且输出电压和电流波形接近正弦波，改善了电动机运行的性能。因而，PWM 型变频器具有体积小、质量轻、造价低、可靠性高等特点。

5. 数字式通用变频器目前已得到了广泛的应用，我们应根据实际系统的要求选用合适的数字式通用变频器，并注意安装要求和对运行环境的要求。

习 题 10

10.1 变频同时系统一般分为哪几类？
10.2 PAM 方式和 PWM 方式各有哪两种类型？
10.3 采用 PWM 方式的变频器电路有哪些特点？
10.4 何谓同步调制和异步调制？它们之间有哪些区别？
10.5 什么是单极性调制和双极性调制？
10.6 什么是 SPWM 控制方式？画出用该方式实现的变频调速系统的方框图。
10.7 变频器采用的制动方式有哪几种？
10.8 通用变频器一般分为哪几类？选用通用变频器时主要应考虑哪几个方面？

附 录

附录一　自动控制原理虚拟实验系统的开发与应用

1. 自动控制原理实验简介

自动控制原理是一门理论性、实践性较强的工科专业基础课。根据通用的自动控制原理课程标准（教学大纲）的要求，一般实验课时占总课时的 20% 左右，是自动控制原理课程的重要组成部分。要完成这门课程的实验任务，需要配备相应的教学实验设备，以指导学生理论联系实际，使他们进一步理解和掌握自动控制原理的一般概念、系统工程分析方法和设计方法，学习和掌握控制系统的电路构成和测试技术。

自动控制原理实验教学的主要目标包括：

（1）动手能力的培养。通过实验，使学生对实验所用仪器、仪表的用途和使用方法能够了解和掌握，根据教学大纲的要求，完成实验环节，并正确获取、处理实验数据。

（2）分析问题和解决问题能力的培养。通过实验验证所学理论，分析实验结果。

（3）思维能力和创新能力的培养。按照教学内容，完成设计性实验和综合性实验，活跃学生的学术思想，使其对所学内容提出一些新的见解，进而提高学生的创新能力。

（4）综合素质的培养。通过各种实验形式和实验内容的设置，使学生能够综合运用所学的专业知识完成预定的实验环节，全面提高学生的综合素质，为后续课程的学习和将来的工作奠定坚实的基础。

自动控制原理的典型实验内容包括：典型环节的阶跃响应、二阶系统的阶跃响应、控制系统的稳定性分析、连续系统的串联校正、系统频率特性测试和采样定理的验证等。传统自动控制原理实验，一般采用搭建硬件电路的方法，使用函数发生器产生波形作为信号源，利用示波器观察实验结果。这种实验方法存在着实验设备成本高、实验精度低和效果差等缺点，而且实验中经常会受到元件参数不稳定的影响和设备条件的限制，使实验值和理论值不相吻合，导致学生产生错误的理解。尤其随着远程教育的发展，远程实验教学也逐渐被人们重视。远程的虚拟实验是网络技术、计算机技术、虚拟现实技术相结合的结果，它不但为实验类课程的教学改革及远程教育提供了条件和技术支持，节省了教育资源，同时还可以随时为学生提供更多、更新、更好的仪器。

远程实验教学被视为有效突破时空限制的教学通道,研究人员或学生可以随时随地与同行协作、共享或独占仪器设备、共享数据和计算机资源、得到教师的远程指导。因此针对远程教育的需求和传统实验的弊端,借助计算机开发相关的虚拟实验具有重要意义。虚拟实验要求有一个美观大方的操作界面,虚拟的、逼真的实验环境,准确、安全的数据计算和通信,本课题利用 Dreamweaver 强大的网页制作功能、Flash 强大的图形处理功能以及 Matlab 强大的绘图、计算和网络功能构建了自动控制原理远程虚拟实验室,此虚拟实验室突破了时间、地点的限制,学生可以随时、随地登录网络进行实验,修改实验参数反复进行实验,加深对知识的理解并提高动手和创新能力。

2. 自动控制原理虚拟实验室的结构设计

网络虚拟实验室是一种异构的问题解决环境,它使得处于不同位置的学习者可以同时对一个实验项目进行实验工作,和其他领域相同的是实验工具和技术是独立于各自领域的,不同之处在于虚拟实验中操纵的并不是真实存在和使用的设备。虚拟实验室要求实验的参与者共享实验环境和实验规则,这种要求使得它易于在网络上实现。服务器端通过软件技术对各种实验环境进行仿真,并接收来自客户端的实验操作请求,根据客户端不同的实验请求,修改输入的实验参数,模拟产生实验的现象,输出对应的实验结果。学生在客户端进行实验,最后实验结果输出到客户端。

(1) 虚拟实验室的设计原则。

本自动控制原理虚拟实验室的设计平台是基于 Internet 的,实验室的页面设计是用户进行实验的窗口,而实验室的内容是用户进行实验的核心,为了使实验操作简单易懂,使实验内容具有可扩展性,本虚拟实验室在设计过程中遵循了以下原则:首先在页面设计上既简约又美观,还要保证用户的实验操作简单,易于掌握,同时页面元素保持一致性。其次要保证用户正确可靠地使用及有关程序和数据的安全性,在实验内容上可以进行扩展和补充。

(2) 虚拟实验室的构成及功能。

根据自动控制原理实验教学大纲的要求,本自动控制原理虚拟实验室共设计了十个实验,内容涉及线性系统时域分析、线性系统的根轨迹、线性系统频域分析、线性系统串联校正、离散系统分析和非线性系统分析。从实验难易层次上可以分为基础性实验和设计性实验,这样学生可以根据自身学习情况选择适当的实验,促进了学生的学习。自动控制原理虚拟实验室的构成如附图 1 所示。

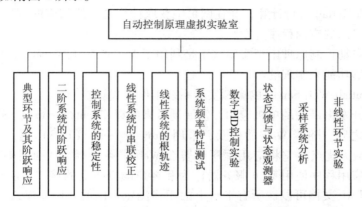

附图 1　自动控制原理虚拟实验室的构成

此自动控制原理虚拟实验室作为学生课后实验和验证的虚拟仿真环境,也可以辅助教学,进行课堂演示。每个实验都包含了实验目的、实验原理和实验步骤作为做实验前的提示,实验中主要包括四大内容:实验的电路原理图、虚拟的实验电路、实验参数的输入和输出结果的显示。学生通过观察电路原理图连接虚拟的实验电路,连接完毕后,输入实验电路的参数,单击"提交"按钮,即可得到实验的结果。此网络虚拟实验室的流程如附图2所示。

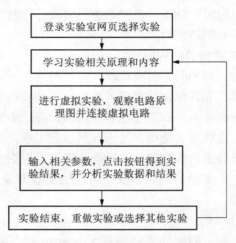

附图2　网络虚拟实验室的流程

3. 基于 Matlab Web Server 的虚拟实验技术原理

Matlab 是 MathWorks 公司 20 世纪 80 年代推出的科学计算软件,经过公司不断完善和发展,目前 Matlab 成为涉及多科学、多领域的软件平台,其主要功能包括数学计算及符号计算、数据分析与可视化等,Matlab 有丰富的工具箱,许多领域的专家为 Matlab 编写了各种工具箱,这些工具箱提供了用户在专门领域所需的专业函数,这使得用户不必花大量时间编程,就可达到事半功倍的效果。Matlab 还提供了一个图形化的用户仿真工具 Simulink 更是为各学科的科学研究提供了强大的支持,真正实现不用编写代码就可以完成数学建模、系统仿真等复杂工作。那么 Matlab 是否能为 Web 服务器的计算提供支持呢?回答是肯定的。MathWorks 公司从 Matlab 6.0 开始提供网络服务,使得使用者可利用网络传送数据给 Matlab Web Server,借助 Matlab 进行计算,并在网页中获取计算结果或相应的图形结果,在此基础上可以进行特定目的的应用程序开发。

本章所述的自动控制原理虚拟实验室正是利用了 Matlab Web Server 的原理,借助 Matlab 强大的计算和图形功能来实现的。

(1)基于 Matlab Web Server 的虚拟实验系统工作模式。

应用程序的开发由最初的单机应用,发展到后来的以 Client/Server(C/S)模式为主的分布式模式应用。之后,随着 Web 的普及,采用 Browser/Server(B/S)模式的应用便开始涌现。B/S 模式的最大优点是它将应用程序部署在 Web 服务器端,从而能够创建跨平台的应用。服务器端的应用程序使用 Web 服务器作为和客户端浏览器的接口,应用程序在 Web 服务器上生成的 HTML 文档可以被所有平台上的用户浏览。因此,B/S 模式越来越得到重视,应用越来越广泛,是 Internet 上开发应用程序的基础工作模式。本章基于 Matlab Web Server

的自动控制原理虚拟实验就是采用 B/S 的工作模式。

（2）Matlab Web Server 的工作原理。

Matlab Web Server 是 Matlab 的一个可选组件，可以在 Matlab 系统本身安装的时候一起安装，也可以使用 MatlabInstaller 单独安装。Matlab Web Server 主要由两部分组成，一部分是 Matlab Web 服务器，它实际上是一个可执行的应用程序 matlabserver.exe，是 Matlab 应用程序运行的环境；另一部分是 Web 服务代理，一个可执行程序 matweb.exe，它将所有对 Matlab 的请求重定向到 matlabserver.exe 进行处理。其原理结构图如附图 3 所示。

附图 3　Matlab Web 应用原理结构图

由附图 3 可知，Matlab Web 应用必须基于某一标准的 Web 服务环境，客户端浏览器通过 TCP/IP 协议请求 Web 服务器中的文档，而 Matlab Web 服务代理筛选所有的请求，如果是 Matlab Web 请求，则将其交由 Matlab Web 服务程序处理，否则由标准的 Web 服务器进行处理。在设置 Matlab Web 应用环境时，其中 Matlab Web 服务代理必须与系统的 Web 服务器安装在同一台机器上，而 Matlab Web 服务程序可以和 Matlab Web 服务代理在同一台机器中，也可以不在同一台机器中。Matlab Web Server 工作原理是：Matlab Web Server 通过调用 matweb.m 来处理网页中隐含字段 mlmfile 所指定的 m 文件，在 Web 文件、Matlab 和 m 文件之间建立联系。其工作原理图如附图 4 所示。

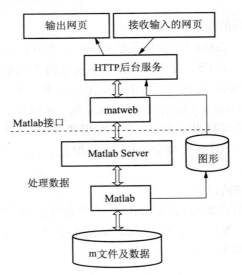

附图 4　Matlab Web Server 的工作原理图

（3）Matlab Web Server 开发虚拟实验的基本步骤。

利用 Matlab Web Server 开发虚拟实验主要步骤如下。

①安装 IIS（Internet Information Server）及配置网络服务器，其中包括 Matlab Web 服务

代理的配置和 Matlab Web 服务器的配置。

②创建输入文件。输入文件通常为一请求 Matlab Web 服务的 HTML 表单文档。

③建立 Matlab Web 应用程序的 m 文件。作用是接收、处理输入文件输入的数据。

④创建输出文件。输出文件为一 HTML 文档，用来显示 m 文件计算结果或相应的图形结果。

（4）Matlab 与 Flash 的结合。仅利用 Matlab Web Server 开发的远程虚拟实验，理论性强，用户通过输入参数得到实验结果，但不能让用户看到直观的电路。为了解决这一问题，本章内容的思路是利用 Flash 和 Matlab 相结合的方式，创造一个虚拟的实验环境，使得用户在逼真的环境中完成实验。首先在输入页面中插入实验电路原理图的 SWF 3 文件，让用户了解实验的原理。然后利用 Flash 搭建虚拟实验场景，将实际应用中的电阻、电容及运算放大器等用逼真的虚拟仪器来代替，并将虚拟仪器按照实验电路图连接起来。这种连接是在正确连接的基础上实现的，如果将要连接的线路与上面的电路原理图不符，那么此次连接不成功。编程语言采用 Flash Action Script，连接两个元件时，将连线设置为影片剪辑，并在元件的按钮上加动作，如果想得到更逼真的效果，可以设置连线，使其产生渐变的功能。最后将生成的 SWF 文件嵌入到网页中，形成虚拟的实验环境。利用 Flash 模拟实验场景、Matlab 进行后台计算和前后台通信，是本章内容的核心思想，这种构思采纳了两者的优点，使得实验场景更加逼真，令实验者有身临其境的感觉，可大大激发学习者的积极性。

4. 自动控制原理虚拟实验室的实现

本自动控制原理虚拟实验室的具体实现包括网络服务器的配置、虚拟实验电路的设计、输入页面的创建、实验应用程序的编写、输出页面的创建等。下面针对本虚拟实验室的以上关键步骤进行详细的说明。

（1）Matlab 网络服务器的配置。

选择一台安装有 WinNT/2000/XP 操作系统和 Matlab 6.0 以上版本的计算机作为服务器，Web 服务器环境采用 Microsoft IIS。在 IIS 管理器中建立两个虚拟目录/cgi-bin 和/icons，分别用来存放 CGI 文件（如 matweb.exe）和 Matlab 文件生成的图片文件及应用程序所需的图片文件。另外，还要把 Webserver/bin 目录下的 matweb.exe 和 toolbox/webserver/wsdemos 目录下的 matweb.conf 复制到虚拟目录/cgi.bin 下。在虚拟实验的具体实现时，必须对 Matlab Web 服务代理与 Matlab Web 服务程序进行适当的配置，这分别通过文件 matweb.conf 与 matlabserver.conf 来实现。

①Matlab Web 服务代理的设置。

Matlab Web 服务代理的设置通过 matweb.conf 配置文件来实现，即每增加一个 Matlab Web 应用，都需要在代理服务的配置文件 matweb.conf 中增加一项配置，它包括 Matlab Web 服务器端口、等待时间、路径等设置。

举例如下：

【erstep】

mlsefver=4b9e64a9621a423

mldir--d：/weblab

其中 erstep 为虚拟实验程序的入口 m 函数或文件的名称，即提交的 HTML 表单中指定的 m 文件的文件名。mlserver=4b9e64a9621a423 指明 Matlab Web Server 所在机器的完整的计算

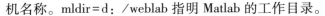

机名称。mldir=d:/weblab 指明 Matlab 的工作目录。

②Matlab Web 服务器的设置。

Matlab Web 服务器的设置通过 matlabserver.conf 配置文件来实现。在安装 Matlab 时，安装程序会在 matlab 根目录/webserver 下生成 matlabserver.conf 配置文件，缺省时这个配置文件只有一行代码：

m 1

m 后面的数字代表可以同时启动 Matlab 进程的数目，可以改变这个数字以适应不同的需要。实际上 matlabserver.conf 配置文件还有更多的项，不过一般都不用去设置，采用默认的配置就可以了。本文的虚拟实验中采用的是默认的配置。

（2）虚拟实验电路的设计。

仅利用 Matlab 设计的虚拟实验，内容抽象，理论性强，学生只看到输入的参数框，看不到直观的电路，不利于与实际的实验或系统相联系，更不利于提高学生的动手和创新能力。故我们在设计中加入了虚拟的实验电路，使学生融入一个逼真的实验环境，促进他们学习的积极性，并提高学习效率。首先根据实验内容设计出本实验的模拟电路图，然后将电路图中的元件用逼真的虚拟仪器代替，最后将虚拟仪器形象地连接起来，是本实验室实现的一项关键技术。本课题是采用 Flash MX 2004 来实现这项技术的。Flash 是 Macromedia 公司的一个网页交互动画制作工具，并支持 ActionScript 编程功能。用 Flash 制作的文件很小，这样便于在互联网上传输，而且它采用了流技术，只要下载一部分，就能欣赏动画，而且能一边播放一边传输数据。交互性更是 Flash 动画的迷人之处，可以通过单击按钮、选择菜单来控制动画的播放。正是有了这些优点，才使 Flash 日益成为网络多媒体的主流。

下面简要介绍此项技术的实现。利用 Flash 制作出逼真的虚拟仪器，例如电阻、电容、运算放大器等，然后设法让用户在单击仪器的按钮时将元件连接起来。如果这种连接是正确的连接，则实验可以继续进行；如果将要连接的线路与上面的电路原理图不符，那么屏幕将显示此次连接不成功。例如要将两个电阻用连线连接起来，具体实现如下：将连线转换为元件—影片剪辑，命名例如 11，然后在电阻的按钮上加动作；on (release) { - root. 11. gotoAndPlay(2);}，若想让连线产生一种渐变的效果，则双击连线，进入此影片的剪辑编辑状态，增加一个图层，将图层 1 的第 1 帧剪切掉，目的是让用户看到虚拟电路时看不到连线，然后将其粘贴到第 2 帧和第 35 帧，分别在第 2 帧和第 35 帧中设置连线的属性…颜色…Alpha 为 0%和 100%，同时在第 2 帧的属性中选择动作，最后在图层 2 的第 1 帧和第 35 帧加动作：stop。到此渐变效果完成。

（3）输入页面的创建。

关于输入页面的创建可以用 HTML 语言或 Frontpage、Dreamweaver 等所见即所得工具来制作。本自动控制原理虚拟实验室就是采用 Dreamweaver 软件来制作输入/输出页面的。

Dreamweaver 是在多媒体方面颇有建树的 Macromedia 公司推出的可视化网页制作工具，它与 Flash、Fireworks 合在一起被称为网页制作"三剑客"，这三个软件相辅相成，是制作网页的最佳选择。其中，Dreamweaver 主要用来制作网页文件，制作出来的网页兼容性比较好，制作效率也很高。用 Dreamweaver 设计本实验室的网页时，可以针对不同的实验采用不同的设计版式，本实验室输入页面的设计宗旨是既美观又简约明了，在基本的页面设计完成后，嵌入 Flash 制作完成的 SWF 文件，即所完成的虚拟电路图，同时插入下述的表单，至此虚拟

225

实验的输入页面完成。

输入页面中通常有一请求 Matlab Web 服务的 HTML 表单文档，主要完成两方面的功能。一方面是接收浏览器用户的输入，这与一般的 Web 应用处理方法相同，它可以通过 HTML 的表单来实现；另一方面是设置特殊的标志，将该请求重定向到 Matlab Web 服务代理进行处理，它的实现方法也与一般的 CGI 程序调用方法相同。在表单中必须将 Form 标记的 Action 属性设置为 Web 服务代理（matweh.exe）的路径，另外，设置一隐藏的输入框 mlmfile（参数名固定），其值（erstep）为将在 Matlab Web 服务程序中运行的 m 文件的文件名。其代码模板如下：

……

```
〈!..NT version:..〉
〈form action="/cgi-bin/matweb.exe" method="post"〉
〈!..Unix version:..〉
〈form action="cgi—bin/matweb" method="post"〉
〈p〉〈input type="hidden" name="mlmfile" value="my—m—file"〉〈/p〉
〈p〉〈input type="text" name="my—input—variable—1"〉〈/p〉
〈p〉〈input type="submit" name="Submit" value="Submit"〉〈/p〉
〈/form〉
```

……

从上面代码中可以看到，第一步需要确定 matweb.exe 客户端运行的平台，如果是 Windows 平台则选择：

```
〈form action="/cgi-bin/matweb.exc" method="post"〉
```

否则就选择第二句。

第一条语句建立了 HTML 表单和 Matalb Web Server 的联系，其中 matweb.exe 是 HTTP Web 服务器中的一个定位和通信程序。它使用 matweb.conf 配置文件找到对应的 Matlab Web Server（可能不在同一台计算机上）。

第二步创建一个隐藏的输入域，用于指定对应的 m 文件，其中 value 参数填写应用程序入口 m 函数的名称。

第三步是添加输入参数，这是个可选的步骤，可以添加一个或多个输入参数的文本输入域，当然也可以不添加任何输入域。

第四步是修改表单的提交按钮，到这里表单的部分就结束了。

最后一步是将应用程序使用的 m 函数列表传递给 matweb.conf 文件。

当各个输入网页完成之后，利用 Dreamweaver MX 软件将各个输入网页通过超链接的方式联系起来，实现方法就是用鼠标选中需要变成链接的图片或者文字，然后在属性面板的 "Link" 输入框中输入需要跳转的目标页面地址，或者按下输入框旁边的文件夹图标来选择需要跳转的文件。这样各个网页构成一个有机的整体，浏览者可以在不同的页面之间跳转。

（4）Matlab Web 应用程序的创建。

Matlab Web 应用程序的 m 文件主要具有以下三方面的功能：

①接收输入 HTML 表单中的输入值。

②调用 Matlab 中内置的各种函数进行科学计算或作图。

③将计算结果或生成的图形通过适当的方法输出到 HTML 页面，并将这些结果返回给最终用户。

Matlab 为开发 Web 应用程序的 m 文件提供了模板文件，这个模板文件名为 mfile—template.m。下面是这个文件缩减后的代码：

```
function retstr=mfile—template (instruct, outfile)
% STEP1
retstr=char ('');
% STEP2
cd (instruct.mldir);
% STEP3
my—input—variable-1=instruct.my—input—variable-1;
% STEP4
% Performyour
Matlab
computations, graphics
file
creations, etc., here
% STEP5
outstruct.my—output—variable-1=more
Matlab
computationscreating…
% STEP6
templatefile=which ('〈OUTPUT—TEMPLATE.HTML〉');
if (nargin==1)
retstr=htmlrep (outstruct, templatefile);
elseif (nargin==2)
retstr=htmlrep (outstruct, templatefile, outfile);
end
```

第一步是初始化返回的参数，这一步必不可少，主函数的 m 文件必须有这样一个返回参数。

第二步是设定工作目录，这项工作需要加 matweb.exe 客户端程序协作完成。

第三步是得到输入参数。

第四步根据这些参数实行相应的操作。

第五步是输出参数到 output 的 HTML 文件中。

最后一步是调用 htmlrep 函数将结果返回给输出文件。

(5) 输出页面的创建。

输出页面用来显示实验的结果，它的创建同样采用 Dreamweaver MX 软件，在基本网页设计完成后,在设定显示实验结果的位置插入以下输出文件。

输出文件同样有一个模板:output—template.html,这个模板相对简单。其关键代码为:
……

Myoutput variable 1 has been computed to be:MYM〈my—output—variable—1〉……
创建一个输出文件只需要两个步骤,首先是输出一个标量或字符串的参数,其中需要在 Matlab 应用程序中通过函数 htmirep,将包含在标记"MYM……MYM"中的 my—output—variable—1 替换为 m 文件中指定的参数名,这里实际上有一个参数格式转换的过程。剩下的工作就是输出另外一些 m 函数的信息以及 Web 页面所需的各种文本和标识信息。

(6)设置比较输出曲线。

在输出页面中通过写入相关代码可以得到实验的输出结果,为了使学生更加深刻地理解实验原理、分析实验结果,我们在设计中采用了设置多条输出曲线一同输出,通过对比曲线,分析系统在各种情况下的性能。对于单一输出曲线,在参数框中输入参数即可得到;设置同一参数不同值时多条输出曲线一同输出的功能,可以采用以下的方法:在输入页面的表单中,设置同一参数的多个输入框,一般可以设置为三组,同时在 Matlab Web 应用程序中分别设置语句来接收这几组参数框中的值,例如程序代码:

z1 = str2double(instruct.z1);z2 = str2double(instruct.z2);z3 = str2double(instruct.z3),然后各自进行相关的计算,最后在程序的输出模块里,设置几条曲线一同输出,例如输出单位阶跃响应:step(s191·P $ s2,'0t,s3,-),通过设置不同的线型来区分几条曲线。

设置多条输出曲线一同输出的功能,可以进行输出结果的比较,可以让学生更直观地看到不同参数值时的不同结果,使他们更容易掌握实验的内容,提高实验效率。

附录二　自动控制技术常用术语中、英文对照

保护环节	protective device
比较元件	comparing element
比较器	comparator
比例（P）控制器	proportional controller
比例-积分（PI）控制器	proportional-integral controller
比例-微分（PD）控制器	proportional-derivative controller
比例-积分-微分（PID）控制器	proportional-integral-derivative controller
闭环	closed loop
闭环控制系统	closed-loop control system
闭环传递函数	closed-loop transfer function
变量	variable
变送器	transmitter
变压器	transformer
并联	parallel
波	wave
伯德图	Bode diagram
补偿（校正）	compensation
补偿前馈	compensating feedforward
补偿反馈	compensating feedback
不稳定的	unstable
布尔代数	Boolean algebra
步进电机	stepping (repeater) motor
步进控制	step-by-step control
参数	parameter
参考（输入）变量	reference-input variable
参考信号	reference signal
测量传感器	measuring transducer
测量值	measured value
测速发电机	tacho-generator
差动放大器	differential amplifier
常闭触电	normally-closed contact
常开触电	normally-open contact
超调量	overshoot
程序	program
程序控制	programmed control

触电	contact
触发器	flip-flop
触发电路	trigger circuit
传递函数	transfer function
传感器	sensor
串级控制	cascade control
带宽	band-width
单位阶跃响应	unit step response
单位脉冲函数	unit impulse function
导纳	impedance
电感（器）	inductance（inductor）
电容（器）	capacitance（capacitor）
电位器	potentiometer
电压放大器	voltage amplifier
电源线路	power circuit
电阻（器）	resistance（resistor）
电抗（器）	reactance（resistor）
电动势	electromotive force
叠加原理	principle of superposition
定义	definition
动态性能分析	dynamic performance analysis
动态指标	dynamic specification
对数衰减率	logarithmic decrement
额定值	rated value（nominal）
二阶系统	second-order system
二极管	diode
反变换	inverse
反相	opposite in phase
反相器	inverter
反转	reverse rotation
反馈	feedback
范围	range
方波	square wave
方法论	methodology
放大器	amplifier
非线性	non-linearity
非线性系统	nonlinear system
分贝	decibel
分辨率	resolution

分压器	potential divider
分流器	shunt
峰值电压	peak voltage
峰值时间	peak time
幅值	amplitude
幅相频率特性	magnitude-phase characteristic
负反馈	negative feedback
负极	negative pole
负载	load
复变量	complex
复合控制	compound control
复平面	complex plane
傅里叶展开（式）	Fourier expansion
给定元件	command element
给定信号	command signal
跟随控制系统	follow-up control system
功率放大器	power amplifier
共轭根	conjugate roots
共振频率（谐振频率）	resonant frequency
固有稳定性	inherent stability
惯量（惯性）	inertia
过程控制系统	process control system
过电压	over-voltage
过载	overload
过电流继电器	over-current relay
过阻尼	over-damping
函数发生器	function generator
恒值控制系统	fixed set-point control system
恢复时间	recovery time（correction time）
"或"运算	OR-operation
"或非"运算	NOR-element
积分调节器	integrated regulator
基准变量	reference variable
极点	pole
极大（值）	maximum
小（最小量）	minimum
计算元件	computing element
加速度	acceleration
尖峰信号	spike

渐近线	asymptote
检测元件	detecting element
交流测速发电机	AC tacho-generator
交越频率	cross-over frequency
交接频率	break frequency
角加速度	angular acceleration
角速度	angular velocity
角位置	angular position
校正（补偿）	compensation
阶跃响应	step function response
接触器	transistor
截止频率	cut-off frequency
晶体管	transistor
晶闸管	thyristor
经典控制理论	classical control theory
静态精度	static accuracy
静态工作点	quiescent point
开关	switch
开环	open loop
开环控制系统	open loop control system
开环传递函数	open loop transfer function
可靠性	reliability
可控性	controllability
控制范围	control range
控制系统	control system
控制元件	control element
控制对象	control plant
框图	block diagram
拉普拉斯变换	Laplace transform
拉氏反变换	inverse Laplace transform
离散系统	discrete system
理想终值	ideal final value
连续变量	continuous variable
连续控制	continuous control
联锁	inter locking
量程	range
临界增益	critical margin
临界阻尼	critical damping
零状态响应	zero-stats response

零漂	zero-drift
灵敏度	sensitivity
流程图	flow diagram (floe chart)
滤波电容	filter capacitor
逻辑控制	logic control
逻辑运算	logic diagram
脉冲宽度	pulse width
敏感元件（传感器）	sensing element (sensor)
模拟信号	analogue signal
模拟电路	analogue-simulator
模/数转换器	analogue/digital converter
奈奎斯特图	Nyquist diagram
内环（副环）	inner loop (minor loop)
逆变换（反变换）	inverse transform
偏差	deviation
频率响应法	the frequency response method
频率特性	frequency characteristic
频域	frequency domain
平衡状态	balance state
平均值	average value
前馈（顺馈）	feedforward
欠阻尼	under-damping
强迫振荡	forced oscillation
扰动	disturbance
上升时间	rise time
设定值	set value (set point)
时间常数	time constant
时域分析	time domain analysis
时变系统	time varying system
时不变系统	time invariant system
时滞	time lag
实时控制	real-time control
实轴	real axis
受控对象	controlled member
受控装置	controlled device
输出变量	output variable
输入变量	input variable
数/模转换器	digital/analogue converter
数字信号	digital signal

顺序控制	sequential control
瞬时值	instantaneous value（actual value）
瞬态	transient state
瞬态响应	transient response
伺服机构	servomechanism
伺服系统	servo-system
速度	velocity（speed）
速度反馈	velocity feedback
速度误差	velocity error
特性（曲线）	characteristic curve
特征方程	characteristic equation
条件稳定性	conditional stability
调节器	regulator
通道	channel（path）
通断控制	on-off control
图表	chart
外环（主环）	outer loop（major loop）
微分元件	derivative element
位置反馈	position feedback
位置误差	position error
稳定性	stability criterion
稳定裕量	stability margin
稳态值	steady-state value
稳态误差	steady-state error
无静差控制器	static controller
无源元件	passive element
限流器（节流器）	restrictor（choke）
线性系统	linear system
线性化	linearization
现代控制理论	modern control theory
响应曲线	response curve
响应时间	response time（settling time）
相加点	summing point
相角	phase angle
相位超前	phase lead
相位滞后	phase lag
相位裕量	phase margin
相位交越频率	phase cross-over frequency
相对稳定性	relative stability

斜坡函数	ramp function
斜坡（函数）响应	ramp function response
谐振频率	resonant frequency
性能指标	performance specification
虚轴	imaginary axis
选择开关	selector switch
延迟开关	delay switch
一阶系统	first-order system
译码器	decoder
有效值（方均根值）	effective value（root mean square value）
有源元件	active element
"与"运算	AND-operation
"与非"元件	NAND-element
原理图	schematic diagram
运算放大器	operational amplifier
增益（放大倍数）	gain（amplification）
增益交越频率	gain cross-over frequency
增益裕量	gain margin
增幅振荡	increasing oscillation
振荡	oscillation
振荡次数	order oscillation
整流器	rectifier
正反馈	positive feedback
正极	positive pole
正向通道	forward channel（forward path）
正弦波	sine wave
执行机构	actuator
执行元件	executive element
直流电动机	direct-current motor
指令信号	command signal
终值	final value
周期波	periodic wave
主导零点	dominant zero
主导极点	dominant pole
主反馈	monitoring feedback
主电路	power circuit
转速	speed
转矩	torque
自变量	independent variable

自动控制系统	automatic control system
自动化	automation
自适应控制	self-adaptive control
阻抗	impedance
阻尼振荡	damped oscillation
最小相移系统	minimum phase-shift system
最优控制	optimal control
最大超调量	maximum overshoot
作用信号	actuating signal

参 考 文 献

[1] 韩全文. 自动控制原理与应用 [M]. 西安：西安电子科技大学出版社，2006.
[2] 万佑红. 自动控制原理辅导与习题详解 [M]. 西安：西安电子科技大学出版社，2007.
[3] 孔凡才. 自动控制原理与系统 [M]. 北京：机械工业出版社，1996.
[4] 康晓明. 自动控制原理 [M]. 北京：国防工业出版社，2004.
[5] 黄坚. 自动控制原理与应用 [M]. 北京：高等教育出版社，2005.
[6] 温希东. 自动控制原理与应用 [M]. 西安：西安电子科技大学出版社，2004.
[7] 陈伯时. 电力拖动自动控制系统 [M]. 北京：机械工业出版社，2003.
[8] 吴守箴，臧英杰. 电气传动的脉宽调制控制技术 [M]. 北京：机械工业出版社，2003.
[9] 徐帮荃，李源. 直流调速系统与交流调速系统 [M]. 武汉：华中理工大学出版社，2000.
[10] 李殿璞. 非线性控制系统 [M]. 西安：西北工业大学出版社，2009.
[11] 郭艳萍. 变频器应用技术 [M]. 北京：北京师范大学出版社，2009.
[12] 杨飞. 论智能车自动控制技术的应用要点 [J]. 科技资讯，2010（20）.